"十四五"职业教育国家规划教材

附微课视频

机械制图（机械专业）

（第八版）

◎主　编　刘　哲　高玉芬
◎副主编　朱凤艳　吕天玉
　　　　　崔　强　王小娟
　　　　　郁　雨　吕　燕
◎参　编　钟宝华　李劼科
　　　　　蒋　忠

AR版

U0244667

大连理工大学出版社

图书在版编目(CIP)数据

机械制图 : 机械专业 / 刘哲，高玉芬主编. -- 8 版
. -- 大连 : 大连理工大学出版社，2022.1(2024.9 重印)
ISBN 978-7-5685-3651-6

Ⅰ. ①机… Ⅱ. ①刘… ②高… Ⅲ. ①机械制图－教材 Ⅳ. ①TH126

中国版本图书馆 CIP 数据核字(2022)第 022220 号

大连理工大学出版社出版
地址:大连市软件园路 80 号　邮政编码:116023
发行:0411-84708842　邮购:0411-84708943　传真:0411-84701466
E-mail:dutp@dutp.cn　URL:https://www.dutp.cn
大连天骄彩色印刷有限公司印刷　　大连理工大学出版社发行

幅面尺寸:185mm×260mm　　印张:18　　字数:435 千字
2004 年 1 月第 1 版　　　　　　　　2022 年 1 月第 8 版
2024 年 9 月第 6 次印刷

责任编辑:刘　芸　　　　　　　　　责任校对:吴媛媛
封面设计:方　茜

ISBN 978-7-5685-3651-6　　　　　　　定　价:57.80 元

前 言 ◀◀◀◀◀

《机械制图(机械专业)》(第八版)是"十四五"职业教育国家规划教材、"十三五"职业教育国家规划教材、"十二五"职业教育国家规划教材、普通高等教育"十一五"国家级规划教材及辽宁省普通高等学校精品教材。

全书内容分为基础模块和技能模块两大部分。基础模块以任务为主线,设有五个任务,每个任务均设置了"实例分析""学习资料""任务实施""知识拓展"环节。技能模块以减速器为主要载体,共划分为九个独立的项目,按照"学习资料""实施步骤""知识拓展"三个环节来完成。

本教材力求突出以下特色:

1.融入思政元素,实现德技并修

全面贯彻落实党的二十大精神,落实立德树人根本任务,通过在"思政微课堂"和"素养提升"内容中融入思政元素,增强学生的民族自信心和自豪感,培养严谨细致、求真务实、科学思辨的职业素养,提高创新意识和创造能力。

2.编写模式新颖,体系体现高职特色

打破章节编写模式,建立了"以行动体系为框架,用任务进行驱动,以工作项目为导向"的教材体系。通过"任务驱动"和"项目化"教学完成每个任务或项目,以体现"学中做、做中学"的职业教育特色。

3.内容实用性强,满足现代机械行业的发展要求

教材内容全面,实用性强。按照职业教育"工作过程系统化"的教学思想,将企业典型的工作任务内容转化为课程内容,形成理论、实践一体化的课程内容,同时汇编来自教学、科研和行业企业的典型案例,反映企业的新技术、新工艺和新方法。全书采用现行《技术制图》和《机械制图》国家标准,充分体现了先进性。

4.适应高职教育教学改革,满足行动导向教学要求

变学科体系为行动体系,便于教师的行动导向教学。确保学科体系知识的总量够用、实用,满足学生可持续发展的要求。

在基础模块部分,由于学生刚接触此门课程,不适合项目

教学,因此以工作任务为主线,讲解制图基础知识,使学生带着目标、疑问来学习,先有结论,后有行动,打破传统的思维模式,激发学生的求知欲。在技能模块中,项目的设置与实施满足既有实在的载体,又有完整的工作过程这一要求,由简单到复杂地考虑传统学科知识的融入,确保项目具有实践和教学的双重意义。教师在教学中,在布置任务、项目后可直接进入任务、项目实施阶段,可在实施过程中讲解相关知识,也可设置引导文引导学生自学。

5.教材版式设计精美,印装质量好

教材中图、文的设计和编排合理,采用双色印刷,突出知识的重点和难点,使教材整体美观、规范,符合学生的阅读心理,激发学生的学习兴趣。

6.配套资源丰富,提供优质教学服务

注重配套资源的开发,力求为教学工作构建更加完善的辅助平台,为教师和学生提供更多的方便。本教材除配有《机械制图习题集(机械专业)》(第八版)外,还重点开发了 AR、微课、教案、课件、试卷(含答案)等配套资源。其中,AR 资源需先在小米、360、百度、腾讯、华为、苹果等应用商店里下载"大工职教教师版"或"大工职教学生版"App,安装后点击"教材AR扫描入口"按钮,扫描教材中带有 [AR] 标识的图片,即可体验 AR 功能;微课资源可直接扫描书中的二维码,观看视频进行学习;其他资源可登录职教数字化服务平台进行下载。

本教材由惠州工程职业学院刘哲、辽宁机电职业技术学院高玉芬任主编,渤海船舶职业学院朱凤艳、中国一重技师学院吕天玉、安徽机电职业技术学院崔强、晋城职业技术学院王小娟、青岛城市学院郇雨、西安思源学院吕燕任副主编,惠州工程职业学院钟宝华、李劼科及中国第一重型机械股份公司铸锻钢事业部模型厂蒋忠任参编。具体编写分工如下:绪论及技能模块的项目一、二由刘哲编写;基础模块的任务一~三由朱凤艳编写;基础模块的任务四由王小娟编写;基础模块的任务五由崔强编写;技能模块的项目三、四由吕天玉编写;技能模块的项目五由吕燕编写;技能模块的项目六由郇雨编写;技能模块的项目七~九由高玉芬编写;附录由蒋忠编写,同时蒋忠还提供了实例素材;每部分的思政内容由钟宝华、李劼科编写。全书由刘哲负责统稿和定稿。

在编写本教材的过程中,我们参考、引用和改编了国内外出版物中的相关资料以及网络资源,在此对这些资料的作者表示诚挚的谢意。请相关著作权人看到本教材后与出版社联系,出版社将按照相关法律的规定支付稿酬。

尽管我们在探索教材特色的建设方面做出了许多努力,但由于编者水平有限,教材中仍可能存在一些错误和不足,恳请各教学单位和读者在使用本教材时多提宝贵意见,以便下次修订时改进。

编　者

所有意见和建议请发往:dutpgz@163.com
欢迎访问职教数字化服务平台:https://www.dutp.cn/sve/
联系电话:0411-84708979　84707424

目 录

本书配套数字资源

序号	资源名称	资源类型	扫描位置
1	识读直线的投影	微课	13 页
2	识读平面的投影	微课	16 页
3	圆柱的截交线	微课	58 页
4	圆锥的截交线	微课	59 页
5	相贯线	微课	70 页
6	轴承座的尺寸标注	微课	78 页
7	组合体读图要领(一)	微课	80 页
8	组合体读图要领(二)	微课	83 页
9	识读压块三视图	微课	85 页
10	用形体分析法补画三视图	微课	86 页
11	三种位置平面圆的正等轴测图	微课	95 页
12	局部视图、斜视图	微课	104 页
13	剖视图	微课	107 页
14	半剖视图	微课	110 页
15	局部剖视图	微课	112 页
16	移出断面图	微课	120 页
17	识读几何公差(一)	微课	156 页
18	识读几何公差(二)	微课	220 页
19	减速器从动轴系的结构组成	AR	237 页,图 2-7-1
20	减速器的结构组成及工作原理	AR	253 页,图 2-8-9
21	柱塞泵的结构组成及工作原理	AR	263 页,图 2-9-6

绪 论

一、机械制图课程学什么?

本教材是以任务和项目的形式,从研究点、线、面开始进行学习的。学完本教材以后,我们就可以绘制和识读机械图样(图纸)。首先让我们来认识一下机械图样。

图 1 为球阀实物图,球阀的组成零件有 13 种。它是安装在管路中,用于启闭和调节流体流量的部件。阀的形式很多,球阀是阀的一种,它的阀芯是球形的。

球阀的装配关系:阀体和阀盖用 4 个双头螺柱和螺母连接,用调整垫片调节阀芯与密封圈之间的松紧程度。阀体上有阀杆,阀杆下部有凸块,榫接在阀芯上的凹槽中。为了密封,在阀体与阀杆之间加入填料垫、填料,旋入填料压紧套压紧。

球阀的工作原理:在扳手的方孔中套入阀杆上部的四棱柱。当扳手将阀门全部开启时,管道畅通;当扳手按顺时针方向旋转 90°时,阀门全部关闭,管道断流。

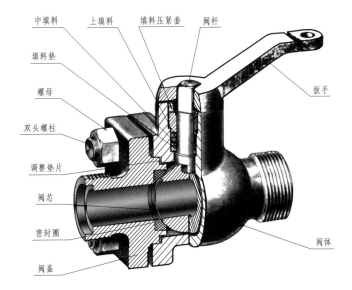

中填料　上填料　填料压紧套　阀杆

填料垫

螺母

双头螺柱

调整垫片

阀芯

密封圈

阀盖

扳手

阀体

图 1　球阀实物图

图 2 为球阀上两个零件的零件图,图 3 为球阀装配图。

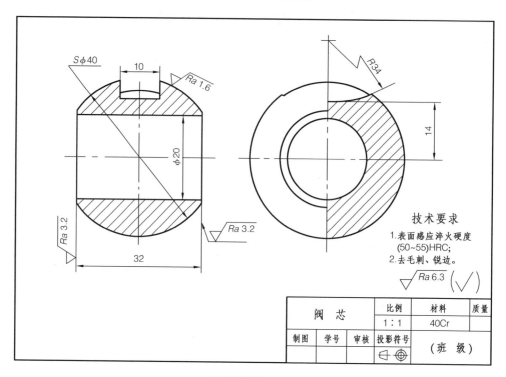

(a) 阀芯零件图

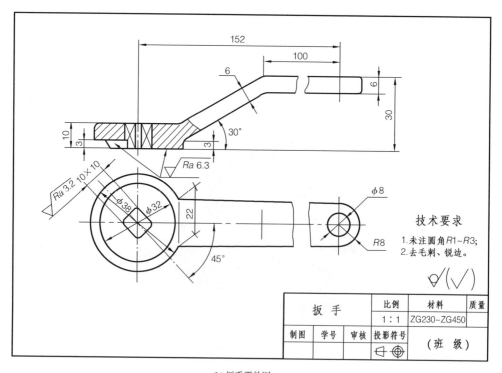

(b) 扳手零件图

图 2　球阀部分零件的零件图

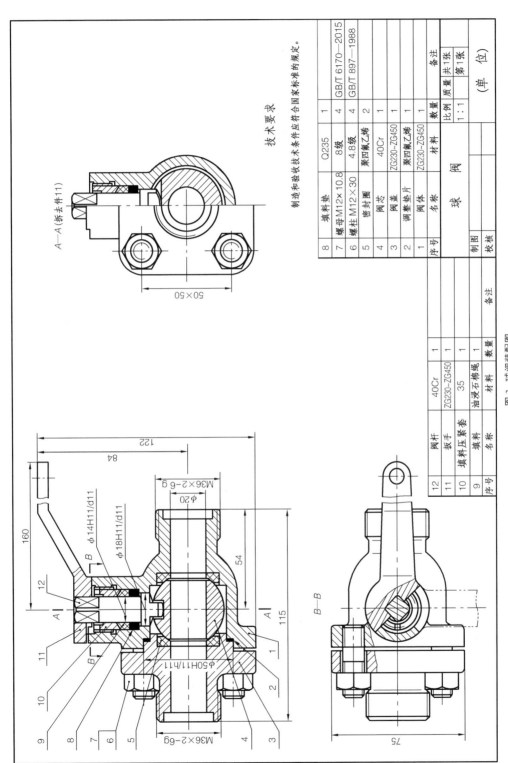

技术要求

制造和验收技术条件应符合国家标准的规定。

8	填料垫		Q235	1	
7	螺母 M12×10.8		8级	4	GB/T 6170—2015
6	螺柱 M12×30		4.8级	4	GB/T 897—1988
5	密封圈		聚四氟乙烯	2	
4	阀芯		40Cr	1	
3	阀盖		ZG230-ZG450	1	
2	调整垫片		聚四氟乙烯	1	
1	阀体		ZG230-ZG450	1	
序号	名称		材料	数量	备注
	球		阀		
制图				比例	(单 位)
校核				1:1	
					数量 共1张 质量 第1张

12	阀杆	40Cr	1	
11	扳手	ZG230-ZG450	1	
10	填料压紧套	35	1	
9	填料	油浸石棉绳	1	
序号	名称	材料	数量	备注

图 3 球阀装配图

　　通过前面对球阀的介绍可以看出,制造者要想加工出零件,需根据图样进行加工、装配、检测等。即图样是根据投影原理、国家标准及有关规定来表示工程对象并有必要的技术说明的图,是工程界通用的技术语言。设计者可通过图样来表达设计意图,制造者可通过图样进行零件加工,使用者可通过图样了解工程设备的结构和性能。

　　那么,机械制图就是研究机械图样的绘制(画图)、识读(看图)规律与方法的一门学科。凡从事工程技术工作的人员都必须具有画图的技能和看图的本领。

二、机械制图课程的主要内容是什么?

　　(1)投影理论及其应用。

　　(2)《机械制图》《技术制图》国家标准及其有关规定。

　　(3)零件图和装配图的识读和绘制。

三、学习机械制图课程后能掌握什么?

　　你将理解正投影的基本理论,建立空间思维能力,掌握基本绘图方法,具备读图能力。

　　你可以用尺规和计算机(绘图软件在工程制图中的应用,可以理解为比圆规、三角板档次更高的绘图工具)两种方法作图。还有一种方法是徒手绘图。

　　你应努力做到:

　　(1)掌握基本概念、基本理论和基本方法,由浅入深地进行绘图和读图的实践,多画、多读、多想,不断地由物画图、由图想物,逐步提高空间逻辑思维能力和形象思维能力,突出"练"字。

　　(2)在掌握基本概念和理论的基础上,必须通过做习题以及绘图和读图实践,才能学会和掌握运用理论去分析和解决实际问题的正确方法和步骤,以及实际绘图的正确方法、步骤和操作技能,养成正确使用尺规绘图工具或计算机,按照正确方法、步骤绘图的习惯,突出"勤"字。

　　(3)工程图样既然是工程界的交流语言,就应遵循《机械制图》《技术制图》国家标准,因此,在学习过程中应树立严格遵照标准的观念,贯彻并执行国家标准,突出"严"字。

　　(4)由于工程图样在生产实际中起着很重要的作用,任何一点差错都会给生产带来损失,因此作图时要认真细致,严格要求,树立对生产负责的思想,严格遵照工程制图的国家标准,培养良好的工作作风,突出"精"字。

四、提升职业素养的目的是什么?

　　(1)激发爱国主义情怀,增强民族自豪感,树立献身祖国的远大理想。

　　(2)激励自己自强不息、勤于动手、脚踏实地,具备勇于探索、诚实守信的科学精神。

　　(3)增强责任感,培养精益求精的工作作风,具备工程素养和工匠精神。

第一部分

基 础 模 块

　　基础模块是以任务的形式来传授绘制和识读机械图样所需的制图基本知识、投影基础知识和基本技能的,通过每个任务的完成,学生可掌握正投影基本原理和绘制、识读、分析形体视图的方法,逐步形成由图形想象物体、以图形表现物体的空间想象能力和思维能力,培养严格执行《机械制图》《技术制图》国家标准的意识,养成规范制图的习惯,为第二部分技能模块的学习奠定良好的基础。

　　基础模块包括五个任务,全篇以任务为主线,用十三个实例进行讲解,每个实例均按照"实例分析""学习资料""任务实施""知识拓展"四个环节来讲述。

　　实例分析:主要以各种生产中常用零件为实例,通过分析零件结构确定要完成的任务,明确在每个实例中要完成任务所必备的主要知识。

　　学习资料:主要介绍完成每个任务中的各个实例所涉及的重点知识。

　　任务实施:通过对实例的分析和学习,可在完成任务的同时实现学习目标。

　　知识拓展:主要介绍在完成每个任务后还应掌握的制图知识和技能。

　　通过"思政微课堂",引入我国古代的文化瑰宝之一——指南车,展示中国古代优秀的科技成果,增强学生的民族自信心和自豪感,使学生树立心怀天下民生的理想和志向。

思政微课堂

任务一
绘制基本体投影

学习目标

正确理解正投影的基本理论及投影特性；理解并掌握三视图的形成及投影规律；掌握基本体的形体特点、投影特性及投影图的绘制；掌握点、线、面的投影规律及投影特性；掌握在基本体表面取点、取线的方法。

素养提升

 学习导航

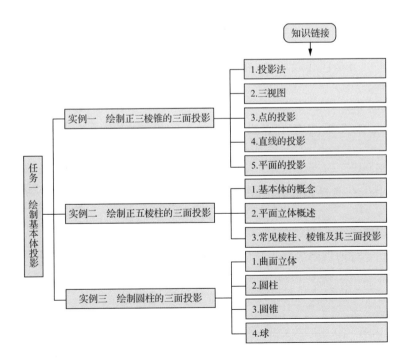

实例一　绘制正三棱锥的三面投影

 实例分析

图 1-1-1 为正三棱锥立体图。正三棱锥是常见的基本体之一，它是由一个底面为正三角形、侧棱面为三个具有公共顶点的全等等腰三角形所围成的平面立体。本实例通过对正三棱锥上点、线、面的正投影的分析，完成绘制正三棱锥的三面投影的任务，从而初步具备空间想象能力。

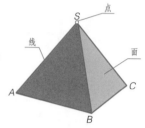

图 1-1-1　正三棱锥立体图

学习资料

一、投影法

机械图样是用正投影法绘制的，因为正投影法能准确地反映形体的真实形状和大小，且图形的度量性好。

1. 投影法及其分类

（1）投影法的概念

如图 1-1-2 所示，投射线通过物体向预定平面 P 上投射而得到图形的方法叫作投影法，在 P 面上所得到的图形称为投影。

（2）投影法的分类

工程上常见的投影法有中心投影法和平行投影法。

①中心投影法

投射线交于一点的投影法称为中心投影法，如图 1-1-2 所示。

②平行投影法

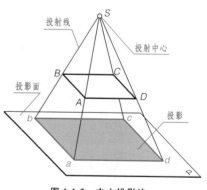

图 1-1-2　中心投影法

投射线互相平行的投影法称为平行投影法。平行投影法又可分为两种：

● 斜投影法——投射线与投影面斜交，如图 1-1-3 所示。

● 正投影法——投射线与投影面垂直，如图 1-1-4 所示。

2. 正投影的特性

根据直线或平面与投影面的相对位置关系，正投影具有以下特性：

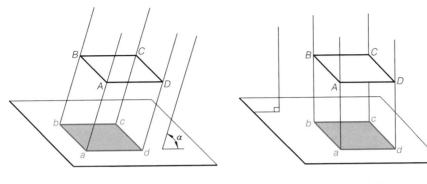

图 1-1-3　斜投影法　　　　　　　　　　图 1-1-4　正投影法

（1）真实性

如图 1-1-5 所示，当直线 AB 和平面 P 与投影面平行时，直线的投影 $a'b'$ 反映实长，平面的投影 p' 反映实形。

（2）积聚性

如图 1-1-6 所示，当直线 CD 和平面 Q 与投影面垂直时，直线的投影 $c'd'$ 积聚为一点，平面的投影 q' 积聚为一条直线。

（3）类似性

如图 1-1-7 所示，当直线 AE 或 BF 和平面 R 与投影面倾斜时，其直线的投影 $a'e'$ 或 $b'f'$ 为小于实长的直线，平面的投影 r' 为缩小的类似形。

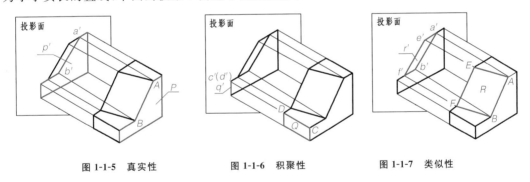

图 1-1-5　真实性　　　　　图 1-1-6　积聚性　　　　　图 1-1-7　类似性

二、三视图

1. 三视图的形成

用正投影法绘制物体的图形称为视图。为了将物体的形状和大小表达清楚，工程上常采用三面投影图，即三视图。

（1）三投影面体系的建立

三投影面体系由三个互相垂直的投影面组成，如图 1-1-8(a)所示，它们分别是正立投影面（简称正面或 V 面）、水平投影面（简称水平面或 H 面）和侧立投影面（简称侧面或 W 面）。

三个投影面之间的交线称为投影轴，它们是 OX 轴（长度方向）、OY 轴（宽度方向）、OZ 轴（高度方向），三个投影轴相互垂直，其交点 O 称为原点。

为了便于读图和绘图，需将三个相交的投影面展开在同一平面内，展开的方法如图 1-1-8(b)所示。

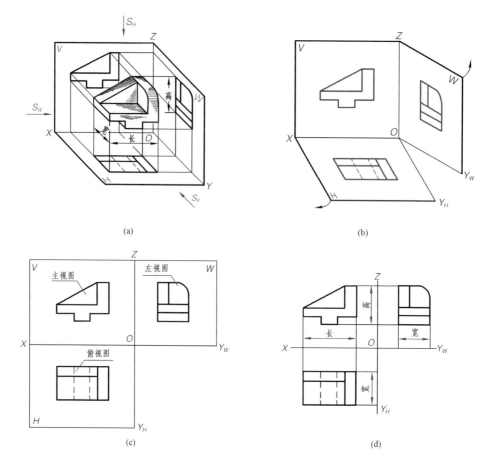

(a)

(b)

(c)

(d)

图 1-1-8　三视图的形成过程

（2）物体在三投影面体系中的投影

将物体放置在三投影面体系中，按正投影法向各投影面投射，即可得到物体的正面投影（主视图）、水平投影（俯视图）和侧面投影（左视图），如图 1-1-8（c）所示。实际画图时不必画出投影面的范围，因为它的大小与视图无关，如图 1-1-8（d）所示。

2. 三视图之间的对应关系

（1）三视图的位置关系

以主视图为准，俯视图在其下方，左视图在其正右方，如图 1-1-8（c）所示。

（2）三视图的投影关系

主、俯视图长对正，主、左视图高平齐，俯、左视图宽相等，如图 1-1-8（d）所示。应当指出，无论是整个物体或物体的局部，其三面投影都必须符合"长对正、高平齐、宽相等"的"三等"规律。

（3）三视图的方位关系

主视图反映物体的上下、左右方位，俯视图反映物体的前后、左右方位，左视图反映物体的上下、前后方位，如图 1-1-9 所示。

应用三视图之间的对应关系，可分析出图 1-1-10 所示形体各表面间的相对位置关系。

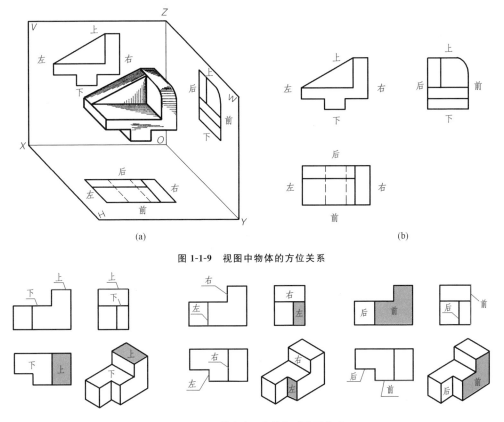

图 1-1-9　视图中物体的方位关系

图 1-1-10　形体各表面间的相对位置关系

三、点的投影

1. 点的投影及标记

点是组成物体的最基本的几何要素。如图 1-1-11(a)所示,将三棱锥上的点 S 放置于三投影面体系中,过点 S(空间点大写)分别向 V、H、W 三个投影面作垂线,则得到 s'、s、s''(投影面上的点小写)三个投影点,即点 S 在三个投影面上的投影。其中 s_X、s_{Y_H}、s_{Y_W}、s_Z 分别为点 S 的投影连线与投影轴 X、Y、Z 的交点,如图 1-1-11(b)所示。

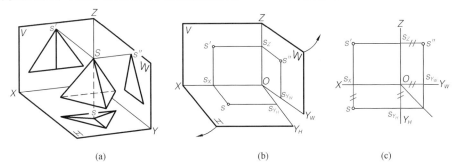

图 1-1-11　点的三面投影的形成过程

2. 点的投影规律

(1)如图 1-1-11(c)所示,点的正面投影与水平投影的连线垂直于 OX 轴($s's \perp OX$),点的正面投影与侧面投影的连线垂直于 OZ 轴($s's'' \perp OZ$)。

(2)点的投影到投影轴的距离等于空间点到相应投影面的距离,即影轴距等于点面距。

（3）点的水平投影到 OX 轴的距离等于点的侧面投影到 OZ 轴的距离（$ss_X = s''s_Z$），图 1-1-11(c)用 45°角分线表明了这样的关系。

$$s's_X = s''s_{Y_W} = 点 S 到 H 面的距离 Ss；$$
$$ss_X = s''s_Z = 点 S 到 V 面的距离 Ss'；$$
$$ss_{Y_H} = s's_Z = 点 S 到 W 面的距离 Ss''。$$

3. 点的投影与直角坐标的关系

如图 1-1-12(a)所示，点 A 到 W 面的距离等于 X 坐标，点 A 到 V 面的距离等于 Y 坐标，点 A 到 H 面的距离等于 Z 坐标。

点 A 坐标的规定书写形式为 $A(X_A, Y_A, Z_A)$，如图 1-1-12(b)所示。

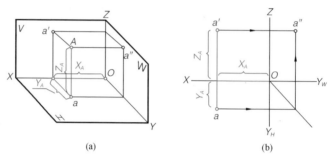

(a)　　　　　　　　　　　　(b)

图 1-1-12　点的投影与直角坐标的关系

4. 两点的相对位置

（1）两点相对位置的判断

如图 1-1-13 所示，选定点 A 为基准，将点 B 的坐标与点 A 的坐标进行比较：$X_B < X_A$，表示点 B 在点 A 的右方；$Y_B > Y_A$，表示点 B 在点 A 的前方；$Z_B > Z_A$，表示点 B 在点 A 的上方。

故点 B 在点 A 的右、前、上方；反过来说，就是点 A 在点 B 的左、后、下方。

（2）重影点

位于同一投射线上的两点叫作重影点。如图 1-1-14(a)所示，E、F 两点位于垂直于 V 面的投射线上，e'、f' 重合，由于 $Y_E > Y_F$，因此点 E 位于点 F 的前方，e' 可见而 f' 不可见。不可见的投影加圆括弧表示，如图 1-1-14 中的 (f')。

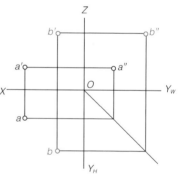

图 1-1-13　两点的相对位置

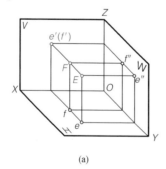
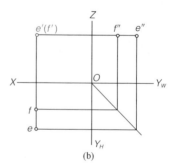

(a)　　　　　　　　　　　　(b)

图 1-1-14　重影点及其可见性的判断

四、直线的投影

空间直线根据对投影面的相对位置不同，在三投影面体系中的投影可分为以下三类：

- 投影面平行线:平行于一个投影面而对另外两个投影面倾斜;
- 投影面垂直线:垂直于一个投影面(与另外两个投影面必定平行);
- 一般位置直线:对三个投影面都倾斜。

直线和投影面斜交时,直线和它在投影面上的投影所成的锐角叫作直线对投影面的倾角。规定:一般以 α、β、γ 分别表示直线对 H、V、W 面的倾角。

识读直线的投影

1. 投影面平行线

投影面平行线的投影及其特性见表 1-1-1。

表 1-1-1　　　　　　　　　投影面平行线的投影及其特性

名称	水平线(AB//H 面)	正平线(AC//V 面)	侧平线(AD//W 面)
立体图	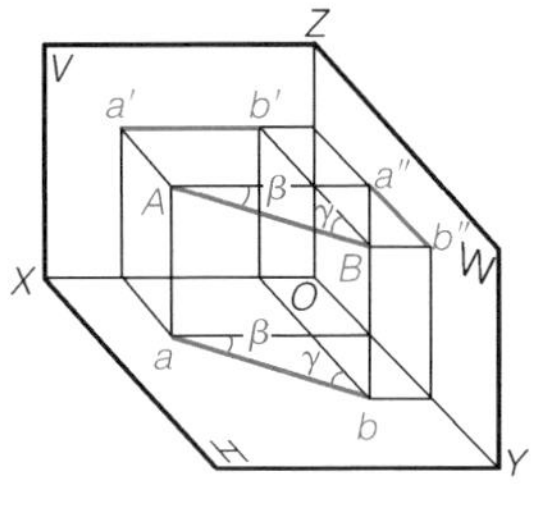	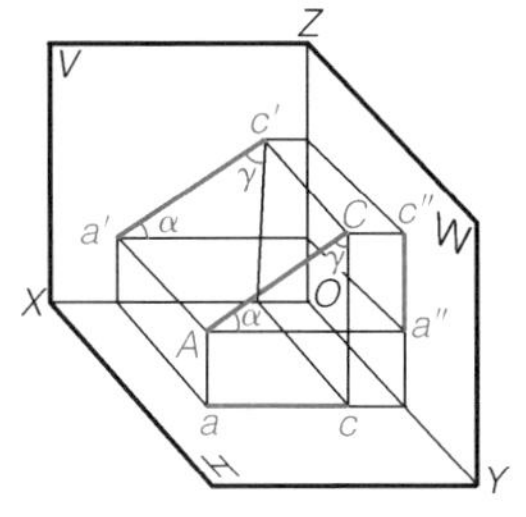	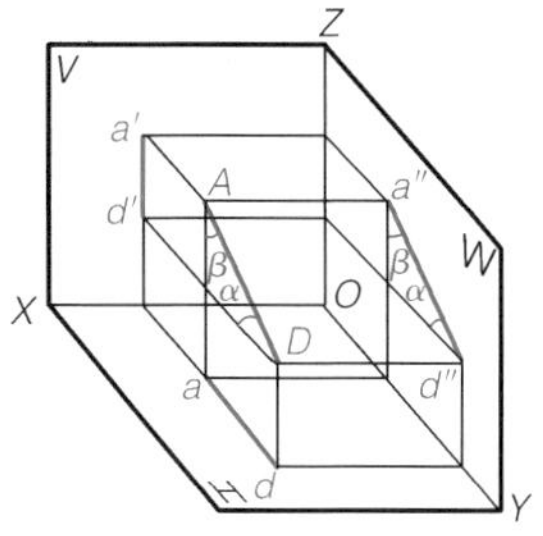
投影图	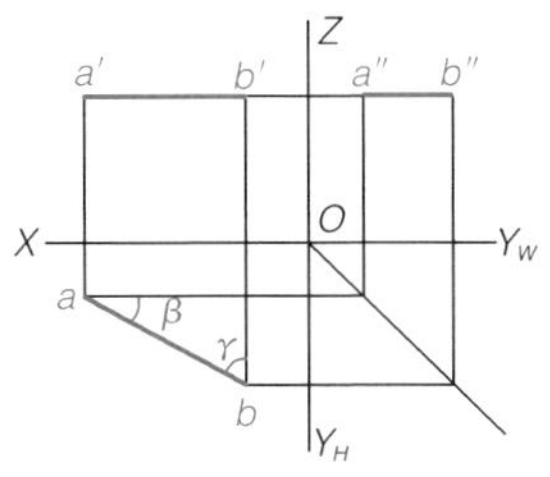	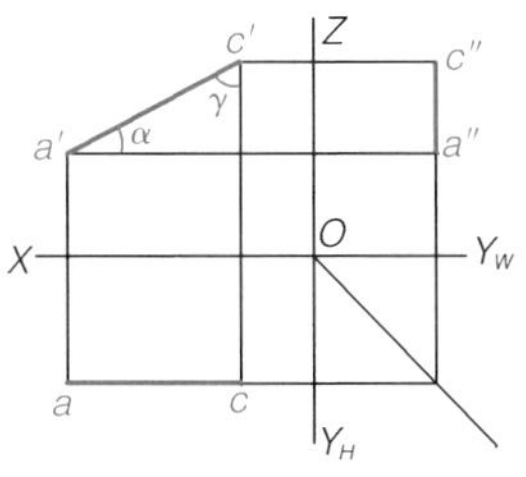	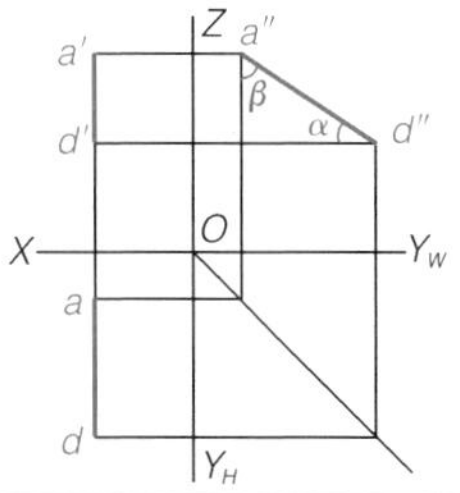
在形体投影图中的位置	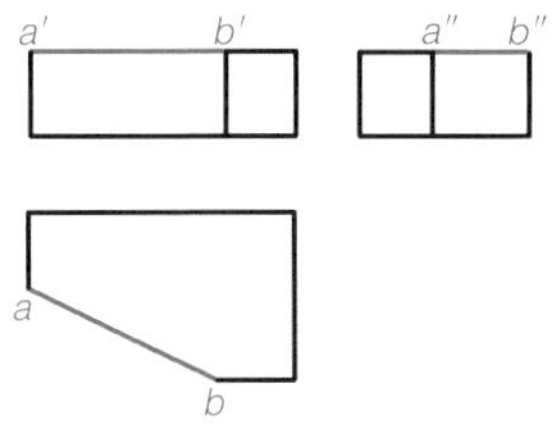	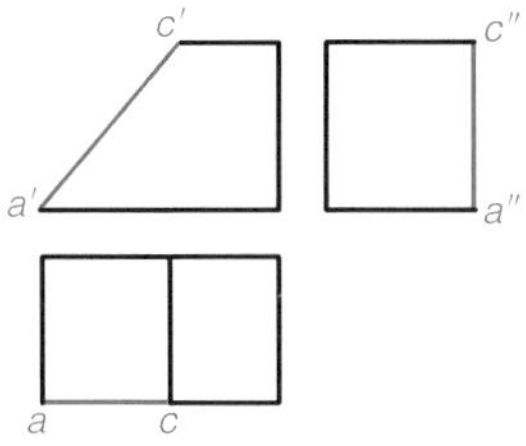	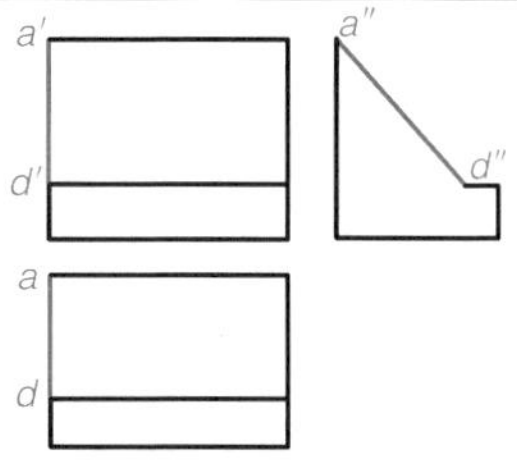
在形体立体图中的位置	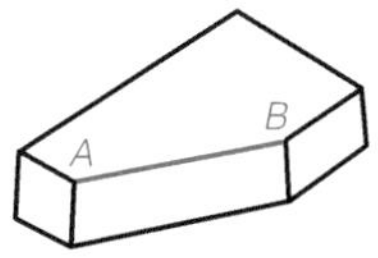	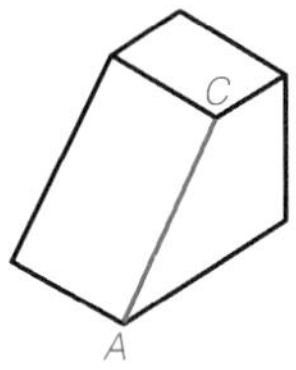	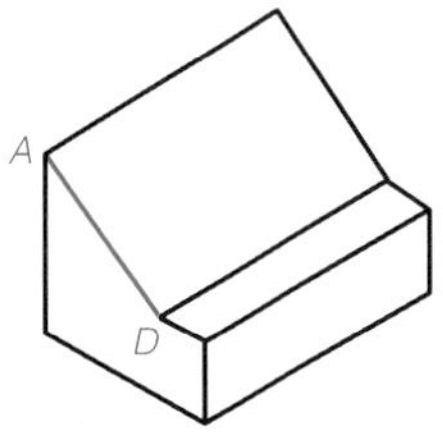
投影特性	(1)ab 与投影轴倾斜,$ab=AB$,反映倾角 β、γ 的大小 (2)$a'b'$//OX,$a''b''$//OY_W	(1)$a'c'$ 与投影轴倾斜,$a'c'=AC$,反映倾角 α、γ 的大小 (2)ac//OX,$a''c''$//OZ	(1) $a''d''$ 与投影轴倾斜,$a''d''=AD$,反映倾角 α、β 的大小 (2)ad//OY_H,$a'd'$//OZ

投影面平行线的投影特性:直线在它所平行的投影面上的投影反映实长,其他两面投影平行于相应的投影轴,反映直线实长的投影与投影轴的夹角等于直线对相应投影面的倾角。

> **提 示**
>
> 读图时,如果直线的三个投影与投影轴的关系是一斜两平行,则其必定是投影面平行线。

2.投影面垂直线

投影面垂直线的投影及其特性见表1-1-2。

表1-1-2　　　　　　　　　　投影面垂直线的投影及其特性

名称	铅垂线($AB\perp H$面)	正垂线($AC\perp V$面)	侧垂线($AD\perp W$面)
立体图	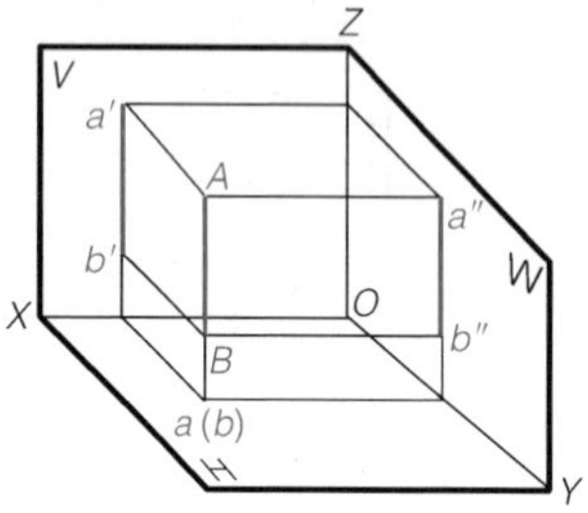	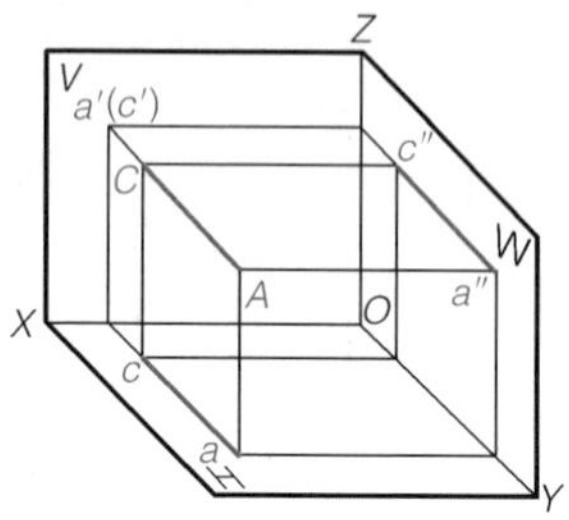	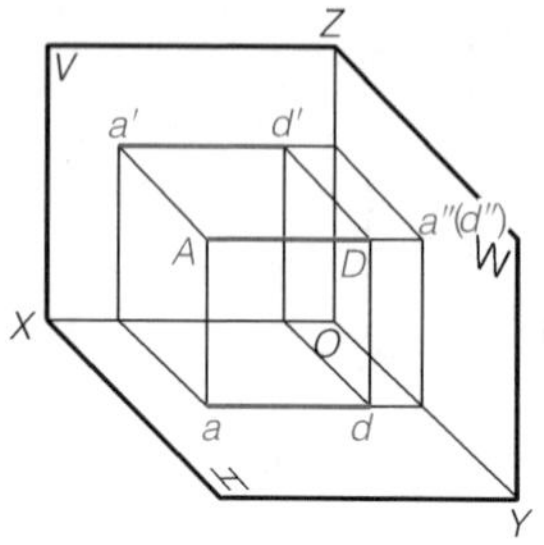
投影图	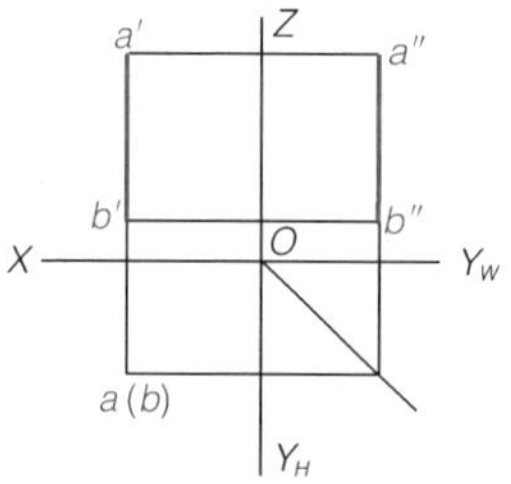	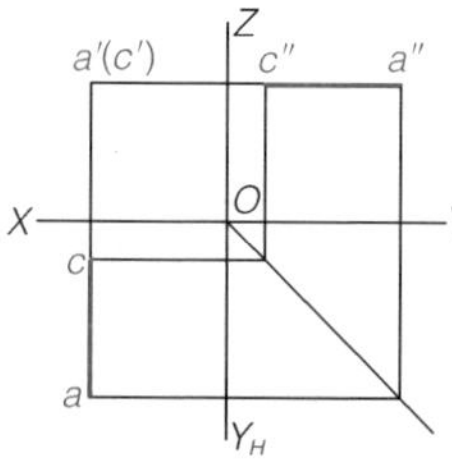	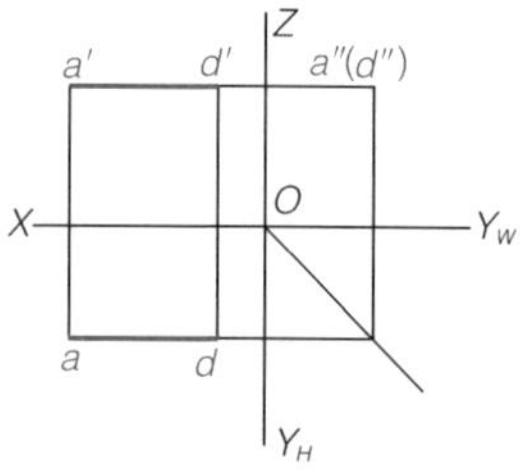
在形体投影图中的位置	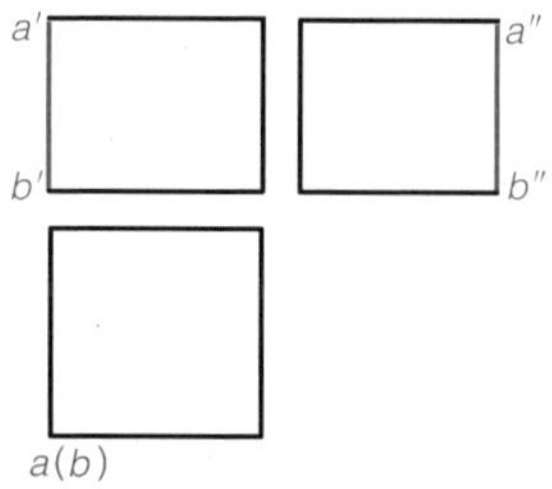	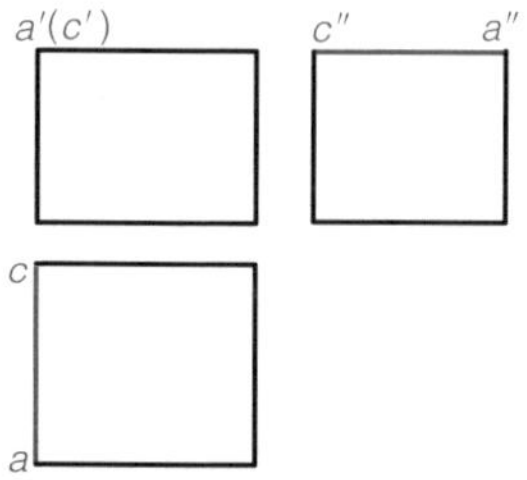	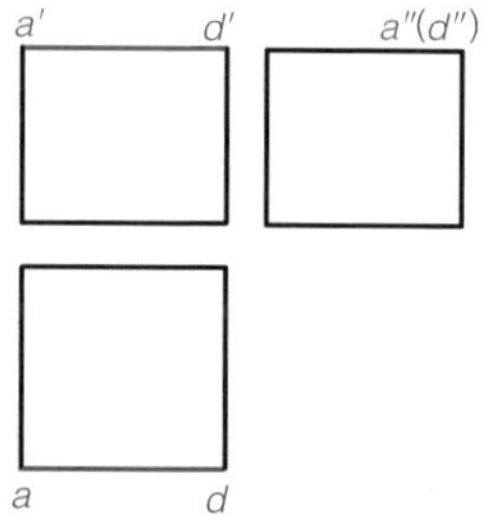
在形体立体图中的位置	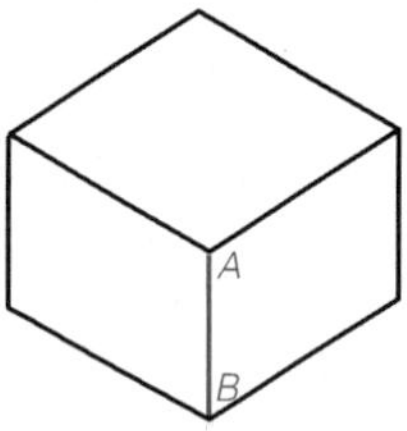	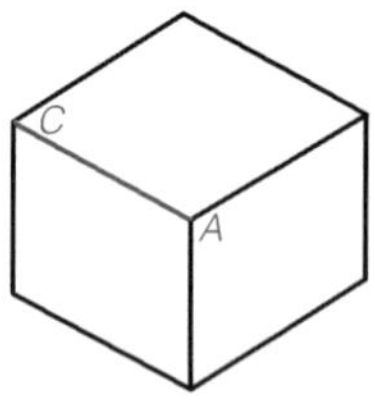	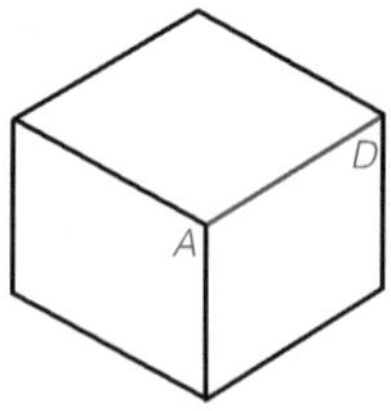
投影特性	(1)ab积聚为一点 (2)$a'b'\perp OX$,$a''b''\perp OY_W$ (3)$a'b'=a''b''=AB$	(1)$a'c'$积聚为一点 (2)$ac\perp OX$,$a''c''\perp OZ$ (3)$ac=a''c''=AC$	(1)$a''d''$积聚为一点 (2)$ad\perp OY_H$,$a'd'\perp OZ$ (3)$ad=a'd'=AD$

投影面垂直线的投影特性:直线在它所垂直的投影面上的投影积聚成一点,其他两面投影反映实长,且垂直于相应的投影轴。

提示

　　读图时,如果直线的一个投影是点,则该直线必定是该投影面的垂直线。

3.一般位置直线

　　如图 1-1-15(a)所示,三棱锥的棱线 *SA* 对三个投影面都倾斜,为一般位置直线。如图 1-1-15(b)所示为棱线 *SA* 的三面投影。

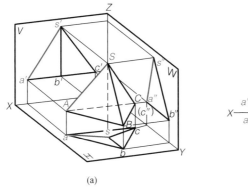

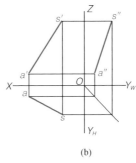

(a)　　　　　　　　　　　　(b)

图 1-1-15　一般位置直线的投影

　　一般位置直线的投影特性:三个投影都与投影轴倾斜,三个投影均小于实长。

提示

　　读图时,如果直线的三个投影相对于投影轴都是斜线,则该直线必定是一般位置直线。

五、平面的投影

1.平面的表示方法

　　平面可用几何元素表示,如图 1-1-16 所示;也可用迹线(平面与投影面的交线称为平面的迹线)表示,如图 1-1-17 所示。

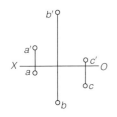

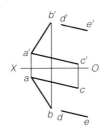

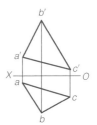

(a) 不在同一直线上的三点　　(b) 一直线和线外一点　　(c) 相交两直线和平行两直线　　(d) 任意平面图形

图 1-1-16　用几何元素表示平面

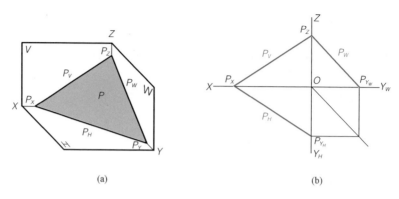

(a)　　　　　　　　　(b)

图 1-1-17　用迹线表示平面

2. 平面的投影及其特性

空间平面根据对投影面的相对位置不同,在三投影面体系中的投影可分为以下三类:

- 投影面平行面:平行于一个投影面,同时垂直于其他两个投影面;
- 投影面垂直面:垂直于一个投影面,与其他两个投影面倾斜;
- 一般位置平面:对三个投影面都倾斜。

（1）投影面平行面

投影面平行面的投影及其特性见表 1-1-3。

识读平面的投影

表 1-1-3　　　　　　　　　　投影面平行面的投影及其特性

名称	水平面（$A /\!/ H$ 面）	正平面（$B /\!/ V$ 面）	侧平面（$C /\!/ W$ 面）
立体图			
投影图			

续表

名称	水平面（A∥H面）	正平面（B∥V面）	侧平面（C∥W面）
在形体投影图中的位置	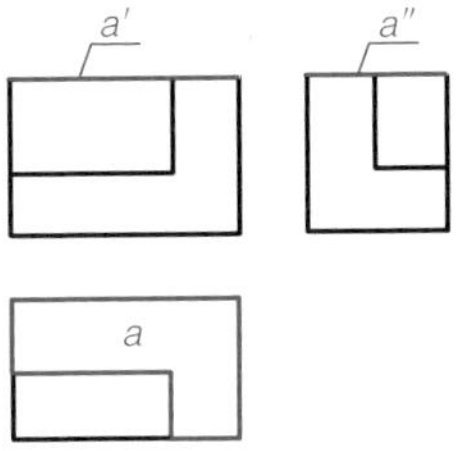	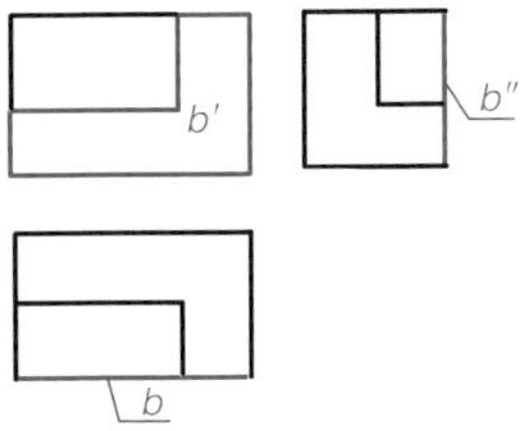	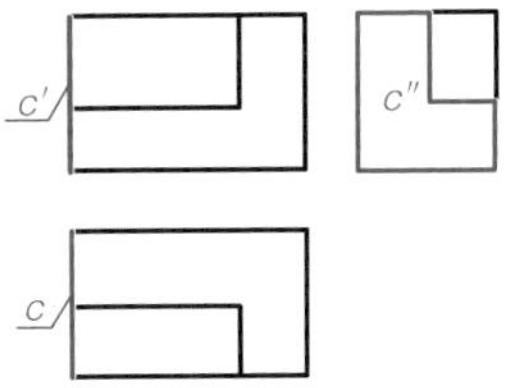
在形体立体图中的位置	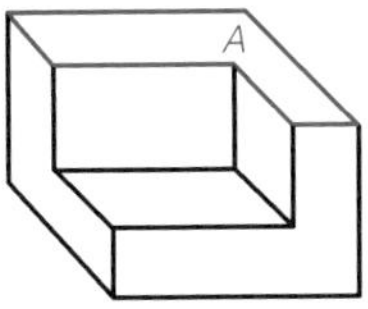	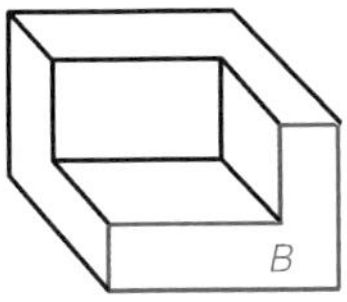	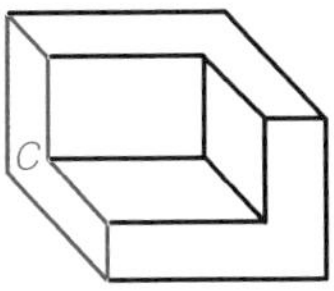
投影特性	(1)H面投影a反映实形 (2)V面投影a′和W面投影a″积聚为直线,分别平行于OX、OYw轴	(1)V面投影b′反映实形 (2)H面投影b和W面投影b″积聚为直线,分别平行于OX、OZ轴	(1)W面投影c″反映实形 (2)H面投影c和V面投影c′积聚为直线,分别平行于OYH、OZ轴

投影面平行面的投影特性:平面在所平行的投影面上的投影反映实形,其他两面投影均积聚成直线,且平行于相应的投影轴。

提　示

　　读图时,若平面的三面投影中有一面投影为平面图形,另两面投影为平行于投影轴的直线,则该平面为投影面平行面。

（2）投影面垂直面

投影面垂直面的投影及其特性见表1-1-4。

表 1-1-4　　　　　　　　　　　　投影面垂直面的投影及其特性

名称	铅垂面（A⊥H面）	正垂面（B⊥V面）	侧垂面（C⊥W面）
立体图	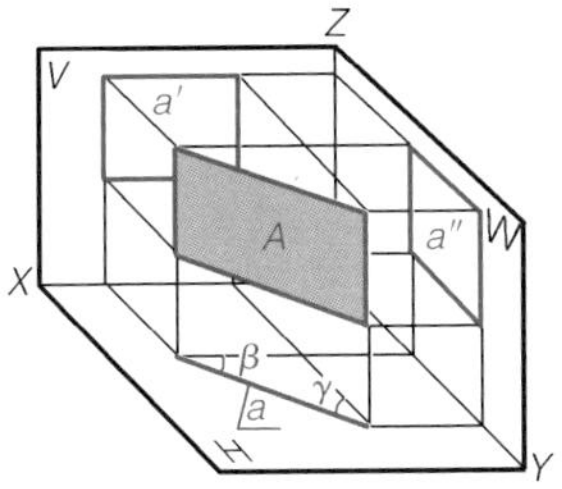	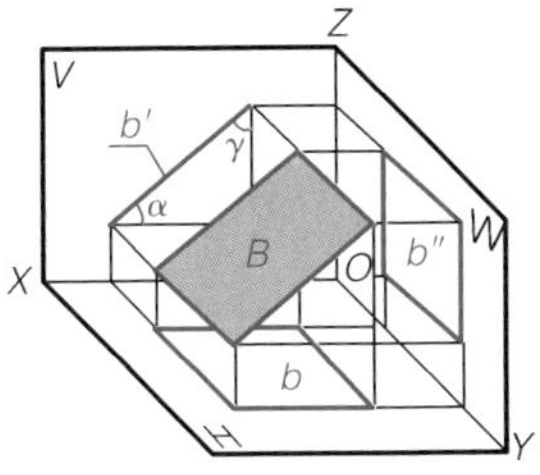	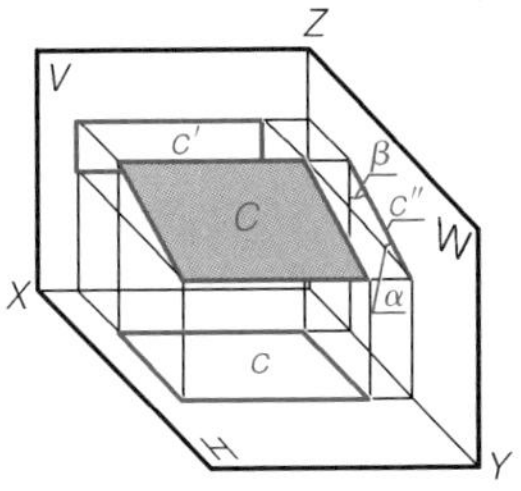

续表

名称	铅垂面(A⊥H面)	正垂面(B⊥V面)	侧垂面(C⊥W面)
投影图	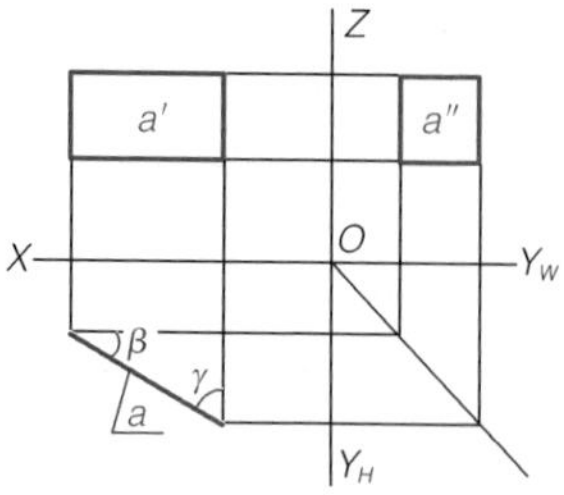	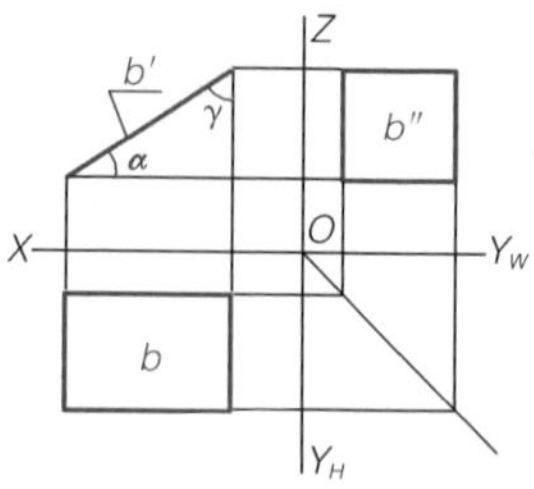	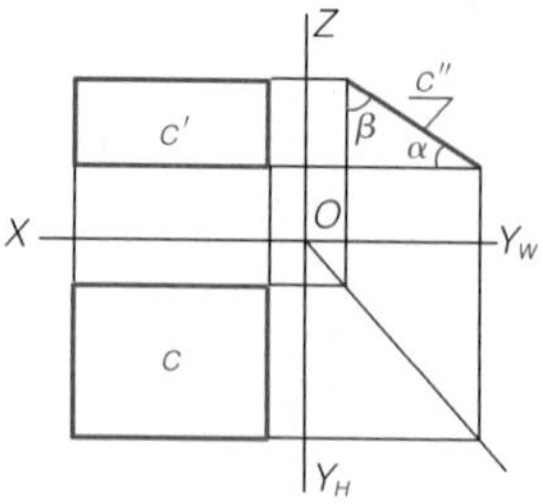
在形体投影图中的位置	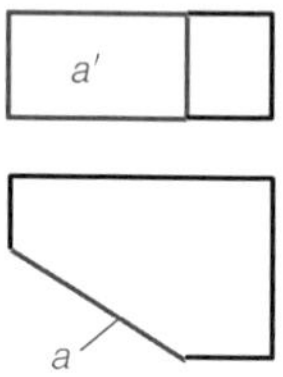	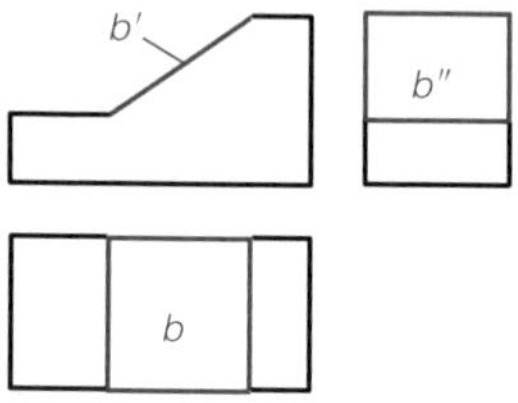	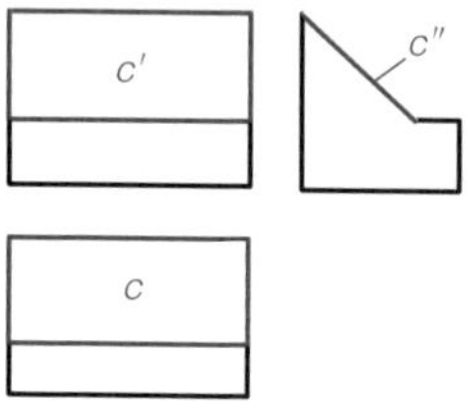
在形体立体图中的位置	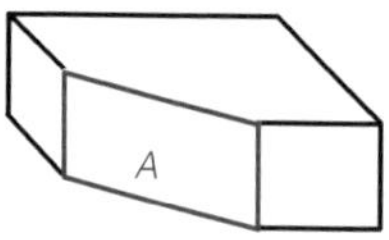	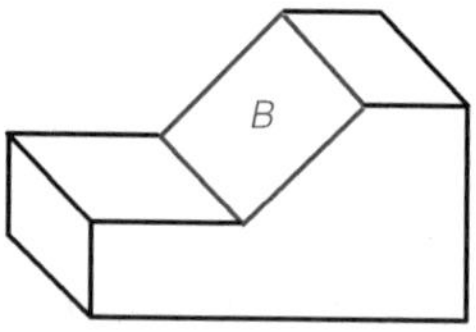	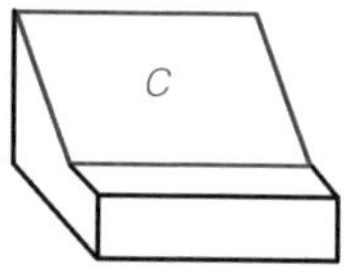
投影特性	(1)H面投影 a 积聚为一条斜线且反映 β、γ 的大小 (2)V面投影 a′ 和 W 面投影 a″ 小于实形,是类似形	(1)V面投影 b′ 积聚为一条斜线且反映 α、γ 的大小 (2)H面投影 b 和 W 面投影 b″ 小于实形,是类似形	(1)W面投影 c″ 积聚为一条斜线且反映 α、β 的大小 (2)H面投影 c 和 V 面投影 c′ 小于实形,是类似形

投影面垂直面的投影特性:平面在所垂直的投影面的投影积聚成一条与投影轴倾斜的直线,与投影轴的夹角分别反映该平面与相应投影面的倾角,其他两面投影均为小于实形的类似形。

提示

读图时,若平面的一面投影为倾斜于投影轴的一条直线,另两面投影为类似形,则该平面为投影面垂直面。

(3)一般位置平面

如图 1-1-18 所示为一般位置平面 SAB 的立体图及投影。一般位置平面的三面投影均为类似形。

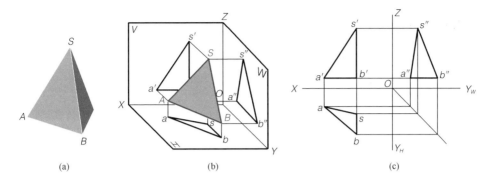

图 1-1-18　一般位置平面的投影

读图时,若平面的三面投影均为类似形,则该平面为一般位置平面。

 任务实施

一、投影分析

　　如图 1-1-15(a)所示,在三投影面体系中,正三棱锥的底面平行于水平投影面,即底面 △ABC 是水平面,其水平投影为反映实形的 △abc,其正面投影和侧面投影积聚成水平直线;后侧棱面 △SAC 是侧垂面,其侧面投影积聚成直线,其余两个投影 △sac、△s'a'c' 为类似形;左、右两个侧棱面为一般位置平面,其投影均为类似三角形。

二、作图

　　绘制正三棱锥三面投影的方法与步骤如图 1-1-19 所示。

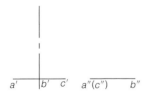
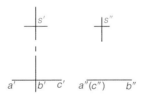
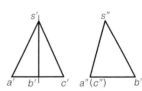

(a) 画对称中心线和底平面　　　(b) 根据正三棱锥的高度　　　(c) 作底平面各点与锥顶同面投影
　的三个投影　　　　　　　　　　确定锥顶的投影　　　　　　　影的连线,描深,完成全图

图 1-1-19　绘制正三棱锥的三面投影

知识拓展

一、属于直线的点的投影

(1)点属于直线,点的投影必属于该直线的同面投影,并且符合点的投影特性,如图1-1-20所示。

(2)点属于直线,点分线段之比等于各段线段的投影比。如图 1-1-20(a)所示,点 C 在直线 AB 上,则 $ac:cb=a'c':c'b'=a''c'':c''b''=AC:CB$。

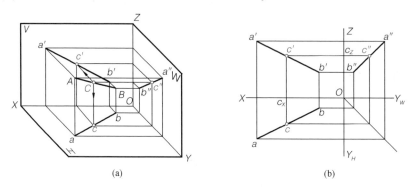

(a)　　　　　　　　　　(b)

图 1-1-20　属于直线的点的投影

二、取属于平面的直线和点

1. 取属于平面的直线

直线属于平面,应满足下列条件之一:

(1)直线经过属于平面的两个点,如图 1-1-21(a)所示。

(2)直线经过属于平面的一点,且平行于属于该平面的另一直线,如图 1-1-21(b)所示。

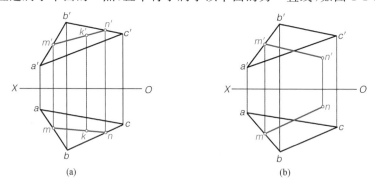

(a)　　　　　　　　　　(b)

图 1-1-21　在平面内取直线

2. 取属于平面的点

点属于平面的条件:若点属于平面内的一条直线,则该点必属于该平面。

如图 1-1-21(a)所示,点 K 属于平面 $\triangle ABC$ 内的一条直线 MN,则点 K 必属于平面 $\triangle ABC$。

图 1-1-22(b)、图 1-22(c)为求平面△*ABC* 上点 *E* 的投影的两种作图方法，读者可自行分析。

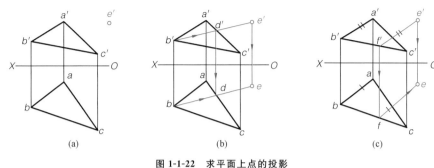

图 1-1-22 求平面上点的投影

三、正三棱锥表面取点

若点属于特殊位置平面,则求其投影时要利用平面投影的积聚性;若点属于一般位置平面,则要利用点属于平面的条件求得其投影。如图 1-1-23 所示,已知点 *M*、*N* 的一面投影,求其另外两面投影,读者可自行分析。

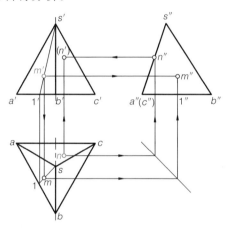

图 1-1-23 正三棱锥表面取点

实例二 绘制正五棱柱的三面投影

 实例分析

图 1-1-24 所示为正五棱柱立体图。本实例在研究点、线、面投影的基础上进一步学习正五棱柱投影的作图方法,通过对正五棱柱各面的分析,绘制出正五棱柱的三面投影图;反之,根据正五棱柱的投影特性,能判断出立体的空间形状,为后续学习各种平面立体的投影作图打下基础。

图 1-1-24 正五棱柱立体图

学习资料

一、基本体的概念

由若干个平面或曲面围成的形体称为立体。棱柱、棱锥、棱台、圆柱、圆锥、球、圆环等立体称为基本几何体，简称基本体。

在生产实际中，零件的形状均不相同，但都是由一些柱、锥、球等基本体经切割、相交、叠加等方式组合而成的。图 1-1-25 所示的阀体、手柄及常用机械零件都是由各种基本体组成的。

(a) 阀体   (b) 手柄

普通 B 型平键   六角头螺栓   钩头型楔键   圆锥滚子

(c) 常用机械零件

图 1-1-25　基本体及其组成零件

基本体按其表面形状不同，可分为平面立体和曲面立体两大类。

二、平面立体概述

由平面围成的基本体称为平面立体，常见的有棱柱、棱锥、棱台。

1. 棱柱的形成

棱柱是由相互平行且边长相等的多边形顶面、底面和若干个矩形的侧棱面围成的立体。棱线相互平行且垂直于底面的棱柱称为直棱柱，底面为正多边形的直棱柱称为正棱柱，如图 1-1-26 所示为正六棱柱。

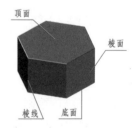

图 1-1-26　正六棱柱

2.常见棱柱的立体图及三面投影(表 1-1-5)

表 1-1-5　　　　　　　　　　　常见棱柱的立体图及三面投影

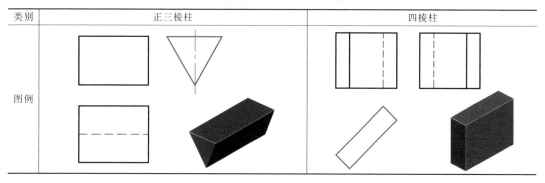

类别	正三棱柱	四棱柱
图例		

任务实施

一、投影分析

如图 1-1-27(a)所示,在三投影面体系中,正五棱柱的上底面、下底面与水平投影面 H 平行,其水平投影反映实形,为正五边形,正面和侧面投影积聚成水平直线;后侧棱面为正平面,其正面投影反映实形,水平和侧面投影积聚成直线;其余四个侧棱面均为铅垂面,其水平投影均积聚成直线,正面和侧面投影为类似形。

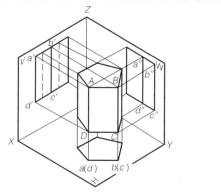

(a) 正五棱柱的三面投影

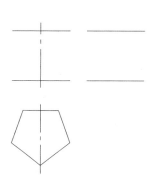

(b) 作对称中心线及上、下正五边形的三面投影

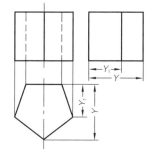

(c) 作五条侧棱(铅垂线)在 V 面、
W 面上的投影,描深,完成投影图

图 1-1-27　正五棱柱三面投影的作图步骤

二、作图

正五棱柱三面投影的作图步骤如图 1-1-27 所示。

 提示

正五棱柱的视图特征:反映底面实形的视图为正五边形;另两个视图均为由粗实线或细虚线组成的矩形。

📐 知识拓展

一、正五棱柱表面取点

如图 1-1-28 所示,已知点 M 属于正五棱柱表面,并知点 M 的正面投影 m',求作其他两面投影 m 和 m''。

(1)因点 M 在左侧棱面 $ABCD$ 上,该棱面为铅垂面,所以点 M 的水平投影 m 必在该棱面积聚的水平投影上。

(2)点 M 的侧面投影 m'' 根据其水平投影 m 和正面投影 m',由"高平齐、宽相等"的投影对应关系求出。

(3)判断点 M 投影的可见性:由于该左侧棱面的侧面投影可见,因此 m'' 也可见。

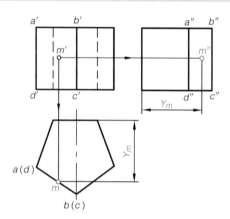

图 1-1-28　正五棱柱表面取点

二、常见棱锥的立体图及三面投影

其他棱锥的投影与三棱锥类似,绘图时一般将棱锥的底面置于投影面平行面的位置,同时尽可能将更多的平面置于特殊位置,分别画出各平面的投影。常见棱锥的立体图及三面投影见表 1-1-6。

表 1-1-6　　　　　　　　　　常见棱锥的立体图及三面投影

类别	正四棱锥	正六棱锥
图例		

 提示

常见棱锥的视图特征:反映底面实形的视图为多边形(三角形的组合图形);另两个视图均为三角形(或三角形的组合图形)。

三、常见棱台的立体图及三面投影

用平行于棱锥底面的平面截切棱锥即成棱台。绘图时,一般将棱台相互平行的两个底面平行于某一投影面,同时尽可能将更多的表面置于特殊位置,分别画出各平面的三面投影。常见棱台的立体图及三面投影见表 1-1-7。

表 1-1-7　　　　　　　　　常见棱台的立体图及三面投影

类别	四棱台	正五棱台
图例	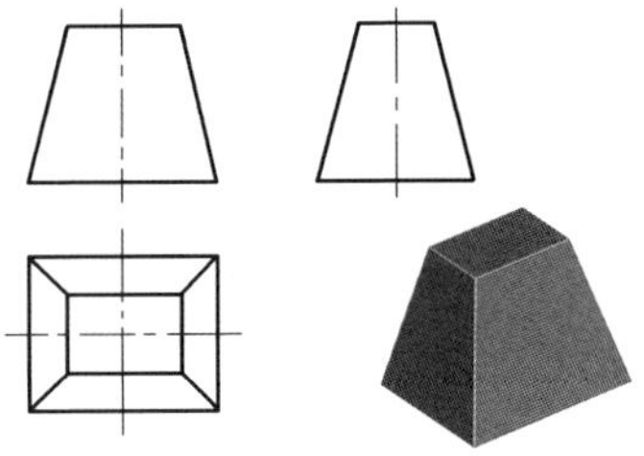	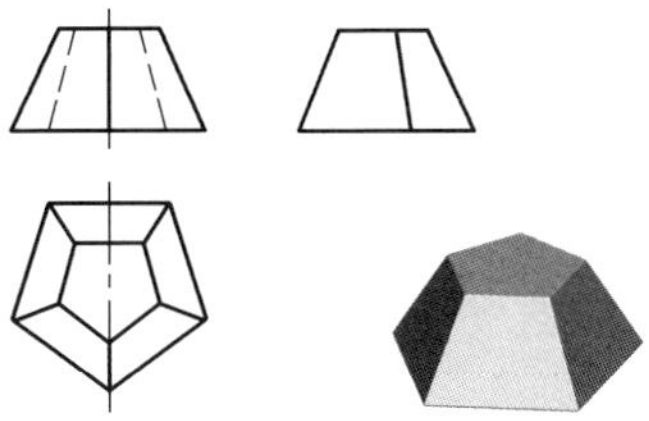

提示 常见棱台的视图特征:反映底面实形的视图为两个相似多边形,并反映侧面的几个梯形;另两个视图均为梯形(或梯形的组合图形)。

实例三　绘制圆柱的三面投影

实例分析

图 1-1-29 为圆柱立体图。本实例是在学习平面立体的基础上,通过对圆柱的形成和投影的分析,绘制出圆柱的三面投影;反之,根据圆柱的投影特性,能判断出立体的空间形状,从而为学习其他曲面立体的投影作图提供理论基础。

图 1-1-29　圆柱立体图

学习资料

一、曲面立体

由曲面或平面和曲面围成的基本体称为曲面立体。零部件上常用的曲面立体多为回转体,常见的回转体有圆柱、圆锥、球、圆环等。图 1-1-30 所示为柱塞泵中的部分零件,其基本体均为圆柱。

二、圆柱

圆柱的形成如图 1-1-31 所示,一条直线 AA_1(母线)绕与其平行的直线 OO_1(轴线)旋转一周形成圆柱面,圆柱面和顶面、底面围成的立体称为圆柱体,简称圆柱。圆柱面上任意一条平行于轴线的直线称为圆柱表面的素线。

图 1-1-30　基本体为圆柱的零件

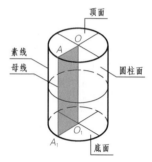

图 1-1-31　圆柱的形成

 任务实施

一、投影分析

如图 1-1-32(a)所示,圆柱的轴线垂直于 H 面,其上、下底圆均为水平面,其水平投影反映实形且重合,因此俯视图为圆,其正面和侧面投影积聚成直线。圆柱的水平投影也积聚为圆,与顶面和底面的水平投影重合。圆柱的正面投影为矩形线框,其轮廓素线 AA_1、BB_1 将圆柱分成可见的前半部分与不可见的后半部分。圆柱的侧面投影也为矩形线框,其最前和最后轮廓素线将圆柱分成可见的左半部分与不可见的右半部分。

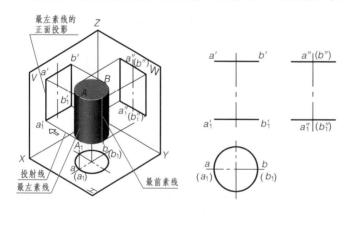

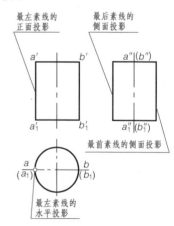

(a) 圆柱及其三面投影

(b) 绘制圆的中心线、圆柱的轴线和顶面、底面的投影

(c) 绘制 AA_1、BB_1 的 V 面投影及最前、最后线素的 W 面投影

图 1-1-32　圆柱三面投影的作图步骤

提 示

　　圆柱的视图特征:反映底面实形的视图为圆;另两个视图均为矩形。

二、作图

　　圆柱三面投影的作图步骤如图 1-1-32 所示。

　　由于曲面立体的表面多是光滑曲面,不像平面立体有着明显的棱线,因此绘制曲面立体的投影时要将回转曲面的形成规律和投影表达方式紧密联系起来,从而掌握曲面立体的投影特性。

 知识拓展

一、圆柱表面取点

　　如图 1-1-33 所示,已知点 M 和点 N 属于圆柱表面,并知点 M 在 V 面的投影 m' 及点 N 在 W 面的投影 n'',求点 M 和点 N 的另两面投影。

　　(1)由给定的 m' 的位置和可见性,可以判定点 M 位于左前四分之一圆柱面上,利用圆柱面在 H 面的投影的积聚性,按"长对正"的投影关系求出积聚于圆周的 m。

　　(2)分别由 m 及 m',按"高平齐、宽相等"的投影对应关系求出 m'',m''为可见。

　　(3)求点 N 的投影的作图过程可参考以上过程自行分析。

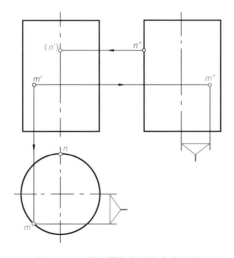

图 1-1-33　属于圆柱表面的点的投影

二、圆锥

1. 圆锥的形成

圆锥是由一条与轴线斜交的母线绕轴线回转一周而围成的立体,锥面上任意位置的母线称为圆锥表面的素线,如图 1-1-34 所示。

2. 圆锥的三面投影

如图 1-1-35(a)所示,圆锥底面是水平面,则其水平投影为圆,圆锥面的水平投影重影在圆锥底面上;其正面投影和侧面投影为等腰三角形,其两腰分别为圆锥表面上的最左、最右、最前、最后素线,是圆锥表面在正面投影和侧面投影上可见性的分界线。

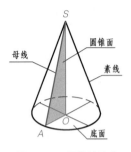

图 1-1-34　圆锥的形成

圆锥三面投影的作图步骤如图 1-1-35 所示。

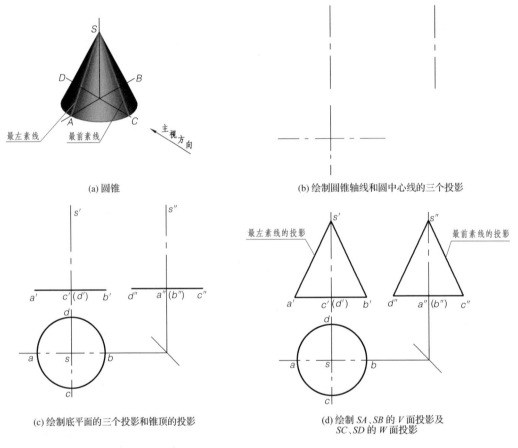

(a) 圆锥

(b) 绘制圆锥轴线和圆中心线的三个投影

(c) 绘制底平面的三个投影和锥顶的投影

(d) 绘制 SA、SB 的 V 面投影及 SC、SD 的 W 面投影

图 1-1-35　圆锥三面投影的作图步骤

3. 属于圆锥表面的点的投影

若点位于圆锥底面,则可利用其投影有积聚性的特点求得点的投影;若点位于圆锥面,则利用辅助素线法或辅助圆法求得点的投影。

如图 1-1-36 所示,已知点 M 属于圆锥表面,并知点 M 的正面投影 m',求点 M 的其他两面投影。

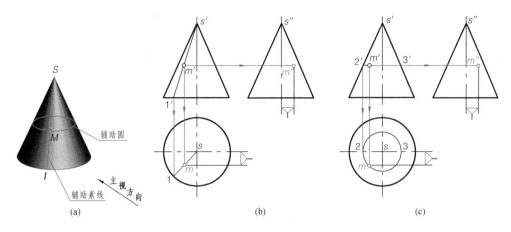

图 1-1-36　属于圆锥表面的点的投影

根据点 M 正面投影的位置和可见性,可判断出点 M 在圆锥面的左前侧,可用辅助素线法或辅助圆法求点 M 的水平投影和侧面投影。

(1)辅助素线法

如图 1-1-36(a)所示,过锥顶 S 和点 M 作一条辅助素线 SI;如图 1-1-36(b)所示,连接 $s'm'$ 并延长到与底面的正面投影相交于 $1'$,求得 $s1$;再根据点属于直线的判断依据,按"长对正"由 m' 求出 m,按"高平齐"和"宽相等"由 m'、m 求出 m''。

(2)辅助圆法

如图 1-1-36(a)所示,过点 M 作一个平行于底面的圆,在投影图中求出该圆的正面投影和水平投影,如图 1-1-36(c)所示。因点 M 在圆锥的左前面上,所以其三个投影都可见。

提　示

圆锥的视图特征:反映底面实形的视图为圆;另两个视图均为等腰三角形。

三、圆台

用平行于圆锥底面的平面截切圆锥,底面和截面之间的部分称为圆台。图 1-1-37 所示为不同方向放置的圆台及其三面投影。

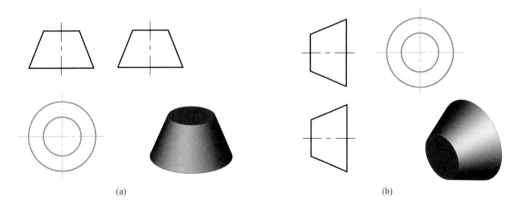

图 1-1-37　不同方向放置的圆台及其三面投影

提 示

　　圆台的视图特征:反映顶面、底面实形的视图为不相等的两个圆;另两个视图均为梯形。

四、球

1. 球的形成

　　球是由一半圆母线绕其直径回转一周而围成的立体,如图 1-1-38(a)所示。母线上任一点的运动轨迹均是一个圆,点在母线上的位置不同,其圆的直径也不同。球面上的这些圆称为纬圆,如图 1-1-38(b)所示。

2. 球的三面投影

　　如图 1-1-38(b)所示,球从三个投射方向看都是与其等直径的圆,其三面投影均为大小相等的圆(分别表示不同位置的转向轮廓圆),作图步骤如下:

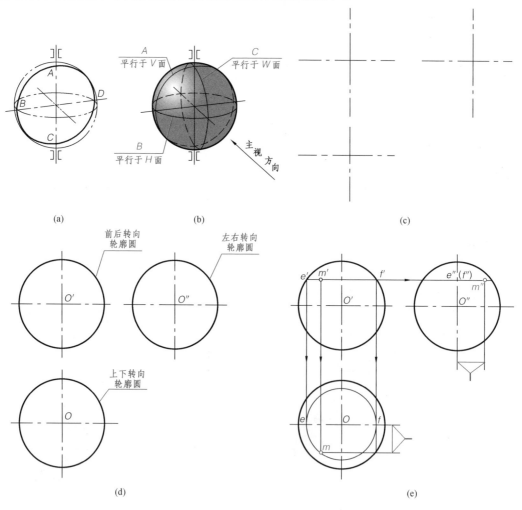

图 1-1-38　球的结构特征及投影作图步骤

（1）绘制三个圆的中心线，用以确定三面投影的位置，如图 1-1-38(c)所示。

（2）绘制球的三面投影，如图 1-1-38(d)所示。

（3）各转向轮廓圆在其他两投影面的投影均与圆相应的中心线重合，不必画出。

提 示

球的视图特征：三个视图均为圆（不完整球体的三视图，其外形轮廓都有半径相等的圆弧）。

3. 属于球表面的点的投影

由球的投影特性可知，球表面的三个投影都没有积聚性，可利用辅助圆法求其表面的点的投影。

如图 1-1-38(e)所示，已知点 M 属于球表面，并知点 M 的正面投影 m'，求其他两面投影。

（1）根据 m' 的位置和可见性，可以判定点 M 位于前半球左上部分的表面。

（2）利用辅助圆法，过点 M 在球表面作一平行于 H 面的辅助圆（也可作平行于 V 面或 W 面的辅助圆），则该辅助圆在正面上的投影为过 m' 且平行于水平面的直线 $e'f'$，其水平投影为直径等于 $e'f'$ 的圆，其侧面投影为与水平面平行的直线，则点 M 的其他两面投影必属于该辅助圆的同面投影。

（3）根据点 M 的位置特点，判断其三个投影都是可见的。

任务二

绘制平面图形

学习目标

　　熟悉国家标准《技术制图》和《机械制图》中有关图纸幅面和图框格式、比例、字体、图线的规定，并在实践中严格遵守；正确理解和掌握国家标准《技术制图》和《机械制图》中关于尺寸注法的内容以及常用几何图形的作图原理与方法；掌握平面图形的绘制以及标注尺寸的基本方法；掌握常用几何图形的画法及绘图仪器的使用；初步掌握平面图形的线段分析和草图绘制方法。

素养提升

学习导航

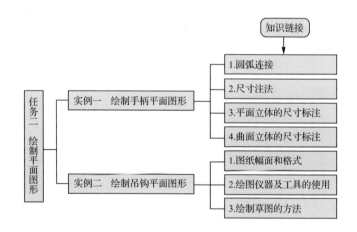

实例一　绘制手柄平面图形

实例分析

　　在实际机件的轮廓图中，经常遇到圆弧与直线、圆弧与圆弧光滑连接的情况。图1-2-1所示为手柄立体图和平面图形,可以看出该手柄的轮廓是由直线和圆弧组成的。本实例通过介绍圆弧连接和尺寸标注的有关知识,使读者掌握平面图形的绘制步骤。

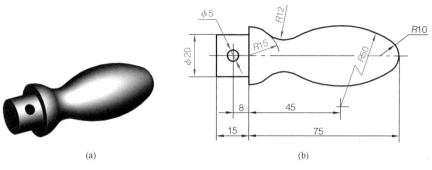

图 1-2-1　手柄立体图和平面图形

 学习资料

一、圆弧连接

用一圆弧光滑地连接相邻两线段的作图方法称为圆弧连接。如图 1-2-2 所示,如用直线连接两圆弧,则该直线称为公切线;如用圆弧连接圆弧或直线,则该圆弧称为连接圆弧;两连接线段中圆滑过渡的分界点称为切点。

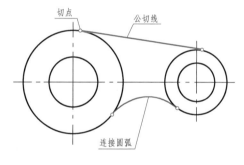

图 1-2-2　圆弧连接

1. 圆弧连接的原理与作图方法

圆弧连接的实质是圆弧与圆弧或圆弧与直线间的相切关系,如图 1-2-3 所示。其作图方法如下:

(1)准确地求出连接弧的圆心 O(分清连接类别)。

(2)求切点(点 A)。

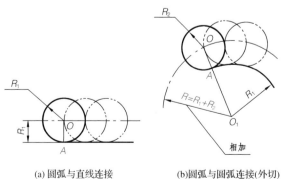

(a) 圆弧与直线连接　　(b)圆弧与圆弧连接(外切)　　(c) 圆弧与圆弧连接(内切)

图 1-2-3　圆弧连接的原理与作图方法

（3）画连接圆弧（不超过切点）。

2. 直线与圆弧、圆弧与圆弧连接的各种形式

直线与圆弧、圆弧与圆弧连接的各种形式见表 1-2-1，读者可参考实例自行分析。

表 1-2-1　　　　　　　　　直线与圆弧、圆弧与圆弧连接的各种形式

类别	实例	作图方法与步骤		
		找圆心（点 O）	找切点（点 A、B）	连接圆弧（$\overarc{AB}$）
直线与圆弧间的圆弧连接	 扳手(外切)	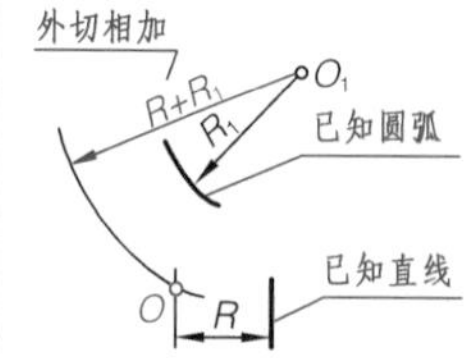	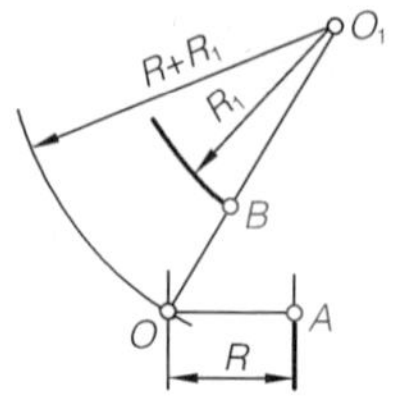	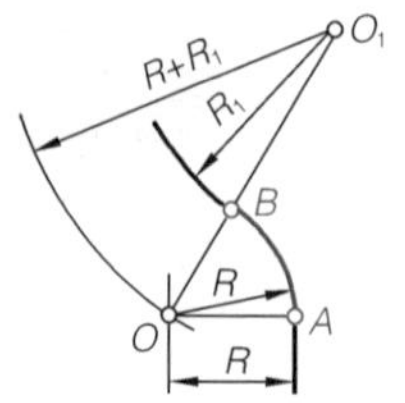
	 手轮(内切)	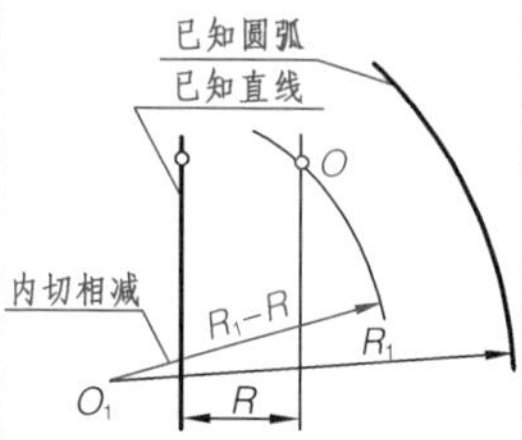	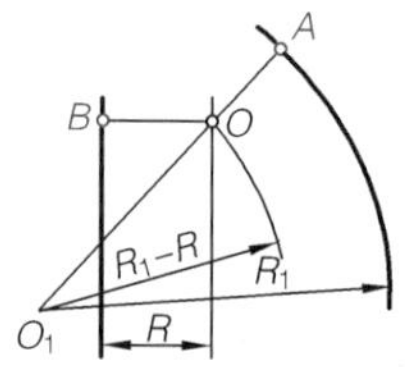	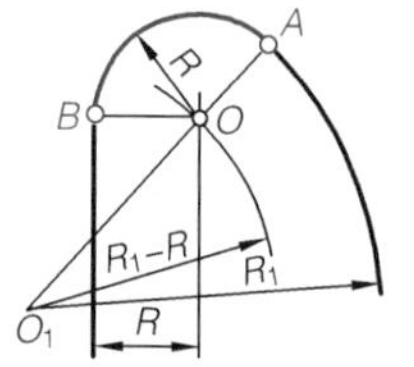
圆弧与圆弧间的圆弧连接	 外切连接 链节	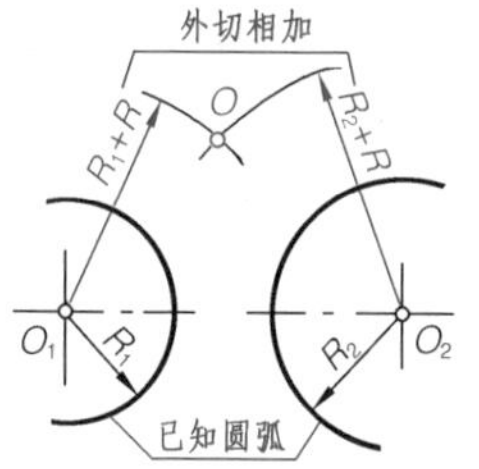	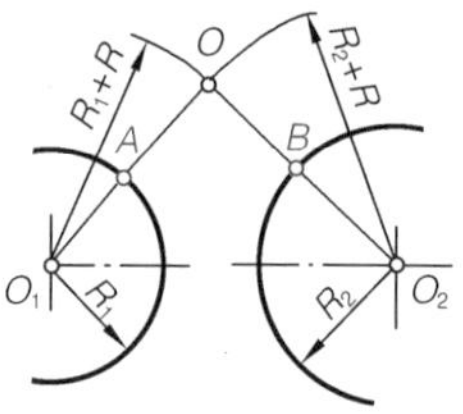	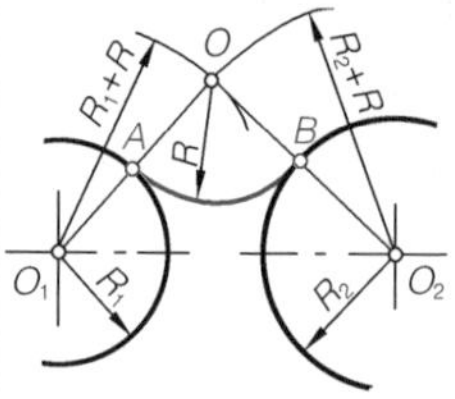
	 内切连接 连杆	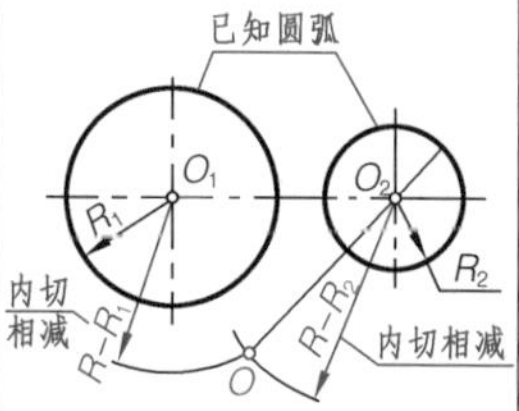	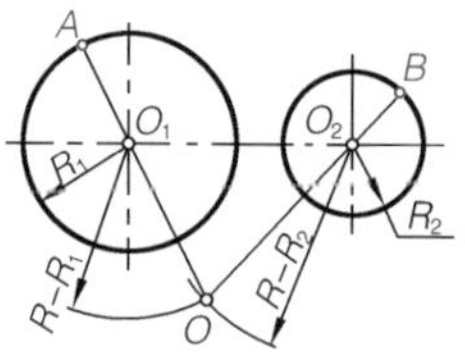	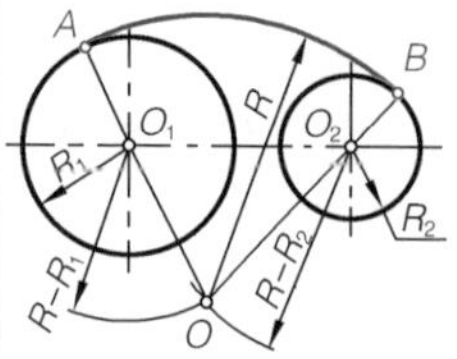
	 混合连接 吊钩	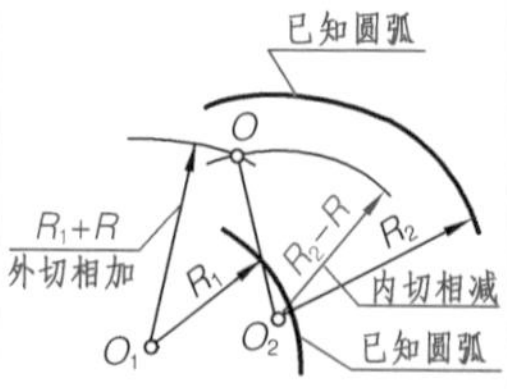	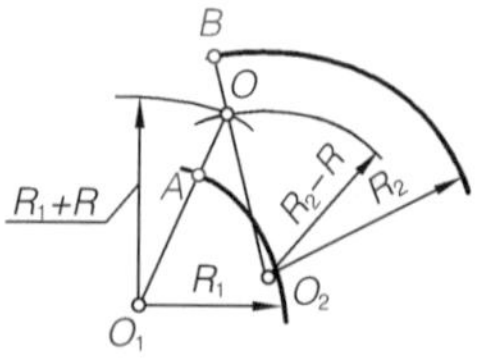	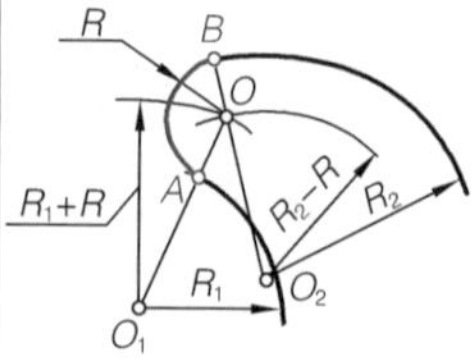

注：R 为连接圆弧半径。

二、尺寸注法

1. 尺寸标注基本规则

《机械制图 尺寸注法》(GB/T 4458.4—2003)和《技术制图 简化表示法 第2部分：尺寸注法》(GB/T 16675.2—2012)对尺寸注法做了专门规定。

(1)机件的真实大小应以图样上所标注的尺寸数值为依据，与图形的大小及绘图的准确度无关。

(2)图样中的尺寸以毫米为单位时，无须标注单位符号；如采用其他单位，则必须注明相应的单位符号。

(3)对机件的每个尺寸一般只标注一次，并应标注在反映该结构最清晰的图形上。

(4)图样中所标注的尺寸为该图样所示机件的最后完工尺寸，否则应另加说明。

2. 尺寸组成

一个完整的尺寸由尺寸数字、尺寸界线、尺寸线和尺寸线的终端符号组成，标注示例如图1-2-4所示。

(1)尺寸数字用于标明机件实际尺寸的大小。尺寸数字采用阿拉伯数字书写，且同一张图上的字体高度要一致。

(2)尺寸线表明所注尺寸的度量方向，只能用细实线绘制。尺寸线的终端符号有箭头、斜线和圆点三种形式，机械制图多采用箭头。箭头尖端应与尺寸界线接触，其画法如图1-2-5所示。

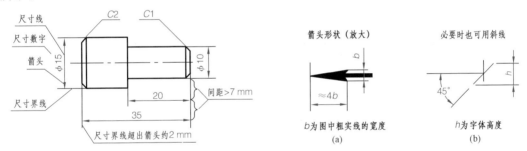

图 1-2-4 尺寸的标注示例   图 1-2-5 尺寸线的终端形式

(3)尺寸界线表明所注尺寸的度量范围，应自图形的轮廓线、轴线、对称中心线引出，用细实线绘制。

(4)标注尺寸时，应尽可能使用符号和缩写词。常用的符号和缩写词见表1-2-2。

表 1-2-2   常用的符号和缩写词

名称	符号和缩写词	名称	符号和缩写词
直径	ϕ	45°倒角	C
半径	R	深度	↓
球直径	$S\phi$	沉孔或锪平孔	⊔
球半径	SR	埋头孔	∨
厚度	t	均布	EQS
正方形边长	□	弧长	⌒

3. 字体(GB/T 14691—1993)

图样中除了用图形表达机件的结构形状外,还需要用文字、数字说明机件的名称、大小、材料和技术要求等。

各种字体的大小要选择适当。字体大小分为 1.8、2.5、3.5、5、7、10、14、20 八种号数(字体的号数即字体高度,单位为 mm)。

(1)汉字

图样上的汉字应写成长仿宋体,并应采用国家正式公布推行的简化字。汉字的高度不应小于 3.5 mm,字宽约等于字高的 $1/\sqrt{2}$。

长仿宋体汉字的书写要领是横平竖直、注意起落、结构匀称、填满方格。

(2)拉丁字母、希腊字母、阿拉伯数字、罗马数字

字母和数字有直体和斜体之分,一般情况下用斜体。斜体字字头向右倾斜,与水平基准线呈 75°。字母和数字按笔画宽度情况分为 A 型和 B 型两类,A 型字体的笔画宽度(d)为字体高度(h)的 1/14,B 型字体的笔画宽度为字体高度的 1/10,即 B 型字体比 A 型字体的笔画要粗一点。

(3)字体示例

①长仿宋体汉字

10 号字示例:

字体工整笔画清楚间隔均匀排列整齐

7 号字示例:

横平竖直注意起落结构匀称填满方格

5 号字示例:

技术制图机械电子汽车航空船舶土木建筑矿山井坑港口纺织服装

②拉丁字母

大写斜体:

ABCDEFGHIJKLMNOPQRSTUVWXYZ

小写斜体:

abcdefghijklmnopqrstuvwxyz

③阿拉伯数字

斜体:

0123456789

直体：

0123456789

④罗马数字

斜体：

I Ⅱ Ⅲ Ⅳ Ⅴ Ⅵ Ⅶ Ⅷ Ⅸ Ⅹ

直体：

I Ⅱ Ⅲ Ⅳ Ⅴ Ⅵ Ⅶ Ⅷ Ⅸ Ⅹ

⑤字体的应用

$$\phi 20^{+0.010}_{-0.023} \quad 7^{\circ+1^{\circ}}_{-2^{\circ}} \quad \frac{3}{5} \quad 10JS5(\pm 0.003) \quad M24\text{-}6h$$

$$\phi 25\frac{H6}{m5} \quad \frac{Ⅱ}{2:1} \quad \frac{A}{5:1} \quad \sqrt{Ra\ 6.3} \quad R8\ \ 5\% \quad \underline{3.50}$$

任务实施

一、尺寸分析

根据在平面图形中所起的作用,尺寸可分为定形尺寸和定位尺寸两大类。

1.定形尺寸

用于确定线段的长度、圆弧的半径、圆的直径和角度等大小的尺寸称为定形尺寸,如图 1-2-1(b)中的$\phi 5$、$\phi 20$、$R12$、$R15$、$R50$ 等。

2.定位尺寸

用于确定线段在平面图形中所处位置的尺寸称为定位尺寸,如图 1-2-1(b)中的尺寸 8 确定了$\phi 5$ 圆孔圆心的位置,尺寸 45 确定了 $R50$ 圆弧圆心水平方向的位置等。

定位尺寸应从基准出发进行标注,平面图形中常用的尺寸基准多为图形的对称线、较大圆的中心线或图形的轮廓边线等。

二、线段分析

平面图形中的线段通常由直线和圆弧组成,根据定位尺寸完整与否可分为如下三类:

1. 已知线段(圆弧)

凡是定形尺寸和定位尺寸均齐全的线段,称为已知线段(圆弧),如图 1-2-1(b)中的尺寸 R15。

2. 中间线段(圆弧)

定形尺寸齐全,但定位尺寸不齐全的线段,称为中间线段(圆弧),如图 1-2-1(b)中的尺寸 R50。

3. 连接线段(圆弧)

只有定形尺寸而无定位尺寸的线段,称为连接线段(圆弧),如图 1-2-1(b)中的尺寸 R12。作图时应先画已知线段,再画中间线段,最后画连接线段。

三、绘制平面图形

绘制手柄平面图形的步骤如图 1-2-6 所示。

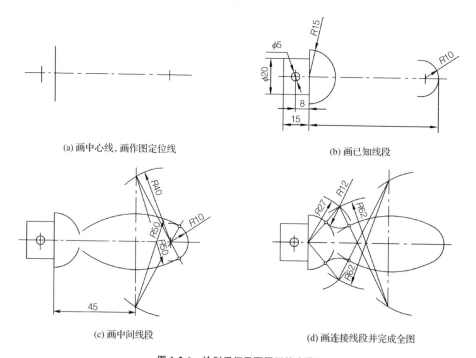

(a) 画中心线,画作图定位线

(b) 画已知线段

(c) 画中间线段

(d) 画连接线段并完成全图

图 1-2-6　绘制手柄平面图形的步骤

 知识拓展

一、常见尺寸的标注方法

表 1-2-3 对常见尺寸的标注方法做了进一步说明。

表 1-2-3　　　　　　　　　　　　　　常见尺寸的标注方法

项 目	说 明	图 例
尺寸数字	线性尺寸的数字一般标注在水平尺寸线的上方和竖直尺寸线的左侧（字头朝左），也允许标注在尺寸线的中断处，见右栏图中的四种标注方式	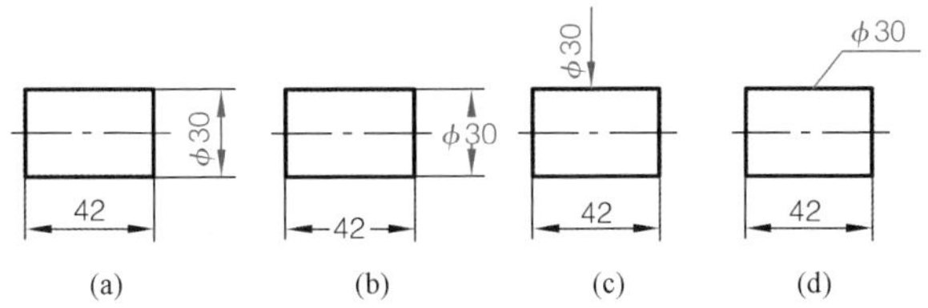 (a)　(b)　(c)　(d)
	线性尺寸的数字应按右栏中左图所示的方向标注，并尽量避免在图示 30°范围内标注尺寸。当无法避免时，可按右栏中右图所示的方法标注	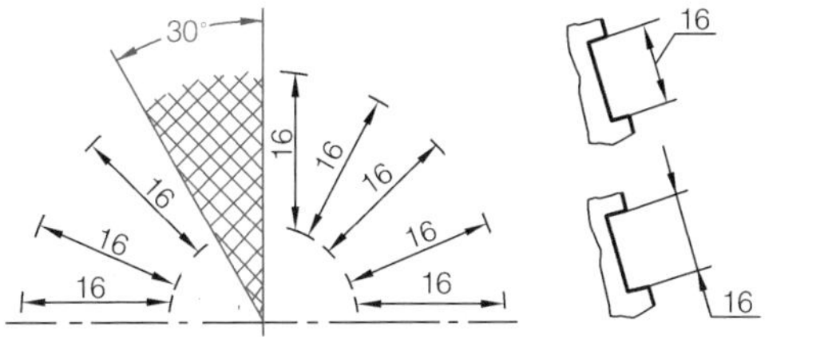
	数字不可被任何图线穿过。当不可避免时，图线必须断开	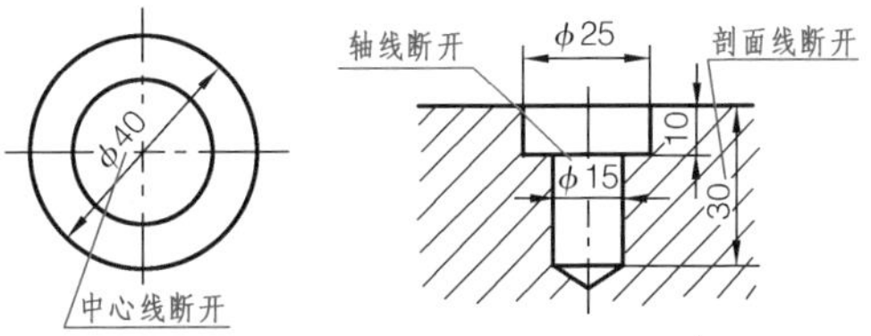
尺寸线	(1)尺寸线必须用细实线单独画出。轮廓线、中心线或它们的延长线均不可作为尺寸线 (2)线性尺寸的尺寸线必须与所标注的线段平行	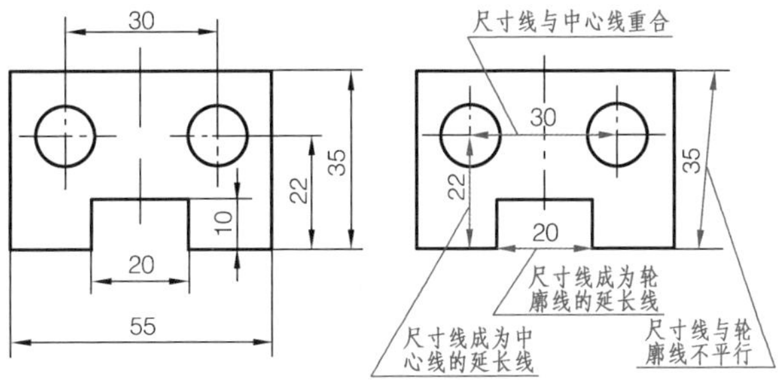
尺寸界线	(1)可将轮廓线（右栏图(a)）或中心线（右栏图(b)）当作尺寸界线 (2)当尺寸界线过于贴近轮廓线时，允许将其倾斜画出（右栏图(c)） (3)在光滑过渡处标注尺寸时，必须用细实线将轮廓线延长，从它们的交点引出尺寸界线（右栏图(d)）	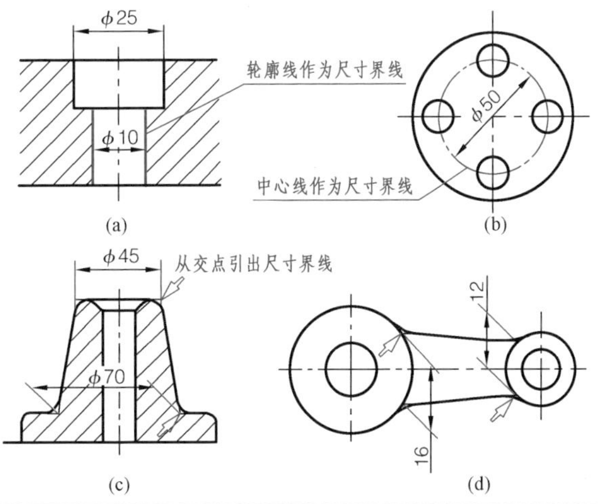

续表

项目	说明	图例
直径与半径	标注直径尺寸时,应在尺寸数字前加注直径符号"ϕ";标注半径尺寸时,加注半径符号"R"。尺寸线应通过圆心	$2\times\phi10$ $\phi38$ $R10$ $\phi22$ 52 $\phi130$ $\phi90$ $\phi50$ $\phi30$
	标注小直径或小半径尺寸时,箭头和数字都可以布置在外面	$\phi10$ $\phi10$ $\phi10$ $R6$ $R6$ $\phi5$ $\phi5$ $\phi5$ $\phi5$ $R4$ $R2$
小尺寸	(1)标注一连串小尺寸时,可用小圆点或斜线代替箭头,但最外两端箭头仍应画出,如右栏图(a)所示 (2)单独的小尺寸可按右栏图(b)所示标注	$5\ 3\ 5$ 4 4 2 2 $5\ 3\ 5$ (a) (b)
角度	(1)角度的数字一律水平填写,并应写在尺寸线的中断处,必要时允许写在外面或引出标注 (2)角度的尺寸界线必须沿径向引出	$60°$ $65°$ $50°$ $5°$ $R28$ $30°$ $30°$ 72 60 24 $\phi22$ $R22$

二、尺寸标注的正、误示例

尺寸标注的正、误示例如图 1-2-7 所示。

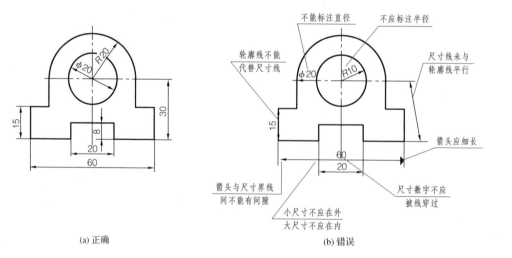

(a) 正确   (b) 错误

图 1-2-7 尺寸标注的正、误示例

三、平面立体的尺寸标注

平面立体应标注长、宽、高三个方向的尺寸。图 1-2-8 给出了棱柱、棱锥、棱台的尺寸注法。

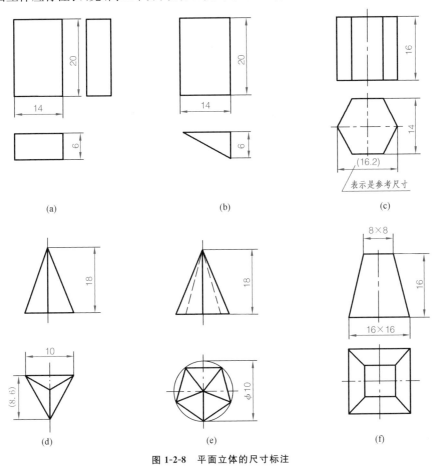

图 1-2-8　平面立体的尺寸标注

四、曲面立体的尺寸标注

圆柱、圆锥应标注底圆直径和高度尺寸,直径尺寸最好标注在非圆视图上。在直径尺寸数字前要加注"ϕ";标注圆球的直径或半径尺寸时,在"ϕ""R"前要加注"S",如图 1-2-9 所示。

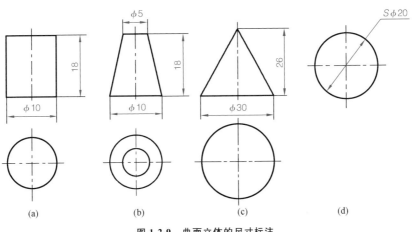

图 1-2-9　曲面立体的尺寸标注

实例二　绘制吊钩平面图形

 实例分析

图 1-2-10 所示为吊钩平面图形的尺寸分析和线段分析。本实例是在全面掌握平面图形的尺寸分析和线段分析的基础上,进一步学习平面图形绘制的全过程,从而掌握平面图形的绘制方法。本实例要求借助于绘图仪器及工具,在标准图纸上进行绘制。

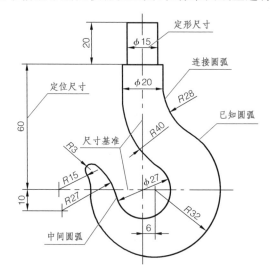

图 1-2-10　吊钩平面图形分析

学习资料

国家标准《技术制图》是一项基础技术标准,是工程界各专业技术图样的通用规定;国家标准《机械制图》是一项机械专业制图标准。它们是绘制、识读和使用图样的准绳,必须认真学习和遵守。

现以《技术制图　图纸幅面和格式》(GB/T 14689—2008)为例,说明标准的构成。国家标准由标准名称(例如"技术制图　图纸幅面和格式")和标准编号(例如"GB/T 14689—2008")两部分组成。"GB/T"表示推荐性国家标准,"14689"为标准顺序号,"2008"为该标准发布的年份。

一、图纸幅面和格式

1. 图纸幅面尺寸（GB/T 14689—2008）

标准图纸幅面共有五种，其幅面代号及尺寸见表 1-2-4，也可采用加长幅面（按基本幅面的短边成整数倍增加后得出），绘制图样时应优先采用基本幅面。

表 1-2-4 中 A1 图纸幅面是 A0 图纸幅面的对折，其尺寸关系如图 1-2-11 所示。

表 1-2-4　　　　图纸幅面及图框尺寸　　　　mm

幅面代号	幅面尺寸 $B×L$	图框周边尺寸		
		a	c	e
A0	841×1 189	25	10	20
A1	594×841	25	10	20
A2	420×594	25	10	20
A3	297×420	25	5	10
A4	210×297	25	5	10

注：a、c、e 的含义见下文。

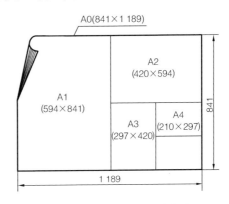

图 1-2-11　基本幅面的尺寸关系

2. 图框格式（GB/T 14689—2008）

绘图前，在图纸上必须先用粗实线画出图框。图框有两种格式，一种是不留装订边的，另一种是留有装订边的。

（1）留有装订边的图纸，其图框格式如图 1-2-12 所示，装订边宽度 a 和其他边宽度 c 可从表 1-2-4 中查出。

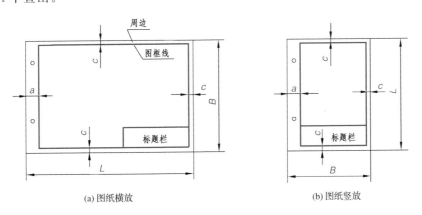

(a) 图纸横放　　　　　　　　　　　　　　(b) 图纸竖放

图 1-2-12　留有装订边的图框格式

（2）不留装订边的图纸，其图框格式如图 1-2-13 所示，宽度 e 可从表 1-2-4 中查出。

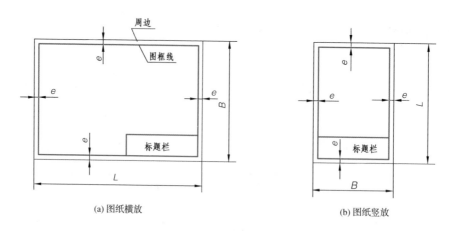

(a) 图纸横放　　　　　　　　　　　(b) 图纸竖放

图 1-2-13　不留装订边的图框格式

3. 标题栏

每张图样上都必须画出标题栏,标题栏的位置一般在图纸的右下角,如图 1-2-12 和图 1-2-13 所示。为了使用印制好的图纸,标题栏的位置可按图 1-2-14 所示的方式配置。这时,要按方向符号看图,即在图纸下边对中符号处画上一等边三角形。

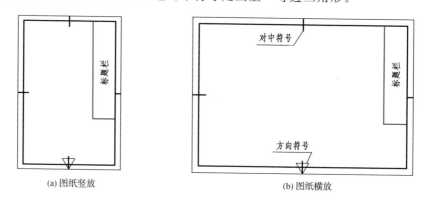

(a) 图纸竖放　　　　　　　　　　　(b) 图纸横放

图 1-2-14　使用印制图纸时允许的另一种标题栏方式及对中、方向符号

《技术制图　标题栏》(GB/T 10609.1—2008)对标题栏的内容、格式与尺寸做了规定,如图 1-2-15 所示。学生作业用标题栏格式如图 1-2-16 所示。

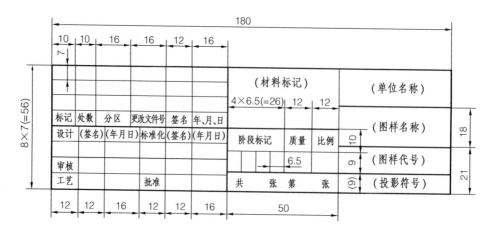

图 1-2-15　标题栏格式

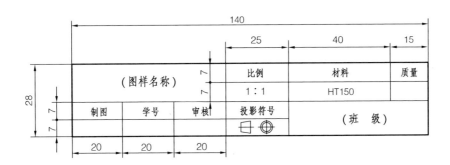

图 1-2-16　学生作业用标题栏格式

4.图线(GB/T 17450—1998 和 GB/T 4457.4—2002)

绘制平面图形时,应选用国家标准规定的线型。

(1)基本线型

《机械制图　图样画法　图线》(GB/T 4457.4—2002)规定了绘制机械图样的九种线型,见表 1-2-5。图线的应用举例如图 1-2-17 所示。

表 1-2-5　　　　机械制图的基本线型及其应用(摘自 GB/T 4457.4—2002)

序号	线型		名称	图线宽度/mm	在图上的一般应用
01	实线	(粗实线图样)	粗实线	b (约 0.5、0.7)	(1)可见轮廓线 (2)剖切符号用线
		(细实线图样)	细实线	约 $b/2$	(1)尺寸线及尺寸界线 (2)剖面线 (3)重合断面的轮廓线 (4)螺纹的牙底线及齿轮的齿根线 (5)指引线 (6)范围线及分界线 (7)过渡线
		(波浪线图样)	波浪线	约 $b/2$	(1)断裂处的边界线 (2)视图与剖视图的分界线
		(双折线图样)	双折线	约 $b/2$	
02	虚线	(细虚线图样)	细虚线	约 $b/2$	不可见轮廓线
		(粗虚线图样)	粗虚线	b	允许表面处理的表示线
03		(细点画线图样)	细点画线	约 $b/2$	(1)轴线 (2)对称中心线 (3)分度圆(线)
		(粗点画线图样)	粗点画线	b	限定范围的表示线
04		(细双点画线图样)	细双点画线	约 $b/2$	(1)相邻辅助零件的轮廓线 (2)极限位置的轮廓线 (3)轨迹线 (4)中断线

注:本书中将轮廓线和棱边线统称为轮廓线。

(2)图线的画法

图 1-2-18 所示为图线的正确画法。

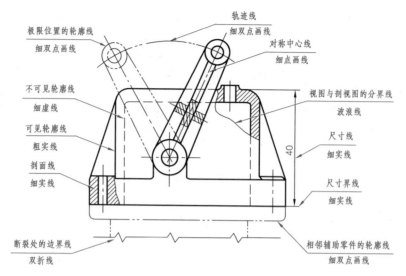

图 1-2-17   图线的应用举例

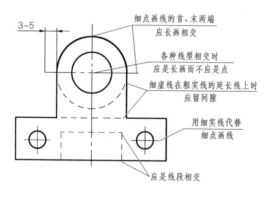

图 1-2-18   图线的正确画法

5. 比例（GB/T 14690—1993）

图样中机件要素的线性尺寸与实际机件要素的线性尺寸之比称为比例。

比例一般应标注在标题栏的"比例"一栏内。不论采用何种比例，图样中所标注的尺寸数值必须是物体的实际大小，与图形的大小无关。图 1-2-19 所示为用不同比例绘制的图形。

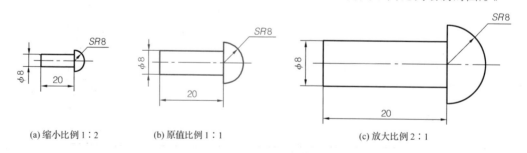

图 1-2-19   用不同比例绘制的图形

绘制图样时，一般应从表 1-2-6 规定的系列中选取适当的比例，必要时也允许选取表中带括号的比例。

表 1-2-6	绘图比例
原值比例	$1:1$
缩小比例	$(1:1.5)$　$1:2$　$(1:2.5)$　$(1:3)$　$(1:4)$　$1:5$　$(1:6)$　$1:1\times10^n$　$(1:1.5\times10^n)$ $1:2\times10^n$　$(1:2.5\times10^n)$　$(1:3\times10^n)$　$(1:4\times10^n)$　$1:5\times10^n$　$(1:6\times10^n)$
放大比例	$2:1$　$(2.5:1)$　$(4:1)$　$5:1$　$1\times10^n:1$　$2\times10^n:1$ $(2.5\times10^n:1)$　$(4\times10^n:1)$　$5\times10^n:1$

注：1. n 为正整数。

　　2. 尽量选取不带括号的比例。必要时，也允许选取括号中的比例。

二、绘图仪器及工具的使用

1. 图板、丁字尺、三角板

（1）图板：是供铺放和固定图纸用的木板。图纸可用胶带纸固定在图板上，如图 1-2-20(a)所示。

（2）丁字尺：由相互垂直的尺头和尺身组成，主要用来画水平线，如图 1-2-20(a)所示。

（3）三角板：由 45°和 30°(60°)两块板组成一副。三角板与丁字尺配合使用可画竖直线，如图 1-2-20(b)所示；两块三角板配合使用可画 30°、45°、60°线，还可画与水平线呈 15°、75°、105°的倾斜线，如图 1-2-20(c)所示。

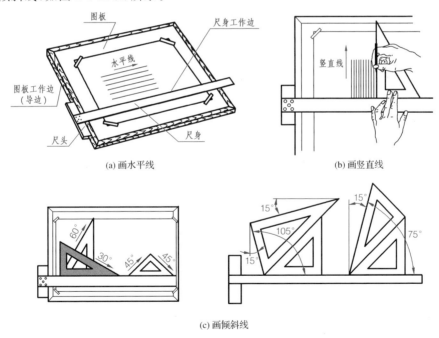

(a) 画水平线　　　　(b) 画竖直线

(c) 画倾斜线

图 1-2-20　图板、丁字尺和三角板的用法

2. 圆规和分规

（1）圆规：是画圆或圆弧的工具。为了扩大圆规的功能，圆规一般配有铅芯插腿、钢针插腿（作为分规时用）和一支延长杆（画大圆时用）。图 1-2-21 所示为圆规的使用方法。

（2）分规：是等分线段、移置线段或从尺上截取尺寸的工具。图 1-2-22 所示为分规的使用方法。

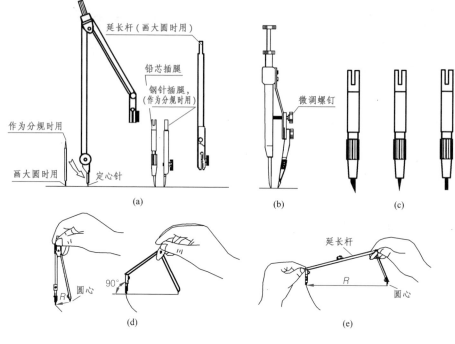

图 1-2-21　圆规的使用方法

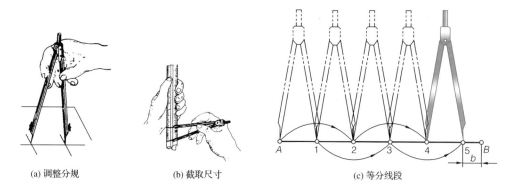

(a) 调整分规　　　　　(b) 截取尺寸　　　　　(c) 等分线段

图 1-2-22　分规的使用方法

 任务实施

　　绘制吊钩平面图形时,需按国家标准《技术制图》中的有关规定选择图纸幅面、绘制图框和标题栏,掌握绘图所需线型及其应用,会运用比例表达所绘图形,会用标准字体及符号、数字标注尺寸等。

一、确定比例,选择图幅,固定图纸

　　选择比例为 2∶1,图纸幅面为 A4,在图板上固定好图纸。

二、作图方法与步骤

1.画底稿

图 1-2-23 所示为绘制吊钩平面图形的步骤,底稿上要分清线型,但线型暂时不分粗细,并要画得很轻、很细,作图力求准确。

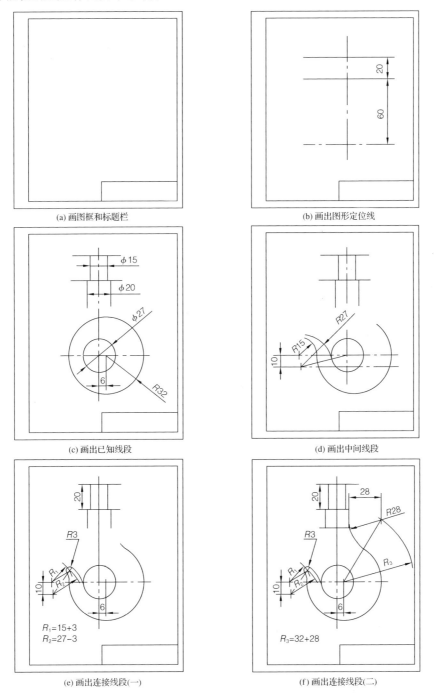

(a) 画图框和标题栏

(b) 画出图形定位线

(c) 画出已知线段

(d) 画出中间线段

(e) 画出连接线段(一)

(f) 画出连接线段(二)

图 1-2-23 绘制吊钩平面图形的步骤

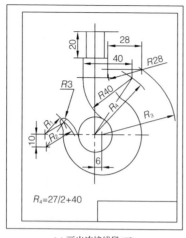

(g) 画出连接线段(三)

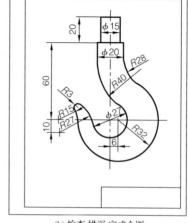

(h) 检查,描深,完成全图

图 1-2-23　绘制吊钩平面图形的步骤(续)

2. 检查、描深底稿

在描深以前必须检查底稿。加深后的图纸应整洁、没有错误,线型层次清晰,线条光滑、均匀并深浅一致。

3. 标注尺寸、填写标题栏等

略。

 知识拓展

一、等分线段和圆周

在绘制机械图样的过程中,常会遇到等分的问题,如线段、圆周及角度的等分等。

1. 等分线段

分割图 1-2-24(a)所示线段 AB 为四等份,作图方法与步骤如下:

(1)过已知线段 AB 的一个端点 A 任作一射线 AC,由此端点起在射线上以任意长度截取四等份,如图 1-2-24(b)所示。

(2)将射线上的等分终点与已知线段的另一端点 B 连接,并过射线上的各等分点作此连线的平行线与已知线段相交,交点即所求等分点,如图 1-2-24(c)所示。

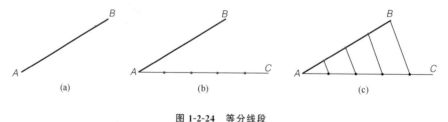

图 1-2-24　等分线段

2.等分圆周

将一圆平均分成所需要的份数即等分圆周,读者可参照下面的图例自行分析。

（1）三等分圆周（图 1-2-25）

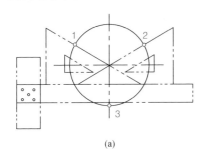

(a)

(b)

图 1-2-25 三等分圆周

（2）五等分圆周（图 1-2-26）

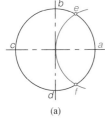

(a)

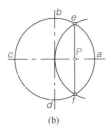

(b)

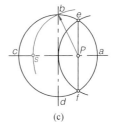

(c)

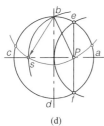

(d)

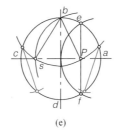

(e)

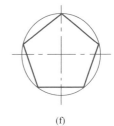

(f)

图 1-2-26 五等分圆周

（3）六等分圆周（图 1-2-27）

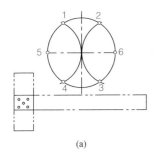

(a)

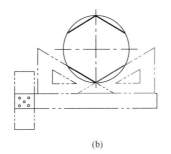

(b)

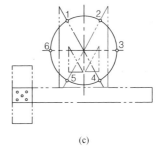

(c)

图 1-2-27 六等分圆周

二、画平面图形的草图

1. 绘制草图的要求

草图也称徒手图，是用目测来估计物体的大小，不借助绘图工具，徒手绘制的图样。工程技术人员应熟练掌握徒手作图的技巧，以便用不同的方式记录产品的图样或表达设计思想。

（1）草图的"草"字仅针对徒手作图而言，并没有允许潦草的意思。绘制草图时应做到图形清晰、线型分明、比例匀称，并应尽可能使图线光滑、整齐，绘图速度要快，标注尺寸要准确、齐全、字体工整。

（2）画草图时要手、眼并用。绘制垂直线、等分线段或圆周以及截取相等的线段等，都是靠眼睛来估计确定的。

（3）徒手画平面图形时不要急于画细部，要先考虑大局。画草图时，要注意图形长与高的比例以及整体与细部的比例是否正确，图形各部分之间的比例可借助方格数的比例来确定。

2. 目测的方法

画中小物体时，可用铅笔当尺直接放在实物上测各部分的大小，然后按测量的大体尺寸画出草图。也可用此方法估计出各部分的相对比例，画出缩小的草图，如图 1-2-28 所示。

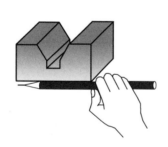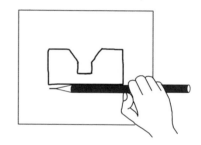

图 1-2-28　目测的方法

3. 绘制草图的方法

（1）徒手画直线

执笔要稳，眼睛看着图线的终点，均匀用力，匀速运笔。画水平线时，为了便于运笔，可将图纸微微左倾，自左向右画线；画竖直线时，应自上而下运笔画线；画斜线时，先自左向下，再向右上，如图 1-2-29 所示。

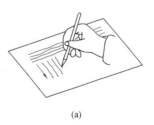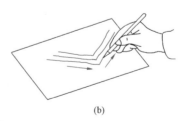

(a)　　　　　　　　　　　　　　　(b)

图 1-2-29　徒手画直线

（2）徒手画圆

徒手画圆时，先画出两条中心线，定出圆心，再根据直径大小目测估计半径的大小，在中心线上截得四点，便可画圆。对于较大的圆，还可再画一对 45°斜线，按半径在斜线上定出四个点，然后将这八个点徒手连成圆，如图 1-2-30 所示。

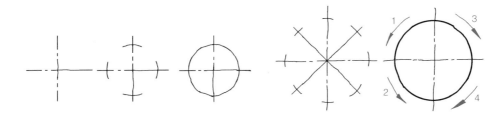

图 1-2-30　徒手画圆

（3）徒手等分角度（图 1-2-31）

①以角顶点 B 为圆心，以适当长度为半径，画圆弧$\overparen{AC}$。

②目测将$\overparen{AC}$三等分。

③将角顶点 B 与各分点连接，即将角度等分。

（4）徒手画角度

如图 1-2-32 所示，画 30°、45°、60°等常见角度时，可根据两直角边的比例关系先定出两端点，然后连接两端点即可，读者可自行分析。

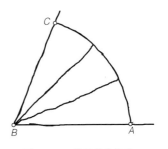

图 1-2-31　徒手等分角度

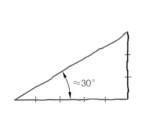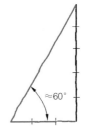

图 1-2-32　徒手画角度

（5）徒手画圆弧及椭圆

徒手画圆弧及椭圆如图 1-2-33、图 1-2-34 所示，读者可自行分析。

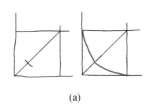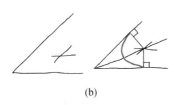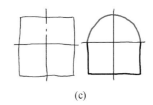

（a）　　　　　　　　　　　　　　（b）　　　　　　　　　　　　　　（c）

图 1-2-33　徒手画圆弧

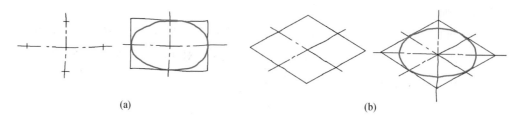

(a)   (b)

图 1-2-34   徒手画椭圆

4.绘制草图

初学者徒手绘图,最好在方格纸上进行,以便控制图线的平直和图形大小。徒手绘制图 1-2-35 所示的平面图形,读者可自行练习。

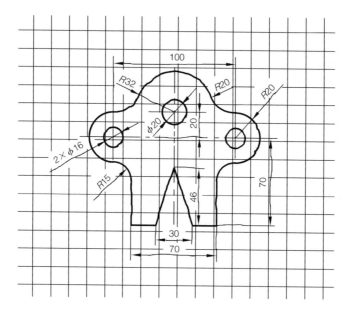

图 1-2-35   徒手绘制平面图形

任务三

绘制与识读组合体三视图

学习目标

　　掌握特殊位置平面截切平面立体和曲面立体的截交线画法；掌握两圆柱正贯和同轴回转体相贯的相贯线及立体投影的画法；掌握组合体的形体分析法和组合体的组合形式；学会组合体的三视图画法和尺寸注法；熟练掌握识读组合体三视图的方法和步骤。

素养提升

学习导航

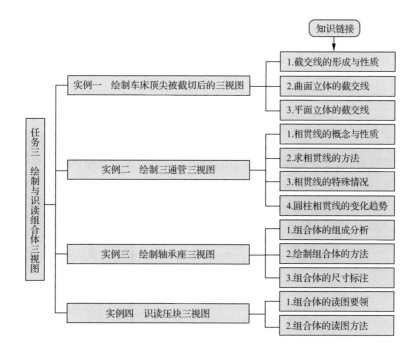

知识链接

任务三 绘制与识读组合体三视图

实例一 绘制车床顶尖被截切后的三视图
- 1.截交线的形成与性质
- 2.曲面立体的截交线
- 3.平面立体的截交线

实例二 绘制三通管三视图
- 1.相贯线的概念与性质
- 2.求相贯线的方法
- 3.相贯线的特殊情况
- 4.圆柱相贯线的变化趋势

实例三 绘制轴承座三视图
- 1.组合体的组成分析
- 2.绘制组合体的方法
- 3.组合体的尺寸标注

实例四 识读压块三视图
- 1.组合体的读图要领
- 2.组合体的读图方法

实例一　绘制车床顶尖被截切后的三视图

实例分析

图 1-3-1 所示为车床顶尖实物图,其几何形状为圆柱体和圆锥体。图 1-3-2 所示为车床顶尖被一个正垂面 P 和一个水平面 Q 截切,圆柱体和圆锥体被平面切割后产生了截交线。本实例主要介绍车床顶尖被截切后其表面交线投影的画法。

图 1-3-1　车床顶尖实物图

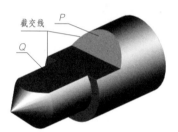

图 1-3-2　车床顶尖被平面截切

学习资料

一、截交线

1. 截交线的形成

基本体被平面截切,该平面称为截平面,截切后的立体称为截断体。截平面与基本体表面所产生的交线(截平面的轮廓线)称为截交线,如图 1-3-3 所示。

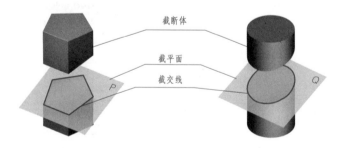

图 1-3-3　截交线的形成

2.截交线的性质

(1)共有性:截交线是截平面与截断体表面共有的交线。

(2)封闭性:截交线是封闭的平面图形。

3.求截交线的方法和步骤

根据截交线的性质求截交线的投影,即求出截平面与截断体表面全部共有点的投影,然后依次光滑连线,得到截交线的投影。

二、曲面立体(圆柱、圆锥)的截交线

曲面立体的截交线一般为一条封闭的平面曲线,也可能是由曲线和直线组成的平面图形,特殊情况下为多边形,需根据具体情况确定作图方法。

1.圆柱的截交线

截平面与圆柱轴线的相对位置不同,其截交线有三种形状,见表 1-3-1。

表 1-3-1　　　　　截平面与圆柱轴线的相对位置不同时所得的三种截交线

截平面的位置	与轴线平行	与轴线垂直	与轴线倾斜
轴测图		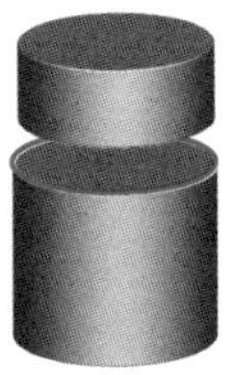	
投影图	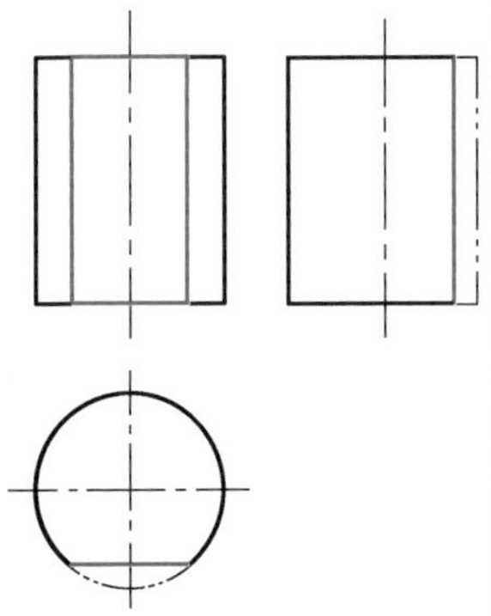	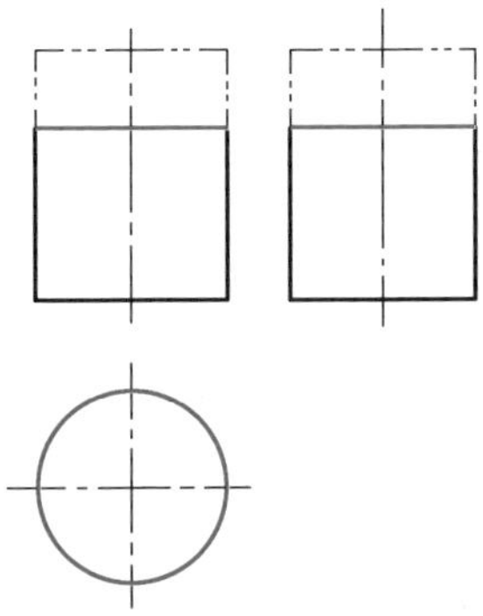	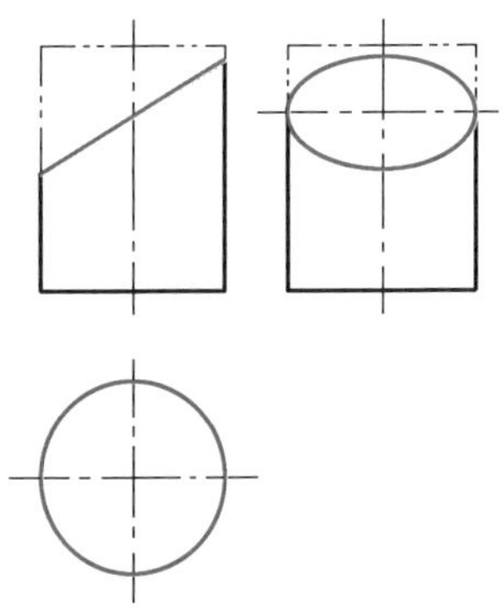
截交线的形状	矩形	圆	椭圆

由图 1-3-4(a)可以看出,截平面与圆柱轴线倾斜,截交线为一椭圆,该椭圆的正面投影积聚为与 X 轴倾斜的斜线,水平投影积聚为圆,现需作出其侧面投影。

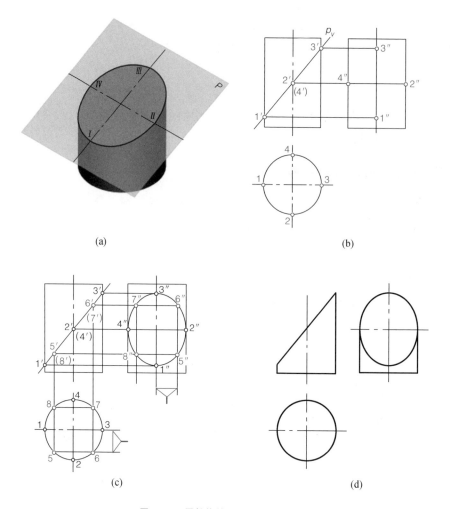

(a)

(b)

(c)

(d)

图 1-3-4　圆柱体被正垂面截切的三视图

作图方法与步骤如下：

（1）作截交线上特殊位置点的投影，即侧面投影上的最高、最低点和最前、最后点，即椭圆长、短轴上的四个端点的投影。其正面投影为 $1'$、$2'$、$3'$、$(4')$，水平投影为 1、2、3、4，可得其侧面投影为 $1''$、$2''$、$3''$、$4''$，如图 1-3-4（b）所示。

（2）作截交线上一般位置点的投影。过圆周取对称点 5、6、7、8，作出其正面投影和侧面投影，如图 1-3-4（c）所示。一般位置点选择多少个应根据作图需要来确定。

（3）连线。依次光滑地连接各点，即得所求截交线的投影。擦去多余的图线，完成截断体的投影，如图 1-3-4（d）所示。

几种常见圆柱体被截切后的三视图及立体图如图 1-3-5 所示。

微课

圆柱的截交线

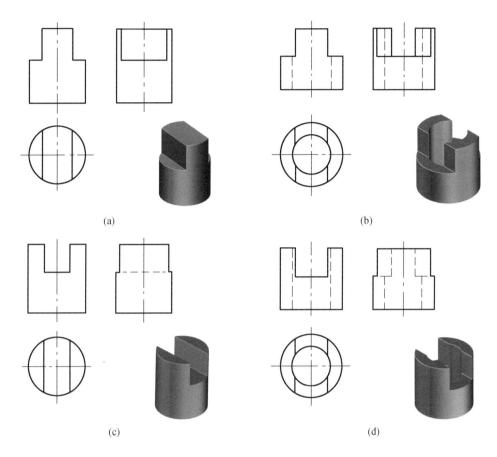

图 1-3-5　几种常见圆柱体被截切后的三视图及立体图

2. 圆锥的截交线

截平面与圆锥轴线的相对位置不同,其截交线有五种不同的形状,见表 1-3-2。

当截交线为椭圆、抛物线、双曲线时,如图 1-3-6(a)所示,由于圆锥面的三个投影都没有积聚性,因此求出属于截交线的多个点的投影时需要用辅助素线法或辅助平面法。

微课

圆锥的截交线

表 1-3-2　　　　　　截平面与圆锥轴线的相对位置不同时所得的五种截交线

截平面的位置	与轴线垂直	过圆锥顶点	平行于任一素线	与轴线倾斜(不平行于任一素线)	与轴线平行
轴测图					

续表

截平面的位置	与轴线垂直	过圆锥顶点	平行于任一素线	与轴线倾斜(不平行于任一素线)	与轴线平行
投影图					
截交线的形状	圆	等腰三角形	抛物线和直线	椭圆或双曲线和直线	双曲线和直线

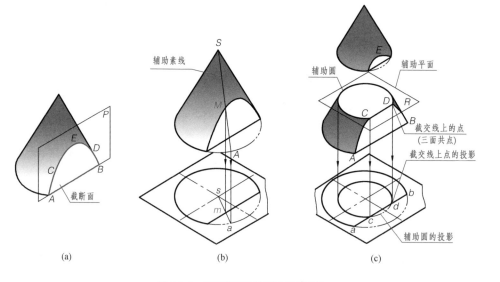

图 1-3-6　圆锥截交线的两种作图方法

辅助素线法:如图 1-3-6(b)所示,属于截交线的任意点 M 可以看成圆锥表面上某一素线 SA 与截平面 P 的交点,故点 M 的三面投影分别在该素线的同面投影上。

辅助平面法:如图 1-3-6(c)所示,作垂直于圆锥轴线的辅助平面 R,它与圆锥面的交线是圆,此圆与截平面交得的两点 C、D 就是截交线上的点,这两个点具有三面共点的特征,所以辅助平面法也叫三面共点法。

由图 1-3-6(a)可知,圆锥被平行于轴线的平面 P 截切,截交线为双曲线,由截交线所围成的截断面为正平面,其水平投影和侧面投影为直线,正面投影是由双曲线和直线围成的反映实形的平面图形,所以只需求出该截交线的正面投影即可。

作图方法与步骤如下:

(1)求截交线上特殊位置点的投影。如图 1-3-7(a)所示,根据截平面的水平投影和侧面投影,作截交线的最高点和两个最低点的正面投影 $3'$、$1'$、$5'$ 和水平投影 3、1、5 及侧面投影 $3''$、$1''$、$(5'')$。

（2）求截交线上一般位置点的投影。利用辅助平面法作一个与圆锥轴线垂直的辅助平面 Q，该辅助平面的三面投影如图 1-3-7（b）所示。平面 Q 的水平投影与平面 P 的水平投影相交于 2 和 4，即所求的共有点的水平投影，从而可得正面投影 $2'$、$4'$ 和侧面投影 $2''$、$(4'')$。

（3）连线。将正面投影 $1'$、$2'$、$3'$、$4'$、$5'$ 依次光滑连接成曲线，即所求截交线的正面投影，如图 1-3-7（c）所示。

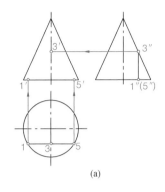
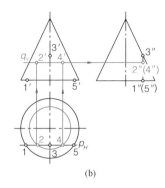
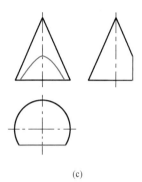

(a)	(b)	(c)

图 1-3-7　圆锥被正平面截切的三视图

 任务实施

一、绘制截切前各基本体的投影及两截平面的正面和侧面投影

如图 1-3-8（a）所示，立体是由圆锥以及大、小两圆柱同轴线组合成的回转体，且轴线垂直于 W 面，其中大、小圆柱面的侧面投影有积聚性，而圆锥的投影无积聚性。

二、作水平面与圆锥表面截交线的投影

水平面截切圆锥表面所得的交线为双曲线。如图 1-3-8（b）所示，根据正面投影 $1'$、$(2')$、$3'$ 和侧面投影 $1''$、$2''$、$3''$，可求出水平投影 1、2、3。

三、作水平面与小圆柱表面截交线的投影

水平面截小圆柱表面所得的交线为平行于轴线的直线。如图 1-3-8（c）所示，过 2、3 分别作圆柱体轴线的平行线 22、33。

四、作水平面与大圆柱表面截交线的投影

水平面截大圆柱表面所得的交线为两段侧垂线。如图 1-3-8（c）所示，其侧面投影积聚在 $4''$、$5''$ 两点处，由正面投影和侧面投影可得 44、55。

五、作正垂面与大圆柱表面截交线的投影

正垂面截切大圆柱表面所得的交线为椭圆的一部分，其正面投影积聚为直线，侧面投影重合在圆周上。如图 1-3-8（d）所示，由正面投影 $(4')$、$5'$、$6'$、$(7')$、$8'$ 和侧面投影 $4''$、$5''$、$6''$、$7''$、$8''$，可求得水平投影 4、5、6、7、8。

六、作水平面与正垂面交线的投影

水平面与正垂面的交线为正垂线。如图 1-3-8(e)所示,连接 4、5,描深、补全原来基本体的投影,完成全图。

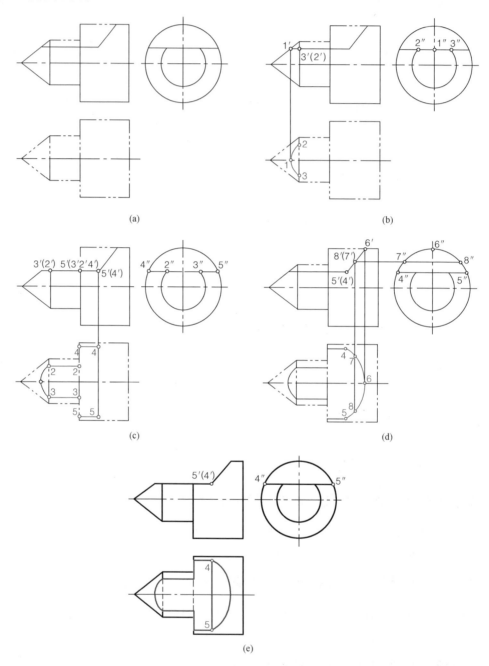

图 1-3-8 车床顶尖被截切后三视图的画法

知识拓展

一、平面立体的截交线

平面立体的截交线是一个平面多边形,此多边形的各个顶点就是截平面与平面立体各棱线的交点,多边形的每一条边是截平面与平面立体各棱面的交线,所以求平面立体截交线的投影,实质上就是求属于平面的点、线的投影。

1. 四棱柱被截切后的三视图

四棱柱被截切后的三视图的画法如图 1-3-9 所示。

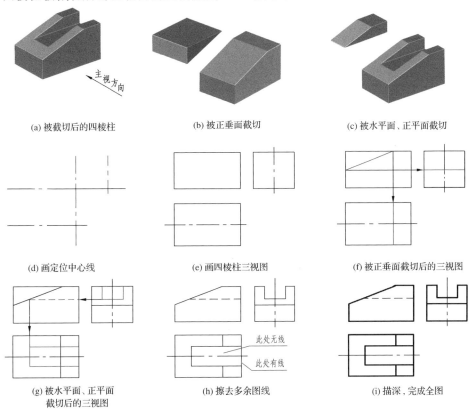

(a) 被截切后的四棱柱　　(b) 被正垂面截切　　(c) 被水平面、正垂面截切

(d) 画定位中心线　　(e) 画四棱柱三视图　　(f) 被正垂面截切后的三视图

(g) 被水平面、正平面
截切后的三视图　　(h) 擦去多余图线　　(i) 描深,完成全图

图 1-3-9　四棱柱被截切后的三视图的画法

2. 正六棱锥被正垂面截切后的三视图

如图 1-3-10(a)所示,截平面 P 为正垂面,其正面投影有积聚性。需作出截交线的水平投影和侧面投影,其投影为边数相等且不反映实形的六边形。作图方法与步骤如图 1-3-10(b)～图 1-3-10(d)所示。

二、曲面立体(球)的截交线

1. 球被平面截切后的三视图

球被平面截切后,在任何情况下截交线都是一个圆。当截平面通过球心时,圆的直径最大,等于球的直径;截平面离球心越远,圆的直径就越小。图 1-3-11 为用水平面和侧平面截切球所得的三视图。

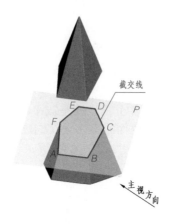

(a) 正垂面截切正六棱锥

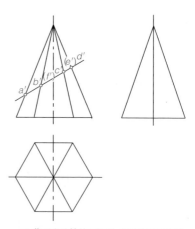

(b) 作正六棱锥的三视图,利用截平面的积
聚性投影找出截交线各顶点的正面投影

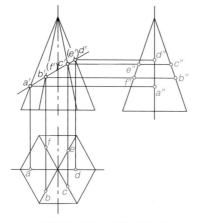

(c) 根据属于直线的点的投影特性作
出各顶点的水平投影及侧面投影

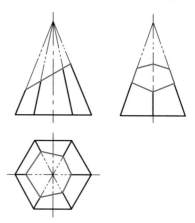

(d) 依次连接各顶点的同面投影,
即得截交线的投影

图 1-3-10　正六棱锥被正垂面截切后的三视图的画法

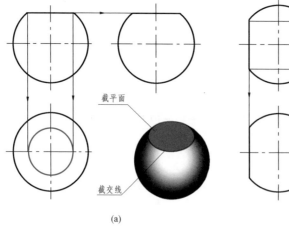

(a)

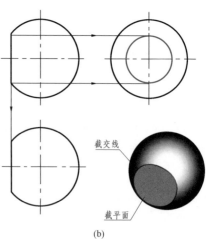

(b)

图 1-3-11　球被平面截切后的三视图

2. 半球切口截交线的三视图

如图 1-3-12(a)所示,该形体的原始形状为 1/2 球,被两个左右对称的侧平面及一个水平面截切。其侧平面的侧面投影反映实形,水平投影为直线,水平面的水平投影为圆弧线(反映实形),它们的正面投影积聚为直线。作图方法与步骤如图 1-3-12 所示。

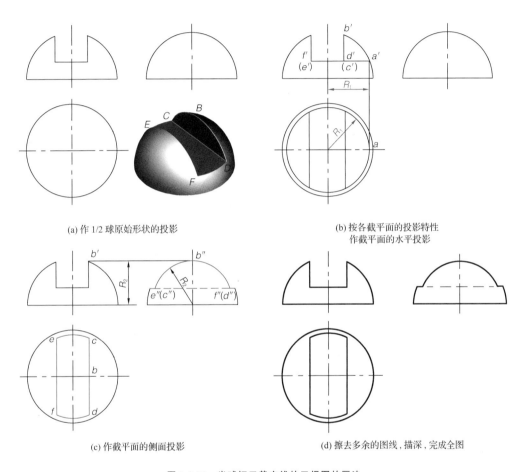

(a) 作 1/2 球原始形状的投影

(b) 按各截平面的投影特性
作截平面的水平投影

(c) 作截平面的侧面投影

(d) 擦去多余的图线,描深,完成全图

图 1-3-12　半球切口截交线的三视图的画法

实例二　绘制三通管三视图

 实例分析

图 1-3-13 为在生产中经常使用的三通管的立体图。由图可以看出,带孔两圆柱垂直相交,其交线称为相贯线,一般为曲线。机件上常见的相贯线多数是由两回转体相交而成的。

本实例主要介绍两回转体相贯线的性质及画法,使学生对相贯线有更深刻的认识,为后面学习零件过渡线打下基础。

相贯线

图 1-3-13　三通管立体图

 学习资料

一、相贯线的概念

由于相贯线是两个立体表面的交线,因此相贯线包括立体的外表面与外表面相交、外表面与内表面相交以及内表面与内表面相交。

二、相贯线的性质

(1)封闭性:相贯线一般为封闭的空间曲线,特殊情况下是封闭的平面曲线。

(2)共有性:相贯线是相交两基本体表面共有的线,相贯线上所有的点都是两基本体表面上的共有点。

三、求相贯线的方法

在一般情况下,当相贯线为封闭的空间曲线时,求相贯线的常用方法是积聚性法和辅助平面法;在特殊情况下,当相贯线为封闭的平面曲线时,可由投影作图直接得出。

因为相贯线是相交两基本体表面的共有线,所以它既属于一个基本体的表面,又属于另一个基本体的表面。如果基本体的投影有积聚性,则相贯线的投影一定积聚于该基本体有积聚性的投影上。

 任务实施

绘制图 1-3-13 所示三通管的三视图可忽略上面及左、右端法兰。如图 1-3-14(a)所示,因小圆筒轴线垂直于水平投影面,故相贯线的水平投影积聚于小圆筒的水平投影上(相贯线的共有性);因大圆筒轴线垂直于侧立投影面,故相贯线的侧面投影积聚在两圆筒相交的圆弧上,所以关键是求相贯线的正面投影。三通管三视图的画法如图 1-3-14 所示。

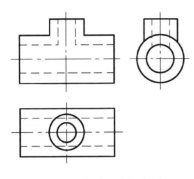

(a) 作大圆筒及小圆筒的三视图

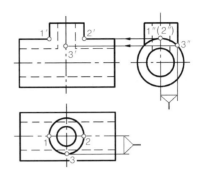

(b) 作相贯线上特殊点的三面投影

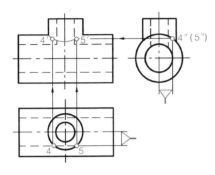

(c) 作相贯线上一般点的三面投
影并画出两圆筒的相贯线

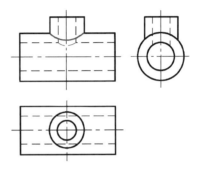

(d) 作两内孔的相贯线,完成全图

图 1-3-14　三通管三视图的画法

提示

　　在没有特殊要求的情况下,可以利用图 1-3-15 所示的简化画法画出两圆柱直径不等、轴线正交时相贯线的投影图。

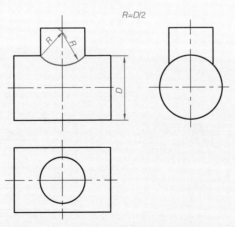

图 1-3-15　求相贯线投影的简化画法

知识拓展

一、用辅助平面法求相贯线的投影

如图 1-3-16 所示，在两基本体相交的部分，用辅助平面分别截切两基本体，得出两组截交线，这两组截交线的交点即相贯线上的点。这些点既属于两基本体表面，又属于辅助平面。这种利用三面共点的原理，用一系列共有点的投影方法求出属于相贯线的点的方法称为辅助平面法。

根据给定的图形找出相贯线的已知投影，如图 1-3-17（a）所示，因圆柱轴线垂直于侧立投影面，故相贯线的侧面投影积聚在圆台与圆柱相交的一段圆弧上。由于圆台和圆柱在水平投影面和正立投影面上的投影均没有积聚性，因此需要求出相贯线的正面投影和水平投影。

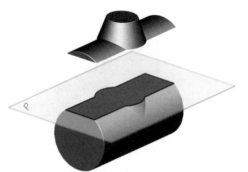

**图 1-3-16　用辅助平面法求
相贯线投影的作图原理**

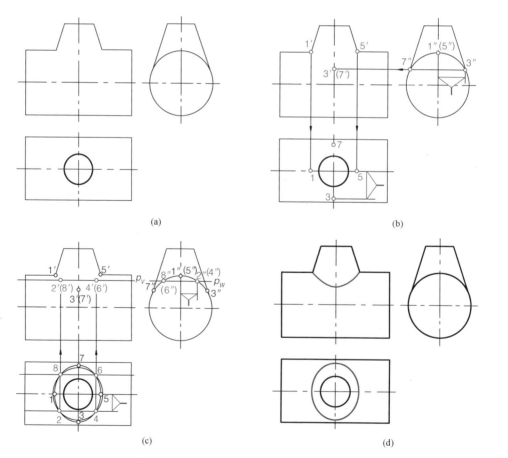

图 1-3-17　用辅助平面法求相贯线投影的作图过程

作图方法与步骤如下：

（1）求相贯线特殊位置点的正面投影和水平投影。图 1-3-17（b）中的点 1″、（5″）和 3″、7″ 既是相贯线上的最高、最低点，又是相交两立体表面上的最左、最右点和最前、最后点。

（2）求相贯线一般位置点的正面投影和水平投影。如图 1-3-17（c）所示，在最高、最低点之间作一水平辅助平面 P，该辅助平面与圆台的交线为圆，与圆柱的交线为两条平行线，在 H 面上它们的交点 2、4、6、8 即相贯线的一般位置点，依次求出它们的正面投影 2′、4′、（6′）、（8′）。

（3）根据已分析出的相贯线的可见性和对称性，将所求出的点依次光滑连接。如图 1-3-17（d）所示，相贯线的正面投影因前后对称而重合为一条曲线；相贯线的水平投影前后、左右均对称，因相贯线位于上半个圆柱面，故其水平投影均可见。

二、相贯线的特殊情况

（1）两曲面立体同轴相交时，相贯线为垂直于轴线的平面圆，如图 1-3-18 所示。

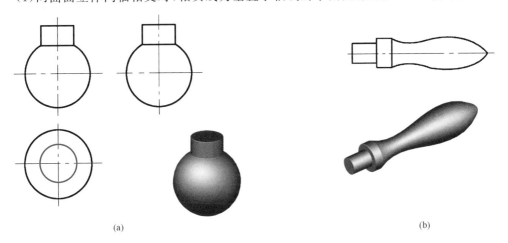

(a)　　　　　　　　　　　　　　　　　　　　(b)

图 1-3-18　两曲面立体同轴相交

（2）两外径相等、相贯线为平面曲线（椭圆）、内径不等的圆柱轴线垂直相交时，相贯线为空间曲线，如图 1-3-19 所示。

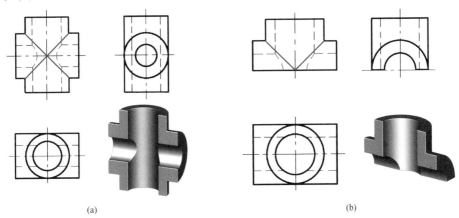

(a)　　　　　　　　　　　　　　　　　　(b)

图 1-3-19　两外径相等、内径不等的圆柱轴线垂直相交

（3）常见相贯线的画法如图 1-3-20 所示。

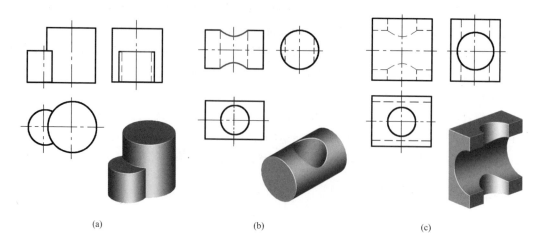

(a)   (b)   (c)

图 1-3-20　常见相贯线的画法

三、圆柱相贯线的变化趋势

轴线垂直相交的圆柱是零件中最常见的，它们的相贯线有三种基本形式。如图 1-3-21 所示，随着两圆柱直径大小的相对变化，相贯线的形状、弯曲方向随之改变。当两圆柱的直径不等时，相贯线在正面投影中总是朝向大圆柱的轴线弯曲；当两圆柱的直径相等时，相贯线则变成两个平面曲线（椭圆），从前往后看，是投影成两条相交直线。相贯线的水平投影则重影在圆周上。

微课

相贯线

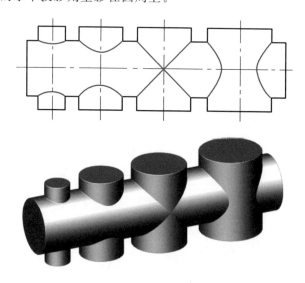

图 1-3-21　圆柱正交的相贯线

四、常见圆柱体相贯后的三视图及立体图（图 1-3-22）

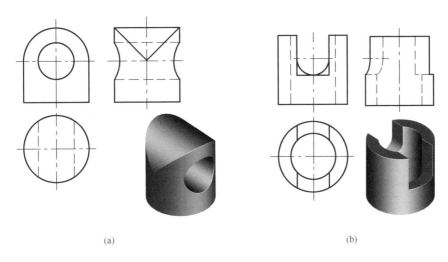

(a) 　　　　　　　　　　　　(b)

图 1-3-22　常见圆柱体相贯后的三视图及立体图

 实例三　绘制轴承座三视图

 实例分析

图 1-3-23 为轴承座立体图，它是由两个以上基本体组合而成的整体，即组合体。轴承座三视图的绘制能够将画图、识图、标注尺寸的方法加以总结、归纳，将前面所学的知识有效地融会贯通并加以综合运用，以便在之后学习绘制零件图时灵活运用。

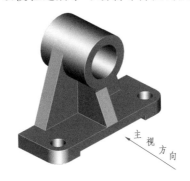

图 1-3-23　轴承座立体图

学习资料

一、形体分析法

为了正确而迅速地绘制和读懂组合体的三视图,通常在画图、标注尺寸和读组合体三视图的过程中,假想把组合体分解成若干个组成部分,分析清楚各组成部分的结构形状、相对位置、组合形式以及表面连接方式。这种把复杂形体分解成若干个简单形体的分析方法称为形体分析法,它是研究组合体的画图、标注尺寸、读图的基本方法。如图 1-3-24 所示,该轴承座的组合形式为综合型,用形体分析法可以看出,轴承座由底板、支撑板、肋板和圆筒组成。支撑板与圆筒外表面相切,肋板与圆筒相贯。

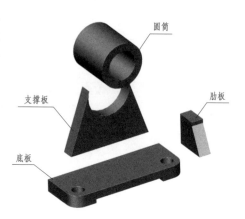

图 1-3-24　形体分析法

二、组合体的组合形式及表面连接方式

从组合体的整体来分析,各组成部分之间都有一定的相对位置关系,各形体之间的表面也存在着一定的连接关系,如图 1-3-25 所示。

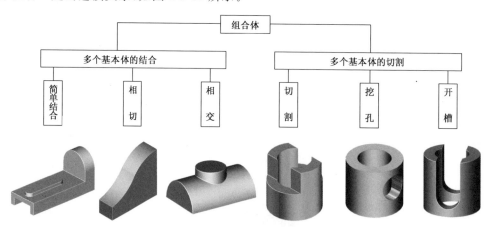

图 1-3-25　组合体的组合形式

1. 叠加型

按照形体表面结合的方式不同,叠加型又可分为堆积、相切和相交等类型。

(1)堆积

两形体之间以平面相接触称为堆积,如图 1-3-26 所示。这种形式的组合体分界线为直线或平面曲线,画这类组合形式的视图实际上是画两个基本体的投影。

需要注意区分分界线的情况:当两形体表面不平齐堆积和切割时,中间应该画分界线,如图 1-3-27 所示;当两形体表面平齐堆积和切割时,中间不应该画分界线,如图 1-3-28 所示。

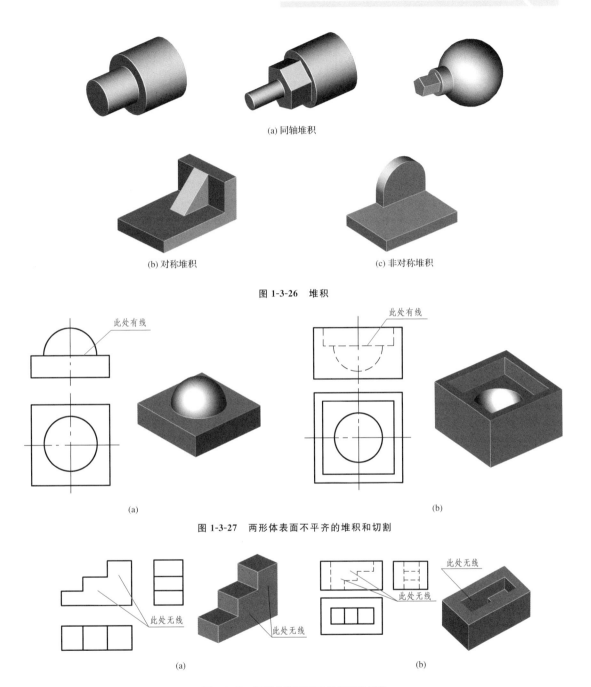

(a) 同轴堆积

(b) 对称堆积　　　　　　　　　　　　(c) 非对称堆积

图 1-3-26　堆积

此处有线　　　　　　　　　　　　　此处有线

(a)　　　　　　　　　　　　　　　　　(b)

图 1-3-27　两形体表面不平齐的堆积和切割

此处无线　　　　　　　　　　此处无线

此处无线　　　　　　　　　　　　　　此处无线

(a)　　　　　　　　　　　　　　　　　(b)

图 1-3-28　两形体表面平齐的堆积和切割

（2）相切

相切是指两个形体的表面（平面与曲面或曲面与曲面）光滑连接。因相切处为光滑过渡，不存在轮廓线，故在投影图上不画线，如图 1-3-29 所示。

（3）相交

相交是指两形体的表面非光滑连接，接触处产生了交线，如图 1-3-30 所示。

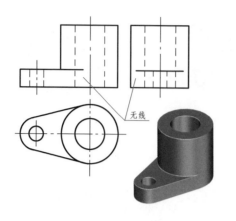

图 1-3-29　两形体表面相切　　　　　　　图 1-3-30　两形体表面相交

提 示

　　当曲面与曲面相切时，由于相切处表面光滑，分界线是看不出来的，因此一般情况下不应在相切处画出两相切表面的分界线；当圆柱面的公共切平面垂直于投影面时，应画出两圆柱面的分界线，如图 1-3-31 所示。

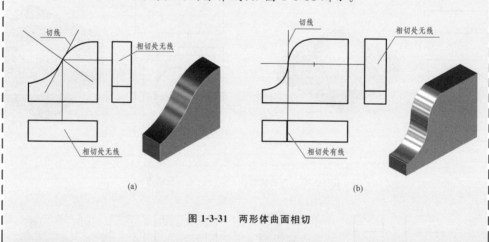

(a)　　　　　　　　　　　　　　(b)

图 1-3-31　两形体曲面相切

2. 切割型

从基本体上切割掉一些基本体所得的形体称为切割体，如图 1-3-32 所示。

3. 综合型

由基本体既叠加又切割或穿孔而形成的形体称为综合体，如图 1-3-33 所示。

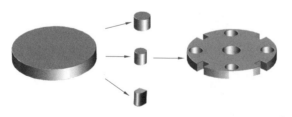

图 1-3-32　切割体　　　　　　　　　　图 1-3-33　综合体

任务实施

一、选择视图

在三视图中,主视图是最重要的,通常要求主视图能够表达组合体的主要结构和形状特征,即尽可能地把各组成部分的形状及相对位置关系在主视图中表达出来,并使组合体的主要表面、轴线等平行或垂直于投影面,还要使组合体视图的细虚线越少越好。

二、确定比例和图幅

视图确定后,便可根据组合体的大小及复杂程度,按照《机械制图》国家标准的规定选择适当的画图比例和图幅。

三、绘制轴承座三视图

绘图方法与步骤如下:

(1)布置三视图的位置并画出图形定位线,如图 1-3-34(a)所示。

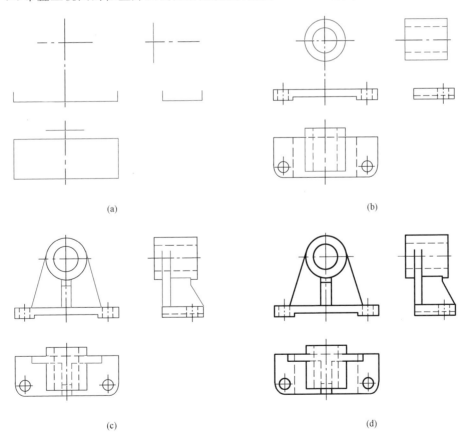

图 1-3-34　绘制轴承座三视图

（2）画底板三视图。先画底板的三面投影，再画底板下的槽和底板上的两个小孔的三面投影，不可见的轮廓线画成细虚线，如图1-3-34（b）所示。

（3）画圆筒三视图。先画主视图上的两个圆，再画左视图和俯视图上的投影，如图1-3-34（b）所示。

（4）画支撑板和肋板三视图。圆筒外表面与支撑板的侧面相切在俯、左视图上，相切处不画线。圆筒与肋板相交时，在左视图上绘制截交线，如图1-3-34（c）所示。

（5）检查、描深（按照要求画粗实线、细虚线和细点画线），完成全图，如图1-3-34（d）所示。

 知识拓展

一、平面切割体的尺寸注法

对于被截切后的平面立体，应先标注基本体的长、宽、高三个方向的尺寸，再标注切口的大小和位置尺寸，如图1-3-35所示。

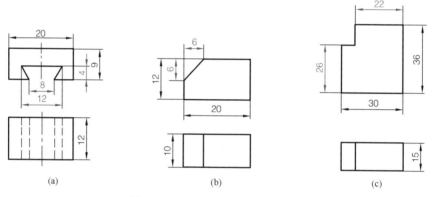

（a）　　　　　　　　（b）　　　　　　　　（c）

图 1-3-35　平面立体被截切后的尺寸注法

二、曲面切割体的尺寸注法

如图1-3-36所示，首先标注出没有被截切时形体的尺寸，然后再标注出切口的形状尺寸。对于不对称的切口，还要标注出确定切口位置的尺寸，如图1-3-36（b）、图1-3-36（c）所示。

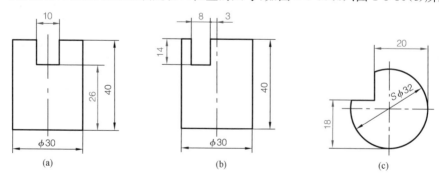

（a）　　　　　　　　（b）　　　　　　　　（c）

图 1-3-36　曲面立体被截切后的尺寸注法

提 示

不能标注截交线和相贯线的尺寸。

三、常见结构的尺寸注法(图 1-3-37)

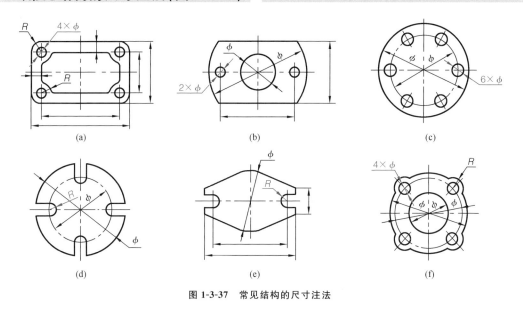

图 1-3-37　常见结构的尺寸注法

四、轴承座的尺寸标注

1.选择轴承座的尺寸基准

在标注尺寸前,首先选定长、宽、高三个方向的尺寸基准,通常选择形体的对称面、底面、重要端面、回转体轴线等作为尺寸基准。如图 1-3-38(b)所示,轴承座以左右对称面作为长度方向的尺寸基准,以底板的后面作为宽度方向的尺寸基准,以底板的底面作为高度方向的尺寸基准。

2.尺寸标注

标注尺寸必须正确、完整、清晰、合理。

(1)尺寸完整

在形体上需要标注的尺寸有定形尺寸、定位尺寸和总体尺寸。要达到完整的要求,就需要分析物体的结构形状,明确各组成部分之间的相对位置,然后一部分一部分地注出定形尺寸和定位尺寸。

①定形尺寸,即确定组合体各基本体大小(长、宽、高)的尺寸。如图 1-3-38(a)所示,圆筒应标注外径 $\phi22$、孔径 $\phi14$ 和长度 24,即圆筒的定形尺寸。其他定形尺寸读者可自行分析。

②定位尺寸,即确定组合体各基本体间相对位置的尺寸。如图 1-3-38(b)所示,主视图中,圆筒与底板的相对高度需标注轴线距底面的高度 32;俯视图中,底板上两圆柱孔的中心距 48 和两圆柱孔的中心距其宽度方向的尺寸基准的距离 16 均为定位尺寸。

③总体尺寸,即组合体外形的总长、总宽、总高尺寸。如图 1-3-38(b)所示,轴承座的总

长为 60，即底板的长；总宽为 28，即底板的宽 22 加上圆筒伸出支撑板的长度 6；总高为 43，即圆筒轴线高 32 加上圆筒外径 $\phi22$ 的一半（这种情况下不标注总高尺寸）。

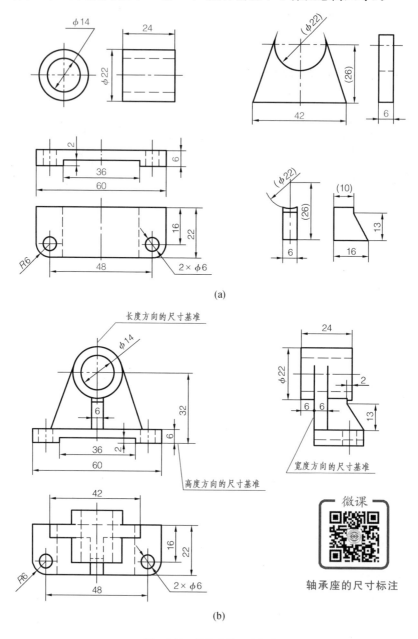

图 1-3-38　轴承座的尺寸标注

（2）尺寸清晰

①各基本体的定形、定位尺寸不要分散，尽量集中标注在一个或两个视图上。如图 1-3-38(a)中底板上两圆孔的定形尺寸 $2\times\phi6$ 和定位尺寸 48、16 集中标注在俯视图上，这样便于看图。

②尺寸应注在表达形体特征最明显的视图上，并尽量避免标注在细虚线上。如图 1-3-38(b)

所示,外径尺寸 φ22 标注在左视图上是为了表达它的形体特征,而孔径尺寸 φ14 标注在主视图上是为了避免在细虚线上标注尺寸。

(3)布局整齐

同心圆柱或圆孔的直径尺寸最好标注在非圆视图上,如图 1-3-38(a)所示。尽量将尺寸标注在视图外面,以免尺寸线、数字和轮廓线相交。与两视图有关的尺寸最好标注在两视图之间,以便于看图。

3.轴承座尺寸标注的步骤

(1)形体分析:分析轴承座由哪些基本体组成,初步考虑各基本体的定形尺寸,如图 1-3-38(a)所示。

(2)选择基准:选定轴承座长、宽、高三个方向的主要尺寸基准,如图 1-3-38(b)所示。

(3)标注定形和定位尺寸:逐个标注基本体的定形尺寸和定位尺寸,如图 1-3-38(b)所示。

(4)标注轴承座的总体尺寸,如图 1-3-38(b)所示。

(5)检查、调整尺寸,完成尺寸标注,如图 1-3-38(b)所示。

实例四 识读压块三视图

实例分析

绘图和读图是学习机械制图的两个主要任务,绘图是运用正投影法把空间物体表示在平面图形上,即由物体到图形;而读图是根据平面图形想象出空间组合体的结构和形状,即由图形到物体,所以读图是绘图的逆过程。组合体的读图就是在看懂组合体视图的基础上,想象出组合体各组成部分的结构形状及相对位置的过程。本实例主要通过识读压块三视图(图 1-3-39),掌握读图的基本要领和方法,培养空间想象能力,达到逐步提高读图能力的目的。

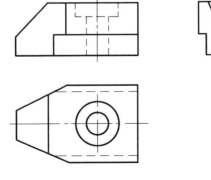

图 1-3-39 压块三视图

学习资料

一、读图要领

在组合体的三视图中,主视图是最能反映物体的形状和位置特征的视图,但一个视图往往不能完全确定物体的形状和位置,必须按投影对应关系与其他视图配合对照,才能完整、确切地反映物体的形状结构和位置。

1. 将几个视图联系起来看

当一个视图或两个视图分别相同时,其表达的形体可能是不同的,如图 1-3-40、图 1-3-41 所示。

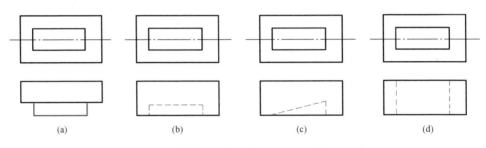

(a)   (b)   (c)   (d)

图 1-3-40   一个视图相同的不同形体

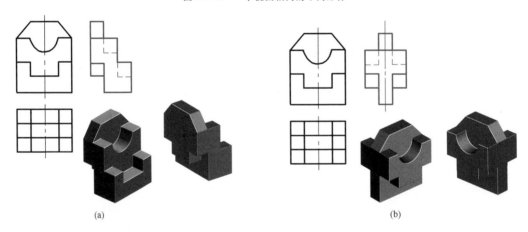

(a)   (b)

图 1-3-41   两个视图相同的不同形体

2. 注意抓住特征视图

（1）形状特征视图

如图 1-3-42 所示,五个形体的主视图完全相同,但从俯视图中可以看出五个形体的实际形状截然不同,其俯视图就是表达物体形状特征明显的视图。

如图 1-3-43 所示,两个形体的俯视图完全相同,但从主视图中可以看出两个形体的实际形状截然不同,其主视图即表达物体形状特征明显的视图。

微课

组合体读图要领（一）

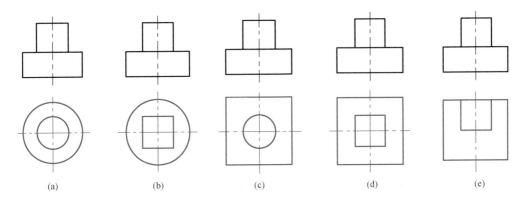

图 1-3-42　形状特征明显的俯视图

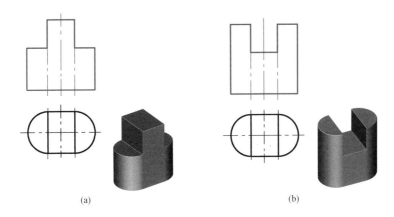

图 1-3-43　形状特征明显的主视图

（2）位置特征视图

如图 1-3-44(a)所示,如果只有主、俯视图,则无法辨别其形体各个组成部分的相对位置。由于各组成部分的位置无法确定,因此该形体至少有图 1-3-44(c)所示的四种可能。而当与左视图配合起来看时,就很容易想清楚各形体之间的相对位置关系了(图 1-3-44(b)),此时的左视图就是表达该形体各组成部分之间相对位置特征明显的视图。

要特别注意,组合体各组成部分的特征视图往往在不同的视图上。从上面的分析可见,读图时必须抓住每个组成部分的特征视图,这是十分重要的。

3. 读懂视图中图线、线框的含义

（1）视图中图线的含义

图 1-3-45 中各图表达的含义不同。

（2）视图中线框的含义

视图中的一个封闭线框一般情况下表示一个面的投影,线框套线框通常是两个面凹凸不平或者是有通槽,如图 1-3-40 所示。两个线框相邻,表示两个面高低不平或相交,如图 1-3-46 所示。

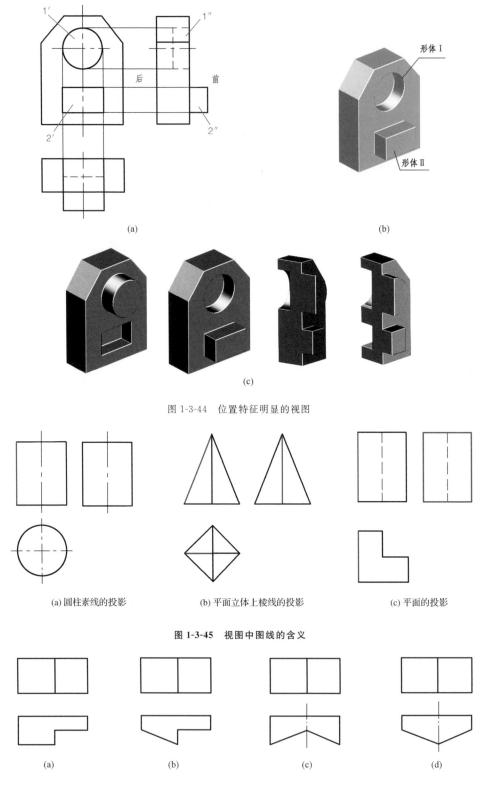

(a)

(b)

(c)

图 1-3-44　位置特征明显的视图

(a) 圆柱素线的投影　　　　　　　(b) 平面立体上棱线的投影　　　　　　　(c) 平面的投影

图 1-3-45　视图中图线的含义

(a)　　　　　　　(b)　　　　　　　(c)　　　　　　　(d)

图 1-3-46　视图中相邻线框的含义

4. 读图要记基本体

由于组合体是由若干个基本体组成的,因此读组合体的视图时,要时刻记住基本体的投影特征(前面已讲过)。

(1)基本体被截切后的三视图如图 1-3-47 和图 1-3-48 所示,读者可自行分析其投影特征。

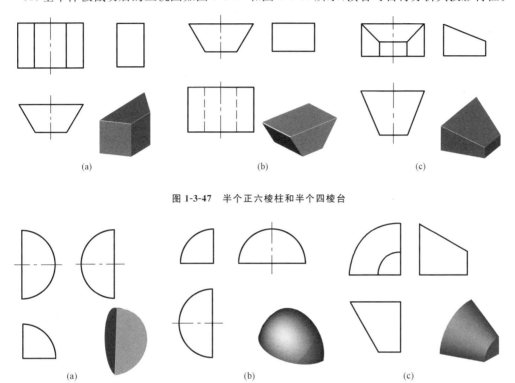

(a) (b) (c)

图 1-3-47　半个正六棱柱和半个四棱台

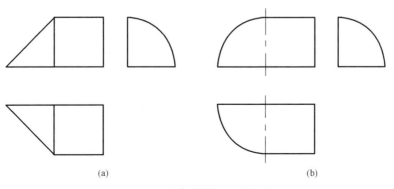

(a) (b) (c)

图 1-3-48　四分之一球和四分之一圆台

(2)基本体组合后的三视图:如图 1-3-49(a)所示,单从主视图和俯视图看,可以认为是棱锥和棱柱的叠加组合,但读左视图后可以确定其为由四分之一圆锥和四分之一圆柱叠加而成的组合体;如图 1-3-49(b)所示,左视图同图 1-3-49(a),而主视图和俯视图却有很大差别,它是由四分之一圆球和四分之一圆柱叠加而成的组合体。

微课

组合体读图要领(二)

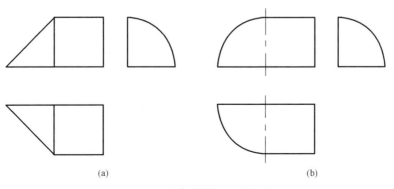

(a) (b)

图 1-3-49　由基本体的投影特征看图

二、读图的基本方法

1.形体分析法

形体分析法既是画图、标注尺寸的基本方法,又是读图的基本方法。运用形体分析法读图应按下面几个步骤进行:

(1)按照投影对应关系将视图中的线框分解为几个部分。

(2)抓住每部分的特征视图,按投影对应关系想象出每个组成部分的形状。

(3)分析确定各组成部分的相对位置关系、组合形式以及表面的连接方式。

(4)最后综合起来想象整体形状。

2.线面分析法

有些切割式组合体无法运用形体分析法被分解成若干个组成部分,这时读图需要采用线面分析法。所谓线面分析法,就是运用投影规律把物体的表面分解为线、面等几何要素,通过分析这些要素的空间形状和位置来想象物体各表面的形状和相对位置,并借助立体概念想象物体形状,以达到读懂视图的目的。

 任务实施

用线面分析法识读压块三视图,如图 1-3-50(a)所示。识读时,首先由压块三视图确定其基本轮廓是长方体。

一、抓住线段对应投影

所谓抓住线段对应投影,是指抓住平面投影成积聚性的线段,按投影对应关系找出其他两投影面上的投影,从而判断出该平面的形状和位置。

(1)从图 1-3-50(b)主视图中的斜线 p' 出发,按"长对正、高平齐"的对应关系对应出边数相等的两个类似形 p 及 p'',可知 P 面为正垂面。

(2)从图 1-3-50(c)俯视图中的斜线 q 出发,按"长对正、宽相等"的对应关系对应出边数相等的两个类似形 q'' 及 q',可知 Q 面为铅垂面。

(3)从图 1-3-50(d)、图 1-3-50(e)可知,R 面为正平面,S 面为水平面。

二、综合起来想象整体

通过上面的分析,可以根据压块各表面的形状与空间位置综合想象出整体形状,如图 1-3-50(f)所示。

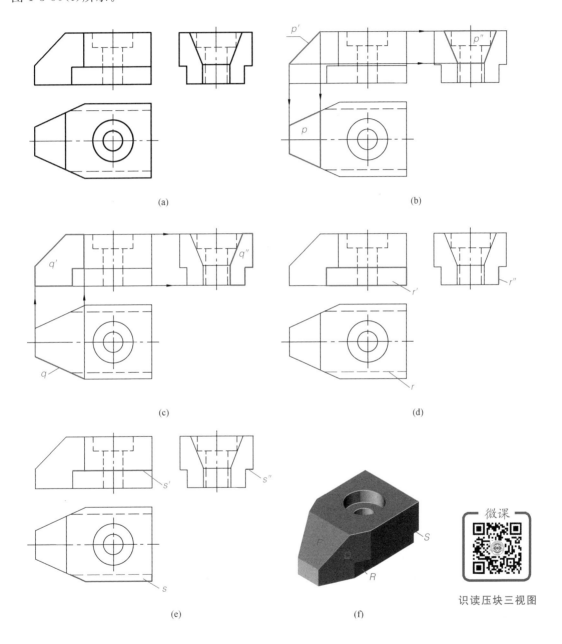

图 1-3-50　压块三视图及其读图方法

知识拓展

一、根据形体的主、俯视图补画其左视图

（1）按照投影对应关系将图形中的线框分解成三个部分，如图 1-3-51(a)所示。

（2）从特征线框出发想象各组成部分的形状。由线框 1′对应 1 想象出底板Ⅰ的形状；由线框 2′对应 2 想象出竖板Ⅱ的形状；由线框 3′对应 3 想象出拱形板Ⅲ的形状，如图 1-3-51(b)所示。

用形体分析法
补画第三视图

（3）由主、俯视图看该形体的三个部分，是叠加式组合体，其位置关系是：左右对称，形体Ⅱ、Ⅲ在形体Ⅰ的上面，形体Ⅲ在形体Ⅱ的前面，如图 1-3-52(a)所示。作图方法与步骤如图 1-3-52(b)所示。

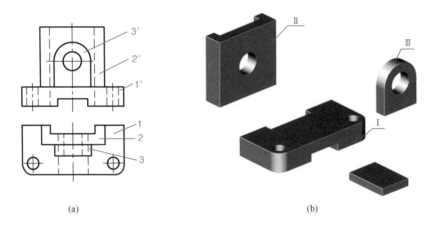

(a)   (b)

图 1-3-51　已知主、俯视图求作左视图

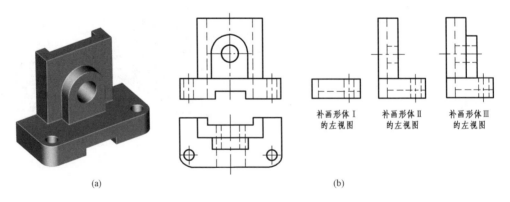

(a)   (b)

图 1-3-52　形体及作图过程

二、识读三视图并补画视图中所缺的图线

补缺线是培养识图能力的另一种有效方法，一般是先读懂视图（图 1-3-53(a)，用线面分析法和形体分析法），想象视图所表达的空间立体形状（可能是一解，也可能是多解），然后利用"长对正、高平齐、宽相等"的投影规律补画视图中所缺的图线。

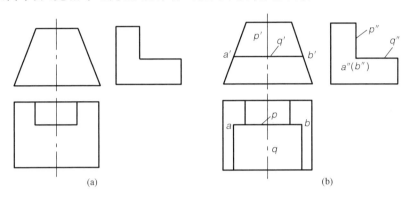

图 1-3-53　补画视图中所缺的图线

作图方法与步骤如下：

(1)分析视图想象形体，可知该形体为一长方体切去图 1-3-54 所示的Ⅰ、Ⅱ、Ⅲ部分后得到的组合体。

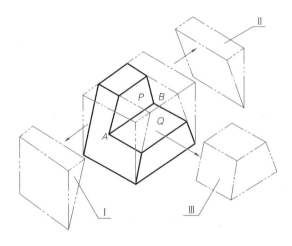

图 1-3-54　想象形体

(2)根据"高平齐、长对正"补画出正面投影和水平投影所缺的图线，如图 1-3-53(b)所示，读者可自行分析。

任务四
绘制轴测图

 学习导航

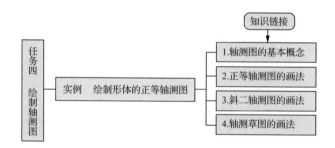

 实例分析

图1-4-1(a)所示为用正投影法绘制的形体三视图，其度量性好，能准确地表达物体的形状和位置关系，但缺乏立体感。该形体的轴测图如图1-4-1(b)所示，它是用单面投影来表达物体空间结构形状的，直观性强，是一种有实用价值的图示方法。由于轴测图的自身特点，在机械工程中常用其作为辅助图形来表达机器的外观效果、内部结构以及对产品拆装、使用和维修的说明等。本实例主要介绍形体正等轴测图的绘制方法。

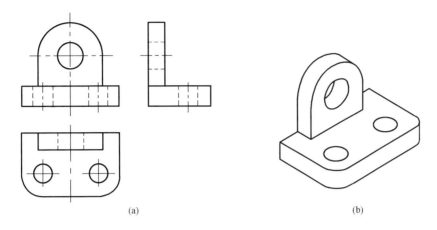

(a)　　　　　　　　　　　　　　　　　(b)

图 1-4-1　形体的三视图和轴测图

 学习资料

一、轴测图的基本概念

1. 轴测图的形成

将物体连同确定其空间位置的直角坐标系一起,用不平行于任何直角坐标面的平行投射线向单一投影面 P 进行投射,把物体长、宽、高三个方向的形状都表达出来,这种投影图称为轴测投影图,简称轴测图,如图 1-4-2 所示。

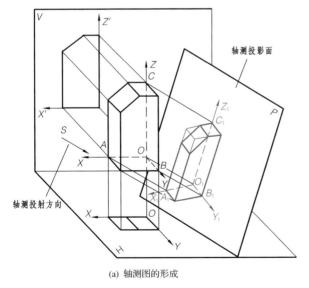

(a) 轴测图的形成

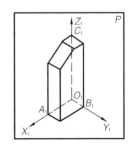

(b) 轴测图的放正

图 1-4-2　轴测图

2. 轴测轴

直角坐标系中的坐标轴 OX、OY、OZ 在轴测投影面上的投影 O_1X_1、O_1Y_1、O_1Z_1 称为轴测图的轴测轴,如图 1-4-2(a)所示。

3. 轴间角

轴测图中相邻两轴测轴之间的夹角 $\angle X_1O_1Y_1$、$\angle X_1O_1Z_1$、$\angle Y_1O_1Z_1$ 称为轴间角,如图 1-4-2(b)所示。

4. 轴向伸缩系数

沿轴测轴方向,线段的投影长度与其在空间的真实长度之比称为轴向伸缩系数。分别用 p、q、r 表示 OX、OY、OZ 轴的轴向伸缩系数,即 $p=O_1A_1/OA,q=O_1B_1/OB,r=O_1C_1/OC$。

5. 轴测投影的特性及基本作图方法

(1)立体上平行于坐标轴的线段,在轴测图中也平行于相应的轴测轴,如图 1-4-3 所示。

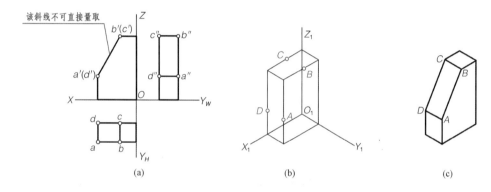

图 1-4-3　轴测投影的特性与基本作图方法

(2)立体上互相平行的线段(如图 1-4-3(c)中 $AD /\!/ BC$),在轴测图中仍然互相平行。

(3)不平行于坐标轴的线段不可直接量取,可先画出其两个端点,然后连线。如图 1-4-3(a)所示,线段 $a'b'$、$(c'd')$ 在轴测图中不可直接量取,只能依据该线段两个端点的坐标,先确定点 A、B、C、D 再连线,其作图过程如图 1-4-3(b)、图 1-4-3(c)所示。

(4)轴测图中一般只画出可见部分的轮廓线,必要时可用细虚线画出其不可见部分的轮廓线。

6. 轴测图的分类

国家标准推荐了两种作图比较简便的轴测图,即正等轴测图(简称正等测)和斜二轴测图(简称斜二测)。这两种常用轴测图的轴测轴位置、轴间角大小及轴向伸缩系数各不相同,但表示物体高度方向的 Z 轴始终处于竖直方向,以符合人们观察物体的习惯。

二、正等轴测图

1. 正等轴测图的形成

使物体的三个直角坐标轴与轴测投影面具有相同的倾角,用正投影法向轴测投影面投射所得的图形称为正等轴测图。图 1-4-4 所示为正等轴测图的形成过程。

2. 正等轴测图的轴测轴、轴间角和轴向伸缩系数

正等轴测图的轴间角均为 $120°$,如图 1-4-5(a)所示。轴测轴的画法如图 1-4-5(b)所示,

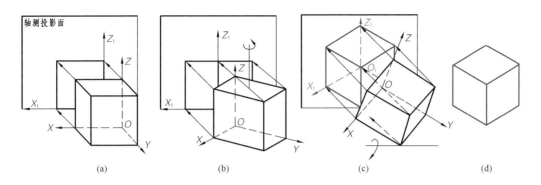

图 1-4-4　正等轴测图的形成过程

由于物体的三个直角坐标轴与轴测投影面的倾角均相同,因此正等轴测图的轴向伸缩系数也相同,即 $p=q=r=0.82$。为了作图、测量和计算都方便,常把正等轴测图的轴向伸缩系数简化成 1,这样在作图时,凡是与轴测轴平行的线段,均可按其实际长度量取,不必进行换算。这样画出的图形,其轴向尺寸均为原来的 1.22 倍($1:0.82\approx1.22$),但形状没有改变,如图 1-4-5(c)和图 1-4-5(d)所示。

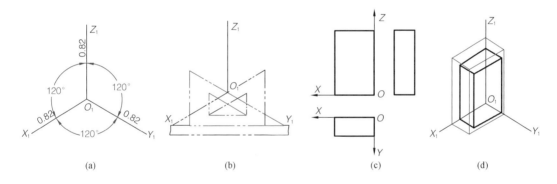

图 1-4-5　正等轴测图的轴测轴、轴间角和轴向伸缩系数

画轴测图时,轴测轴的位置可选在物体上最有利于画图的位置上,图 1-4-6 是设置轴测轴位置的示例,读者可自行分析。

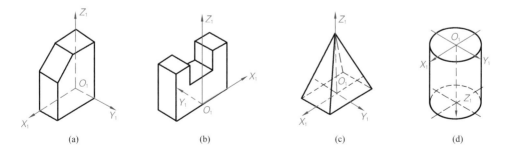

图 1-4-6　设置轴测轴位置的示例

为把机件表达清楚,画正等轴测图时应选择有利的投射方向,如图 1-4-7 所示,读者可自行分析。

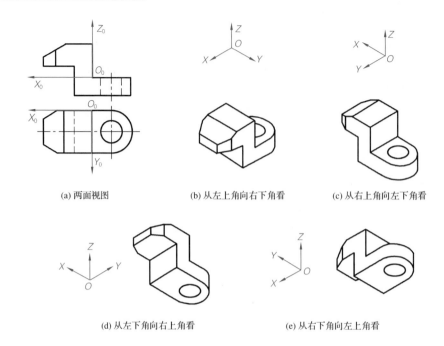

(a) 两面视图　　(b) 从左上角向右下角看　　(c) 从右上角向左下角看

(d) 从左下角向右上角看　　(e) 从右下角向左上角看

图 1-4-7　常用四种正等轴测图的投射方向

3. 正等轴测图的画法

（1）坐标法

坐标法是正等轴测图常用的基本作图方法，它是根据坐标关系，先画出物体特征表面上各点的轴测投影，然后由各点连接物体特征表面的轮廓线，来完成正等轴测图的绘制。

由图 1-4-8(a)所示正六棱柱的主、俯视图画出其正等轴测图。

作图方法与步骤如下：

①确定出直角坐标系，如图 1-4-8(a)所示。选顶面中心点作为坐标原点，选顶面两对称线作为 X 轴、Y 轴，Z 轴在其中心线上。

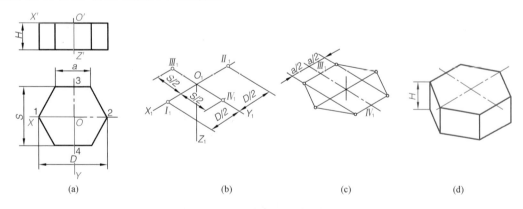

(a)　　　　　　(b)　　　　　　(c)　　　　　　(d)

图 1-4-8　正六棱柱正等轴测图的画法

②绘制轴测轴 O_1X_1、O_1Y_1、O_1Z_1，根据正投影顶面的尺寸 S、D 定出 I_1、II_1、III_1、IV_1 的位置，如图 1-4-8(b)所示。

③根据正等轴测图的特性,过点 I_1、II_1 作平行于 O_1X_1 的直线,并以 Y_1 轴为界各取 $a/2$,然后连接各点,如图1-4-8(c)所示。

④过顶面各点向下量取 H 值,画出平行于 Z_1 轴的侧棱;再过各侧棱顶点画出底面各边,擦去作图辅助线、细虚线并描深,完成正六棱柱的正等轴测图,如图1-4-8(d)所示。

由此可见,绘制正等轴测图时要记清轴间角和轴向伸缩系数,按照先画上面的结构再画下面的结构、先前再后、先左再右的顺序将可见部分的轴测图画出,不可见部分的轴测图不画。图1-4-9所示为两个平面立体用坐标法从特征面出发绘制正等轴测图的示例,读者可自行分析。

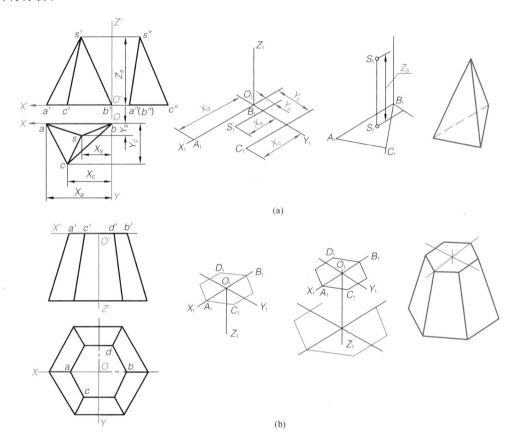

图1-4-9　从特征面出发绘制正等轴测图的示例

(2)方箱切割法

大多数的平面立体可以看成是由长方体切割而成的,因此,先画出长方体的正等轴测图,然后进行轴测切割,从而完成物体正等轴测图的画图方法称为方箱切割法。

由图1-4-10(a)所示物体的主、俯视图画出其正等轴测图,作图方法与步骤如图1-4-10所示。

方箱切割法在基本体正等轴测图的绘制过程中非常实用,它方便、灵活、快速。只要坐标位置选择适当,按照比例即可随意进行切割。

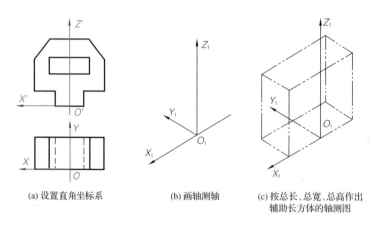

(a) 设置直角坐标系　　(b) 画轴测轴　　(c) 按总长、总宽、总高作出　　(d) 在平行于轴测轴的方向上
　　　　　　　　　　　　　　　　　　　　　 辅助长方体的轴测图　　　　　 按题意进行比例分割,整
　　　　　　　　　　　　　　　　　　　　　　　　　　　　　　　　　　　　 理,描深,完成全图

图 1-4-10　用方箱切割法绘制物体的正等轴测图

（3）平面圆的正等轴测图的画法

绘制图 1-4-11 所示平行于 H 面的圆的正等轴测图,作图方法与步骤如下:

①确定直角坐标系,作圆外切四边形,如图 1-4-12(a)所示。

②作轴测轴 O_1X_1、O_1Y_1,作平面圆外切四边形的轴测投影菱形,如图 1-4-12(b)所示。

③分别以图 1-4-12(c)中点 A、B 为圆心,以 AC 为半径在 CD 间画大圆弧,以 BE 为半径在 EF 间画大圆弧。

④连接 AC 和 AD 交长轴于 I、II 两点,如图 1-4-12(d)所示。

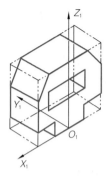

图 1-4-11　平行于
H 面的圆的投影图

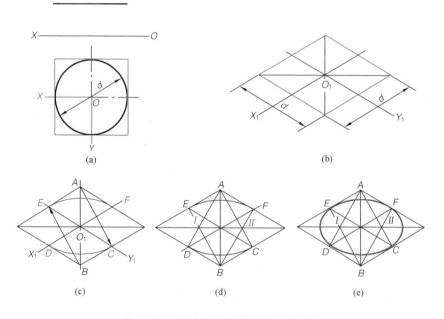

(a)　　　　　　　　　　　　　　　　　　(b)

(c)　　　　　　　　(d)　　　　　　　　(e)

图 1-4-12　平面圆的正等轴测图的绘制过程

⑤分别以Ⅰ、Ⅱ两点为圆心,以ⅠD、ⅡC为半径画两段小圆弧,在C、F、D、E处与大圆弧相切,即完成平面圆的正等轴测图,如图1-4-12(e)所示。

从以上绘制平面圆的正等轴测图的过程可知,平行于坐标面的平面圆的正等轴测图都应该是椭圆,作图时应弄清楚平面圆平行于哪个坐标面,以确定不同的长、短轴方向,其近似作图方法是相同的。图1-4-13所示为三种位置平面圆及圆柱的正等轴测图,请读者仔细观察并分析。

微课

三种位置平面圆
的正等轴测图

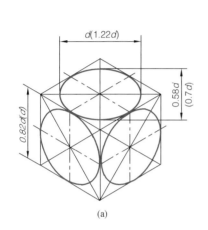

(a)

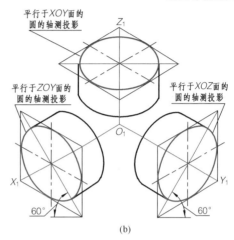

(b)

图1-4-13 三种位置平面圆及圆柱的正等轴测图

(4)曲面立体正等轴测图的画法

绘制图1-4-14(a)所示圆台的正等轴测图,作图方法与步骤如图1-4-14所示。

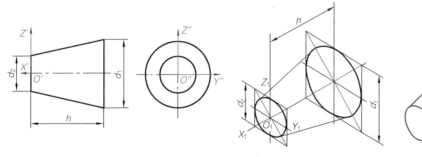

(a)确定平面圆上的直角坐标系 　(b)作出两平面圆的轴测轴及正等轴测图 　(c)作出两椭圆的公切线,
描深,完成全图

图1-4-14 圆台正等轴测图的绘制过程

(5)圆角(1/4圆柱)正等轴测图的画法

如图1-4-15(a)所示,平面立体上的每个圆角相当于一个完整圆柱的四分之一,作出其正等轴测图。

作图方法与步骤如下:

①根据正投影图,确定出圆角半径R的圆心和切点的位置,如图1-4-15(a)所示。

②作出平板上表面的正等轴测图,在对应边上量取R,得切点,过切点作边线的垂线,以两垂线的交点为圆心,在切点内画圆弧,所得即平面上圆角的正等轴测图,如图1-4-15(b)所示。

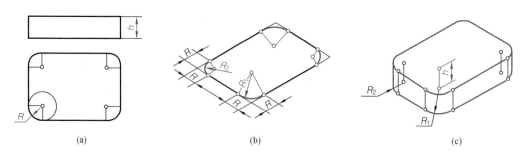

图 1-4-15 圆角正等轴测图的绘制过程

③将上表面各圆角的圆心沿 Z_1 轴方向向下移动高度 h，完成平板下表面各圆角的正等轴测图，并作两表面圆角的公切线，即完成全部圆角的正等轴测图，如图 1-4-15(c)所示。

任务实施

绘制图 1-4-16(a)所示形体的正等轴测图（尺寸从视图中量取），作图方法与步骤如图 1-4-16所示。

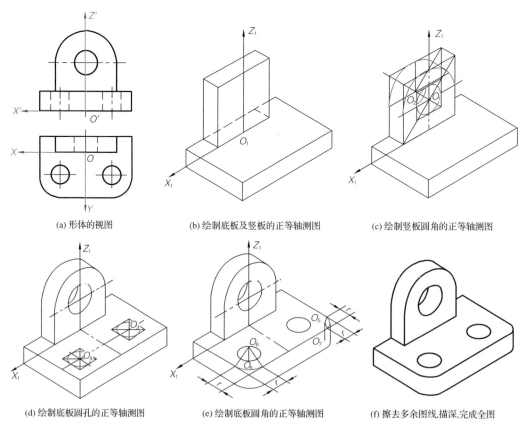

(a) 形体的视图   (b) 绘制底板及竖板的正等轴测图   (c) 绘制竖板圆角的正等轴测图

(d) 绘制底板圆孔的正等轴测图   (e) 绘制底板圆角的正等轴测图   (f) 擦去多余图线，描深，完成全图

图 1-4-16 绘制形体的正等轴测图

知识拓展

一、斜二轴测图

1.斜二轴测图的形成

当物体上的两个坐标轴 OX、OZ 与轴测投影面平行,而投射方向与轴测投影面倾斜时,所得的轴测图称为斜二轴测图,如图 1-4-17 所示。

2.斜二轴测图的轴测轴、轴间角和轴向伸缩系数

轴间角:$\angle X_1 O_1 Z_1 = 90°$,$\angle X_1 O_1 Y_1 = \angle Y_1 O_1 Z_1 = 135°$。

轴向伸缩系数:$p = r = 1$,$q = 0.5$。

如图 1-4-18 所示,斜二轴测图的轴测轴有一个显著的特征,即物体正面 OX 轴和 OZ 轴的轴测投影没有变形。对于那些在正面上形状复杂以及在正面单方向上有圆的物体,这一轴测投影的特性使得斜二轴测图的绘制变得十分简便。

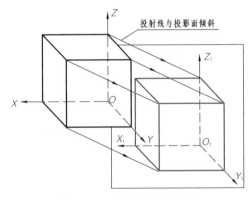

图 1-4-17　斜二轴测图的形成

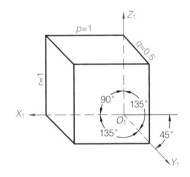

图 1-4-18　斜二轴测图的轴测轴、
轴间角和轴向伸缩系数

3.斜二轴测图的画法

绘制图 1-4-19(a)所示正面形状复杂的单方向形体的斜二轴测图,作图方法与步骤如下:

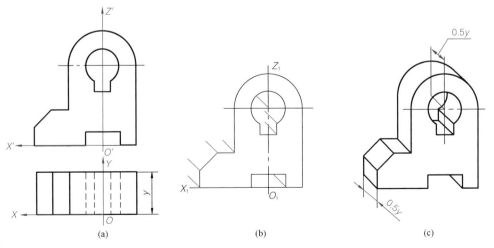

| (a) | (b) | (c) |

图 1-4-19　绘制形体的斜二轴测图

（1）选择正投影图的坐标位置，如图 1-4-19（a）所示。

（2）画轴测轴，作正面特征平面的斜二轴测图（与正投影完全相同），再从特征面的各点作平行于 O_1Y_1 轴的直线，如图 1-4-19（b）所示。

（3）将圆心沿 O_1Y_1 轴后移 $0.5y$，作出后面圆及其他可见轮廓线，描深，完成斜二轴测图，如图 1-4-19（c）所示。

二、轴测草图画法举例

1. 连接线段草图的画法

（1）用直线连接两圆弧时，先画出被连接圆弧的椭圆，再画出椭圆的公切线，如图 1-4-20 所示。

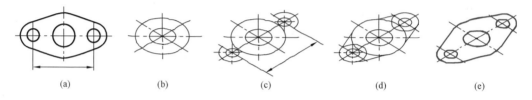

图 1-4-20　直线连接圆弧草图的画法

（2）用圆弧连接两圆弧，如图 1-4-21（a）中的 R_1 和 R_2。作图时，先用坐标 X_1、Y_1、X_2、Y_2 找出连接弧中心的轴测投影 O_1、O_2，如图 1-4-21（b）所示，然后用近似画法画 R_1、R_2 的椭圆。

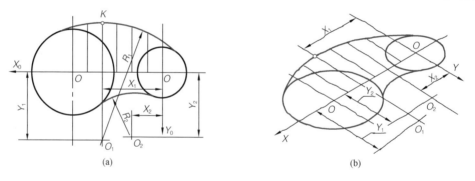

图 1-4-21　圆弧连接圆弧草图的画法

2. 回转面正等轴测草图的画法

由于垂直回转体轴线的平面和回转体的交线是圆，因此只要画出这些圆的轴测投影（椭圆），再作出其包络线，即得回转面的转向线，如图 1-4-22 所示。

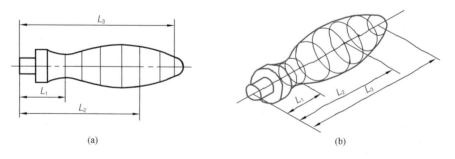

图 1-4-22　回转面正等轴测草图的画法

3. 组合体正等轴测草图的画法

图 1-4-23 所示为组合体正等轴测草图的绘制方法与步骤,读者可自行分析。

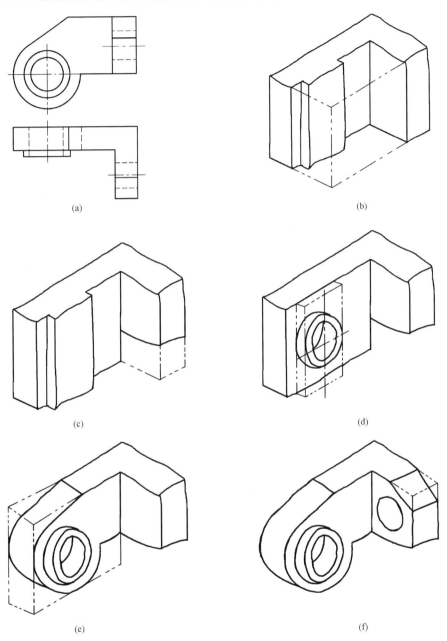

(a)

(b)

(c)

(d)

(e)

(f)

图 1-4-23　组合体正等轴测草图的画法

任务五
识读与绘制复杂机件的图样

学习目标

正确理解视图、剖视图、断面图及其他表达方法的概念、画法及标注方法;熟练掌握以主、俯、左视图为主的基本视图及局部视图、斜视图的画法及标注方法;熟练掌握剖视图、断面图的画法及标注方法,能看懂机件的视图、剖视图及断面图;通过各种图例,进一步加深理解,巩固所学知识;能理解各种表达方案的表达方法,提高机件的表达能力。

素养提升

学习导航

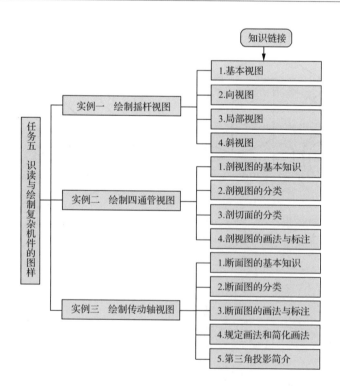

知识链接

实例一　绘制摇杆视图
- 1.基本视图
- 2.向视图
- 3.局部视图
- 4.斜视图

实例二　绘制四通管视图
- 1.剖视图的基本知识
- 2.剖视图的分类
- 3.剖切面的分类
- 4.剖视图的画法与标注

实例三　绘制传动轴视图
- 1.断面图的基本知识
- 2.断面图的分类
- 3.断面图的画法与标注
- 4.规定画法和简化画法
- 5.第三角投影简介

任务五　识读与绘制复杂机件的图样

实例一　绘制摇杆的视图

实例分析

图 1-5-1 所示为摇杆的立体图。在实际生产中,当机件的形状和结构比较复杂时,如果仍用三视图表达,则难以把机件的内、外形状准确、完整、清晰地表达出来。本实例在组合体三视图的基础上,根据表达需要,进一步增加了视图数量并扩充了表达手段,从而为机械图样的绘制及识读奠定了基础。

图 1-5-1　摇杆的立体图

学习资料

视图主要用来表达机件的外部结构和形状,一般用粗实线画出机件的可见部分,其不可见部分必要时也可用细虚线表示。视图通常有基本视图、向视图、局部视图和斜视图四种。

一、基本视图

物体向基本投影面投射所得的视图称为基本视图。

1. 基本视图的形成及配置

如图 1-5-2 所示,国家标准将这六个面规定为基本投影面。除主视图、俯视图、左视图外,还有右视图、后视图和仰视图,如图 1-5-3 所示。

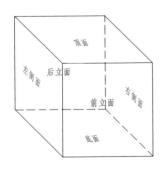

图 1-5-2　六个基本投影面

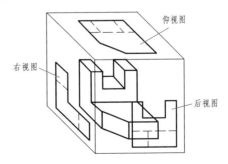

图 1-5-3　右、后、仰视图的形成

按六个基本投射方向得到的六个基本视图分别是主视图(由物体的前方投射所得的视图)、俯视图(由物体的上方投射所得的视图)、左视图(由物体的左方投射所得的视图)、右视图(由物体的右方投射所得的视图)、仰视图(由物体的下方投射所得的视图)、后视图(由物体的后方投射所得的视图)。六个基本视图的展开方法如图 1-5-4 所示。

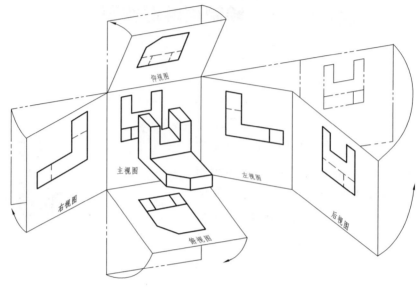

图 1-5-4　六个基本视图的展开方法

六个基本视图若画在同一张图样内,则按图 1-5-5 所示的配置关系配置时,可不标注视图名称。

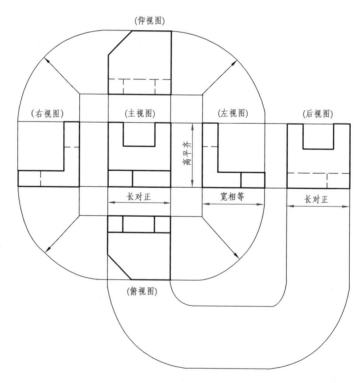

图 1-5-5　六个基本视图的位置

注意
各视图之间仍遵循"长对正、高平齐、宽相等"的投影规律。

2. 基本视图的应用

（1）左、右两个视图不相同

在画图时，可根据机件形状和结构特点选用几个可以清晰地表达机件的形状的基本视图。图 1-5-6(a)所示为仅选用了主、左、右三个视图来表达机件(图 1-5-6(b))的主体和左、右凸缘的形状，左、右两个视图中省略了不必要的细虚线。

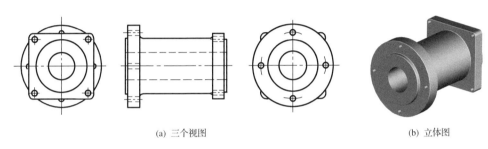

(a) 三个视图　　　　　　　　　　　　　　　(b) 立体图

图 1-5-6　左、右两个视图不相同

（2）两个相同的视图

当一个零件上有两个或两个以上的相同视图时，可只画一个视图，并用箭头、字母和数字表示，如图 1-5-7 所示。

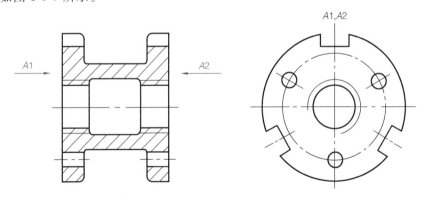

图 1-5-7　左、右两个视图相同

二、向视图

在实际设计绘图中，有时为了合理利用图纸，国家标准规定了一种可以不按规定位置配置的基本视图，称为向视图，如图 1-5-8 所示。

在绘制向视图时，应在向视图的上方标注"×"(×为大写拉丁字母)，表示向视图名称，并与正常的读图方向一致，以便于识别。在相应视图的附近指明投射方向(箭头)，并尽可能将其配置在主视图上，以使视图与基本视图相一致，并注明相同的字母，如图 1-5-8(a)所示。后视图的投射方向(箭头)最好配置在左视图或右视图上。

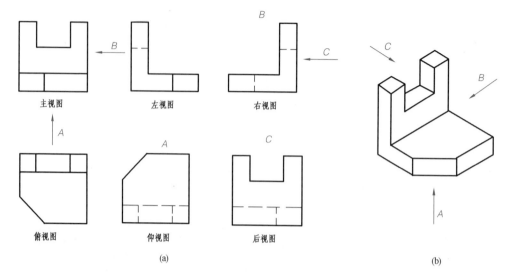

图 1-5-8　向视图及其标注

三、局部视图

　　局部视图是将物体的某一部分向基本投影面投射所得的视图,用于表达机件的局部形状,如图 1-5-9 所示。

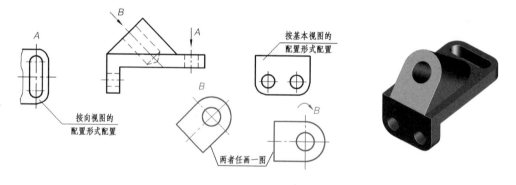

图 1-5-9　局部视图和斜视图及其标注

1.局部视图的画法及标注

　　局部视图的局部断裂边界线用波浪线或双折线表示,如图 1-5-9 中的 A 向局部视图所示。当局部视图按基本视图的配置形式配置且中间没有其他视图隔开时,可省略标注;当所表示的局部结构的外形轮廓是完整的封闭图形时,断裂边界线省略不画,如图 1-5-9 中主视图右边的局部视图所示。

微课

局部视图、斜视图

2.局部视图的应用

　　(1)零件上对称结构的局部视图,可按图 1-5-10(a)中左视图所示的方法绘制。

　　(2)为了节省绘图时间和图幅,对称机件的视图可只画一半或四分之一,并在对称中心线的两端画出两条与其垂直的平行细实线,如图 1-5-10(b)所示。

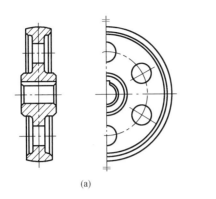
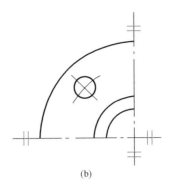

　　　　(a)　　　　　　　　　　　　　　　　(b)

图 1-5-10　对称机件的局部视图

四、斜视图

　　将机件向不平行于任何基本投影面的投影面投射所得的视图称为斜视图,如图 1-5-9 中的 B 向斜视图所示。

　　1. 斜视图的形成

　　当机体表面与基本投影面呈倾斜位置时,基本投影面上的投影不可能表达实形,也不便于标注真实尺寸。为得到它的实形,可增设一个与倾斜部分平行且垂直于一个基本投影面的辅助投影面,然后将机件上的倾斜部分向辅助投影面投射,即可得到反映部分实形的斜视图。

　　2. 斜视图的画法及标注

　　画斜视图时,必须在视图的上方标出"×"(×为大写拉丁字母),并在相应的视图附近指明投射方向(箭头),注上同样的字母。斜视图只反映机件上倾斜结构的实形,其余部分省略不画。斜视图的断裂边界线用波浪线或双折线表示。

　　斜视图通常按向视图的配置形式配置并标注,必要时允许将斜视图旋转配置,但需标出旋转符号,如图 1-5-9 中的 ⌒ B 向斜视图所示。旋转符号的尺寸和比例如图 1-5-11 所示。

h 为旋转符号与字体的高度, $h=R$
旋转符号的笔画宽度为 $\frac{1}{10}h$ 或 $\frac{1}{14}h$

图 1-5-11　旋转符号的尺寸和比例

　　斜视图旋转配置时,既可顺时针旋转,又可逆时针旋转。旋转符号的箭头要靠近字母,旋转方向要与实际旋转方向一致,以便于看图者辨别。

　　3. 斜视图的应用

　　如图 1-5-12 所示,该形体可用主视图及图形相同的斜视图和局部视图表示。

　　4. 区分斜视图和局部视图的方法

　　斜视图往往只画机件的局部(倾斜部分),容易被误认为是局部视图。局部视图画在基本投影面上,表示投射方向的箭头不是水平方向就是竖直方向。斜视图画在辅助投影面上,

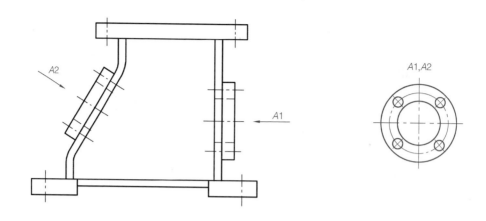

图 1-5-12　图形相同的局部视图和斜视图

表示投射方向的箭头是倾斜的。

　　需要画斜视图的机件,往往同时要画局部视图,这两种图样经常是相伴的。但需要画局部视图的机件,却不一定要画斜视图。

 任务实施

　　确定摇杆的视图表达方案:采用一个基本视图(主视图)、一个配置在正确位置上的局部左视图(省略标注)、一个旋转配置的 A 向斜视图、一个局部右视图(省略标注)来表达摇杆的结构形状。为了使图面更加紧凑又便于画图,将 A 向斜视图转正画出,如图 1-5-13 所示,注意此时的旋转标注。这种表达方式能使视图布置更加紧凑,并且可以清晰地看出摇杆的内、外部结构。

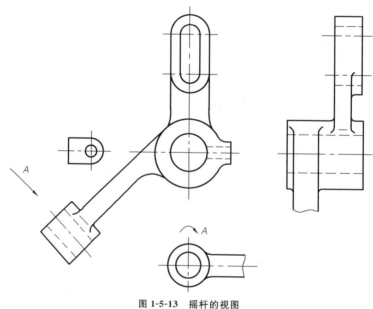

图 1-5-13　摇杆的视图

实例二　绘制四通管视图

实例分析

图 1-5-14 所示为四通管的主体图。当用视图表达机件时,其内部孔的结构都用细虚线来表示,内部结构形状复杂,视图中就会出现许多细虚线,使得图形不够清晰,既不便于绘图、读图,又不便于标注尺寸。为了解决这些问题,国家标准(GB/T 17452—1998 和 GB/T 4458.6—2002)规定了剖视图的基本画法,可以采用剖视的方法来表达机件的内部结构和形状。本实例主要介绍各种剖视图的画法、标注和识读。

图 1-5-14　四通管的立体图

学习资料

一、剖视图的基本知识

1. 剖视图的概念

假想用剖切平面剖开机件,然后移去观察者和剖切平面之间的部分,将余下的部分向投影面投射,所得到的图形称为剖视图(简称剖视)。剖视图主要用来表达机件的内部结构形状,如图 1-5-15(a)所示。

微课

剖视图

2. 剖视图的形成、画法及标注

(1)剖:确定剖切平面的位置,假想剖开机件,剖切平面应通过剖切结构的对称平面或轴线,如图 1-5-15(a)所示。

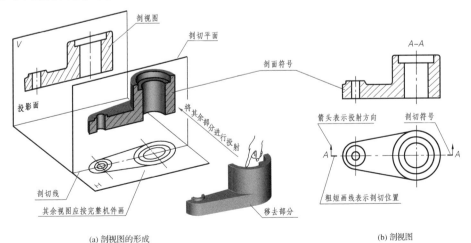

(a) 剖视图的形成　　　　　　　　　　　　　　(b) 剖视图

图 1-5-15　剖视图的概念与形成

（2）移：将处在观察者和剖切平面之间的部分移去，将其余部分向投影面投射。因剖切是假想的，所以其他视图仍应完整地画出，如图 1-5-15(a)中俯视图仍应完整地画出。

（3）画：在投影面上画出机件剩余部分的投影，剖视图中的细虚线一般可省略。机件被剖切时，剖切平面与机件接触的部分称为剖面区域，国家标准（GB/T 4458.6—2002）规定，在剖面区域上要画出剖面符号，如图 1-5-15 所示。不同的材料采用不同的剖面符号。各种材料的剖面符号详见国家标准。

在机械设计中，建议金属材料的剖面符号用与主要轮廓线或剖面区域的对称线成 45°角且间隔均匀的细实线画出，称为剖面线，如图 1-5-16 所示。同一机件的剖视图中所有剖面线的倾斜方向和间隔必须一致。

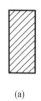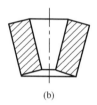

(a)　　　　　　　(b)　　　　　　　(c)

图 1-5-16　剖面线的角度

当剖面线与主要轮廓线平行时，可将剖面线画成与水平呈 30°或 60°。

（4）标：在剖视图的上方用"×—×"（×为大写拉丁字母）标注其名称，在相应的视图附近用剖切符号（由粗短画线和箭头组成）表示剖切位置（粗短画线）和投射方向（箭头），并标注相同的字母，如图 1-5-15(b)的俯视图中，箭头可省略。

①当剖视图按投影关系配置，中间又没有其他图形隔开时，可省略箭头，如图 1-5-15(b)的俯视图中，箭头可省略。

②当单一剖切平面通过机件的对称平面或基本对称平面，且剖视图按投影关系配置，中间又没有其他图形隔开时，可完全省略标注，如图 1-5-15(b)的俯视图中，剖切符号、字母都可省略。

提示

当剖视图中不可见的结构形状在其他视图中已表达清楚时，在剖视图中其细虚线应省略不画，如图 1-5-17(a)所示；对尚未表达清楚的结构形状，在剖视图中应用细虚线表达，如图1-5-17(b)所示。

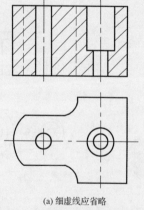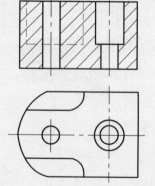

(a) 细虚线应省略　　　　　　　　　　(b) 细虚线不应省略

图 1-5-17　剖视图中细虚线的处理

3.剖视图中容易漏画、多画的线(表 1-5-1)

表 1-5-1　　　　　　　　　　　　　剖视图正误画法对比

立体图				
错误				
正确				

二、剖视图的分类

1.全剖视图

用剖切平面(一个或几个)完全剖开机件所得的剖视图称为全剖视图,适用于机件外形比较简单而内部结构比较复杂,图形又不对称的情况,如图 1-5-15(b)所示。

全剖视图的应用:

(1)用一个公共剖切平面剖开机件,按不同方向投射得到的两个全剖视图,可按图 1-5-18所示进行标注。

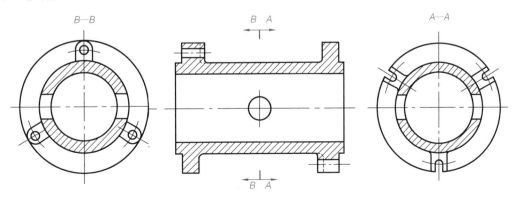

图 1-5-18　一个剖切平面得到两个全剖视图

（2）投射方向一致的几个对称图形,可各取一半(或者四分之一)合并成一个图形,此时应在剖视图附近标出相应的剖视图名称,如图 1-5-19 所示。

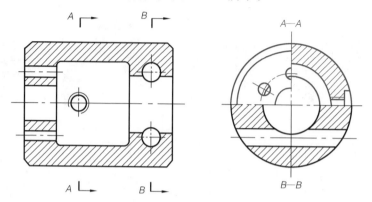

图 1-5-19　投射方向一致的合并剖视图

2. 半剖视图

当机件具有对称平面时,以对称平面为界,用剖切平面剖开机件的一半所得的剖视图称为半剖视图,简称半剖,如图 1-5-20 所示。半剖视图能在一个图形中同时反映机件的内、外部形状,故主要用于内、外结构形状都需要表达的对称机件。

微课

半剖视图

（1）半剖视图的形成、画法及标注

半剖视图的形成如图 1-5-20 所示,其分界线必须画成细点画线。半剖视图的标注方法与全剖视图的标注方法相同。要标注剖切平面的位置、投射方向的箭头、剖视图的名称,有时可省略标注或省略部分标注。

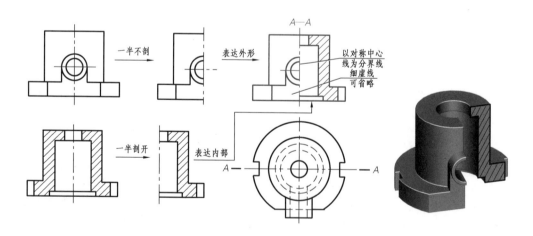

图 1-5-20　半剖视图的形成、画法及标注

（2）半剖视图的应用

半剖视图多应用于机件内、外形状均需表达的对称机件。如果机件的形状接近于对称,且不对称部分已在其他视图中表达清楚,则也可将其画成半剖视图,如图 1-5-21 和图 1-5-22 所示。

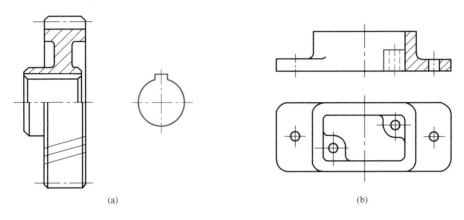

(a)　　　　　　　　　　　　(b)

图 1-5-21　基本对称机件的半剖视图(一)

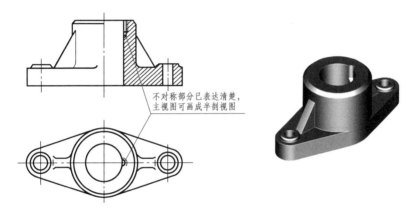

不对称部分已表达清楚,
主视图可画成半剖视图

图 1-5-22　基本对称机件的半剖视图(二)

（3）半剖视图标注正误对比（表 1-5-2）

表 1-5-2　　　　　　　　　　　半剖视图标注正误对比

图例			
标注正误	正确	错误	错误

3. 局部剖视图

用剖切平面局部地剖开机件,所得的剖视图称为局部剖视图,简称局部剖。如图1-5-23(a)所示的轴类零件,采用视图画法时,其左视图细虚线较多,难以清晰地表达出零件局部的内部结构。此时,主视图如采用局部剖视图,则可以看出该机件左端的圆孔和右端的长圆槽,并省略了左视图,如图1-5-23(b)所示。

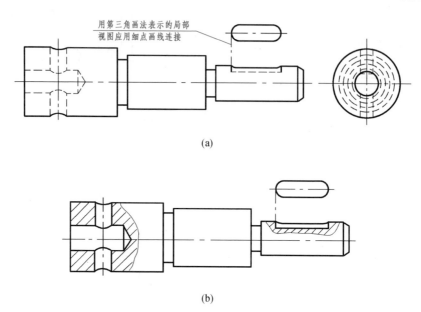

用第三角画法表示的局部
视图应用细点画线连接

(a)

(b)

图1-5-23 机件视图、局部视图和局部剖视图

局部剖视图能同时表达机件的内、外结构,而且不受机件结构是否对称的限制。这是一种比较灵活的表达方法,剖切位置、剖切范围可根据需要而定,常用于内、外形状均需表达的不对称机件。

(1)标注:局部剖视图一般不标注。

(2)画局部剖视图时应注意:

①局部剖视图中,剖开部分与未剖部分用波浪线分界,相当于剖切部分表面的断裂线的投影,如图1-5-23(b)所示。

②波浪线不可与图形轮廓线重合,如图1-5-24(a)所示,也不要画在其他图线的延长线上。

③波浪线是断裂边界的投影,要画在机件有断裂的实体部分,如遇孔、槽等,则波浪线不能穿空而过,也不能超出视图的轮廓线,如图1-5-24(b)所示。

④当被剖结构是回转体时,允许将该结构的轴线作为局部剖视图中剖与不剖的分界线,如图1-5-25所示。当对称机件在对称中心线处有图线而不便于采用半剖视图时,应采用局部剖视图,如图1-5-26所示。

⑤在剖视图的剖面区域中可再做一次局部剖,两者的剖面线应同方向、同间隔,但要互相错开,并用指引线标出局部剖视图的名称,如图1-5-27所示。

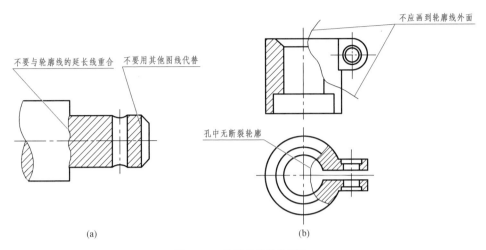

图 1-5-24　波浪线的错误画法

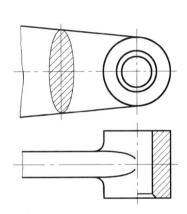

图 1-5-25　用轴线代替波浪线

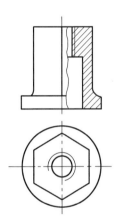

图 1-5-26　用局部剖视图代替半剖视图

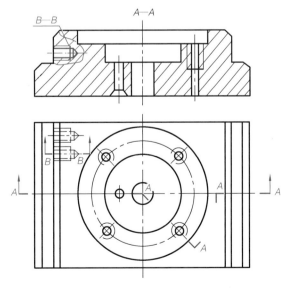

图 1-5-27　剖视图剖面区域中的局部剖视图

三、剖切面的分类

1. 单一剖切面

（1）单一剖切平面

单一剖切平面可以是平行于某一基本投影面的平面，如前所述的全剖视图；也可以是不平行于任何基本投影面的单一斜剖切平面（以往称为斜剖），如图 1-5-28（a）所示。当要表达机件上倾斜部分的内部结构形状时，视图的配置和标注方法通常如图 1-5-28（b）所示。必要时，允许将斜剖视图旋转配置，此时必须在剖视图上方标注出旋转符号，如图 1-5-28（b）所示。

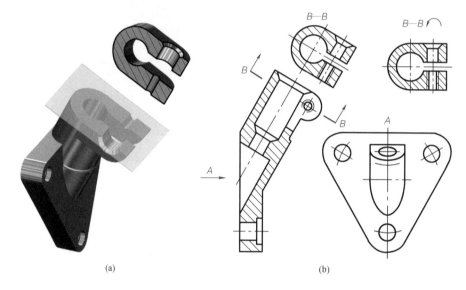

图 1-5-28　用单一斜剖切平面剖得的全剖视图

（2）单一剖切柱面

为了准确地表达圆周上分布的某些结构，有时采用柱面剖切。画这种剖视图时，常采用展开画法（用符号"⌒➞"表示展开）。图 1-5-29 所示为用单一剖切柱面剖得的全剖视图和半剖视图。

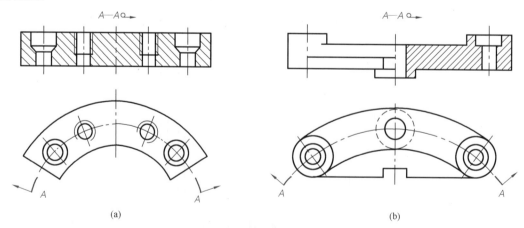

图 1-5-29　用单一剖切柱面剖得的全剖视图和半剖视图

2. 几个平行的剖切平面

用几个平行的剖切平面剖开机件(以往称为阶梯剖)如图 1-5-30(a)所示。剖切时应注意以下几点:

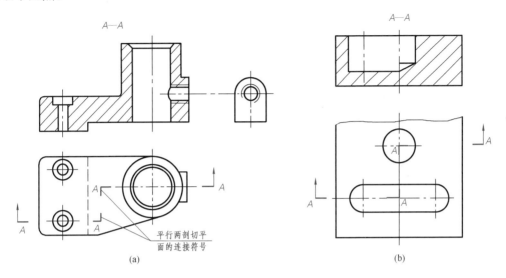

(a)　　　　　　　　　　　　　　　　　(b)

图 1-5-30　用两个平行的剖切平面剖得的全剖视图

(1)对几个平行的剖切平面需用连接符号(粗短画线)予以连接,为清晰起见,各剖切平面的连接符号不应重合在图形的粗实线或细虚线上,图 1-5-30(a)所示的剖切平面连接符号的位置选择是正确的,图 1-5-31(a)所示的则是错误的选择。

(2)在图形内不应出现不完整要素,如图 1-5-31(b)、图 1-5-31(c)所示。仅当两个要素在图形上具有公共的对称中心线或轴线时,可以各画一半,此时应以对称中心线或轴线为界,如图 1-5-30(b)所示。

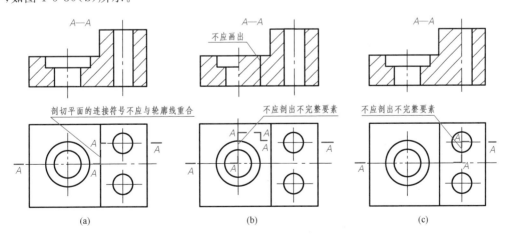

(a)　　　　　　　　　　　　(b)　　　　　　　　　　　　(c)

图 1-5-31　剖切注意事项

(3)因为剖切是假想的,所以设想将几个平行的剖切平面平移到同一位置后再进行投射,此时不应画出剖切平面连接处的交线,如图 1-5-31(b)中的主视图所示。

3.几个相交的剖切面(交线垂直于某一投影面)

用几个相交的剖切面剖开机件,剖切面可以是平面,也可以是柱面。图 1-5-32 所示为用两个相交的平面剖切机件(以往称为旋转剖),图 1-5-33 所示为用多个相交的平面剖切机件(以往称为复合剖)。复合剖可以用展开画法绘制,对于展开绘制剖视图,在剖视图的上方应标注"×—×ᴑ↗"(×为大写拉丁字母),如图 1-5-33 所示。

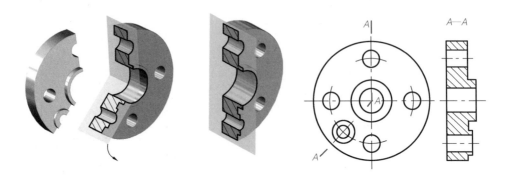

图 1-5-32　用两个相交平面剖得的全剖视图

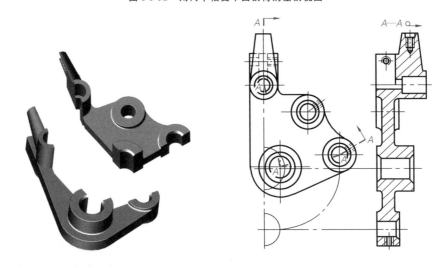

图 1-5-33　复合剖的展开画法

几个相交平面也可与几个平行平面组合剖切机件,如图 1-5-34 所示。

用几个相交平面剖切时应注意以下几点:

(1)为反映被剖切部分结构的真实形状,剖视图应采用先剖切后旋转的方法画出,有些部分的投影图形往往会被伸长,但却反映了机件被剖切部分的真实形状,如图 1-5-35 中正确的例子所示。否则,若采用先旋转后剖切的方法,就会出现剖切位置的标注与实际剖切位置不一致的矛盾,如图 1-5-35 中错误的例子所示。

(2)在旋转剖视图中,剖切平面后与所表达的结构关系不太密切的其他结构一般仍按原来的位置投射,如图 1-5-36 中的凸台。

(3)如果剖切后产生不完整要素,则应将此部分按不剖绘制,如图 1-5-37 中的臂板。

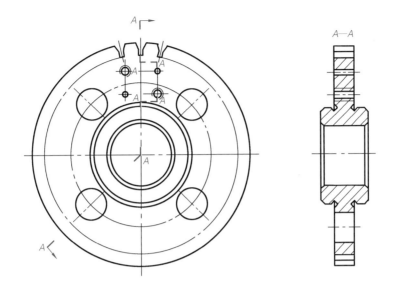

图 1-5-34　用几个平行平面与几个相交平面组合剖得的全剖视图

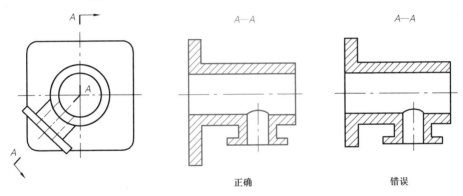

正确　　　　　　　　　　错误

图 1-5-35　剖视图的正确及错误画法

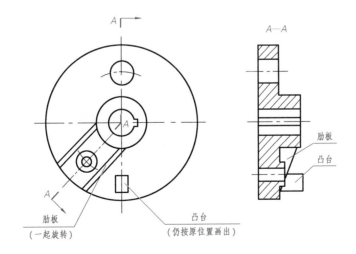

肋板
（一起旋转）

凸台
（仍按原位置画出）

肋板

凸台

图 1-5-36　剖切平面后的结构仍按原来位置投射

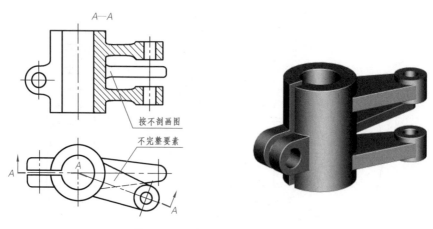

图 1-5-37　剖切后不完整要素的画法

 任务实施

一、确定视图表达方案

　　如图 1-5-38 所示,用一个全剖的主视图、全剖的俯视图、两个局部视图和一个斜视图来表达四通管。

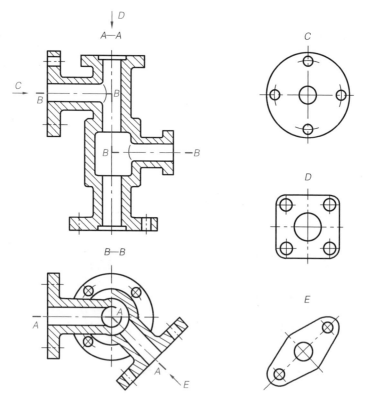

图 1-5-38　四通管的视图表达方案

（1）A—A剖视的主视图（用相交的两剖切平面剖得的全剖视图），其剖切符号画在俯视图中，按投影关系配置，省略箭头。

（2）B—B剖视的俯视图（用平行的两剖切平面剖得的全剖视图），其剖切符号画在主视图中，按投影关系配置，省略箭头。

（3）C向局部视图按投影关系配置，图中标注可以省略；D向局部视图未按投影关系配置，表示投射方向的箭头画在主视图相应结构的附近。

（4）E向斜视图未按投影关系配置，表示其投射方向的箭头画在俯视图相应结构的附近。

二、分析结构

（1）主视图主要表达四通管的内部连通情况。

（2）俯视图主要表达上、下两水平支管的相对位置，同时还反映出总管下端法兰的形状。

（3）C向局部视图表达了上水平支管左端法兰的形状和四个圆孔的分布情况，D向局部视图表达了总管顶部法兰的形状，E向斜视图表达了下水平支管端部法兰的形状。

实例三　绘制传动轴视图

实例分析

如图 1-5-39 所示的传动轴，如仅采用前面所学的视图和剖视图来表达该轴的结构，显然不合适。本实例将进一步学习断面图、机械制图的规定画法及常用图形简化画法的有关知识。

图 1-5-39 传动轴的立体图

学习资料

假想用剖切平面将机件某处断开，仅画出剖切平面与机件接触部分（截断面）的图形，该图形称为断面图，简称断面，如图 1-5-40 所示。

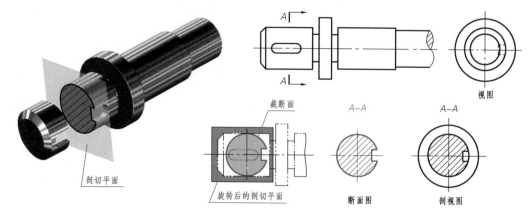

图 1-5-40　断面图的形成及其与视图、剖视图的比较

一、断面图与剖视图的区别

　　注意区分断面图与剖视图,断面图只画出机件被切处的截断面形状;剖视图除了画出物体截断面形状之外,还应画出截断面后的可见部分的投影(剖切平面后的所有部分的投影),如图 1-5-40 所示。

二、断面图的分类

1. 移出断面图

　　移出断面图是画在视图外的断面图,其轮廓线用粗实线绘制,如图 1-5-41 所示。移出断面图用粗短画线表示剖切位置,用箭头表示投射方向,用大写拉丁字母表示断面图名称,其剖面线的方向、间隔应与表示同一机件的剖视图上的剖面线方向、间隔相一致。

　　当剖切平面通过回转面形成的孔、凹坑等结构的轴线时,该结构应按剖视图绘制,如图 1-5-41 所示。

微课

移出断面图

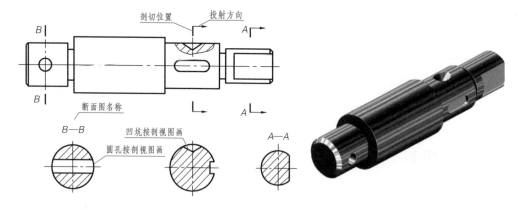

图 1-5-41　移出断面图

（1）画移出断面图时的注意事项

①当剖切平面通过非圆孔而导致出现完全分离的两个剖面区域时,这些结构应按剖视图画,如图1-5-42、图1-5-43所示。

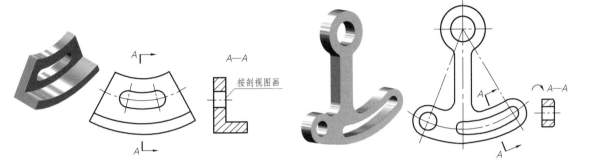

图1-5-42　孔处用剖视图代替断面图　　　　图1-5-43　旋转后断面图的非圆孔按剖视图画

②当移出断面图形对称时,可将其配置在视图的中断处,如图1-5-44所示。

③绘制由两个或多个相交的剖切平面剖切机件所得的移出断面图时,图形的中间应断开,如图1-5-45所示。

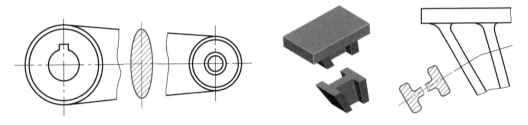

图1-5-44　画在视图中断处的移出断面图　　　图1-5-45　由相交剖切平面剖得的移出断面图

④必要时,移出断面图可配置在其他适当的位置;在不致引起误解时,允许将图形旋转配置,此时应在移出断面图的上方标注出旋转符号,如图1-5-46所示。逐次剖切的多个移出断面图的配置如图1-5-47所示。

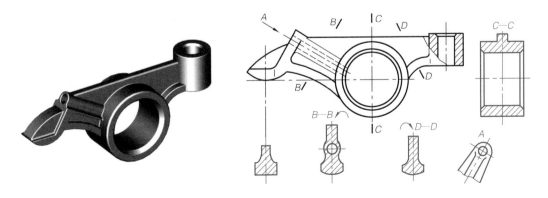

图1-5-46　可配置在其他位置和旋转的移出断面图

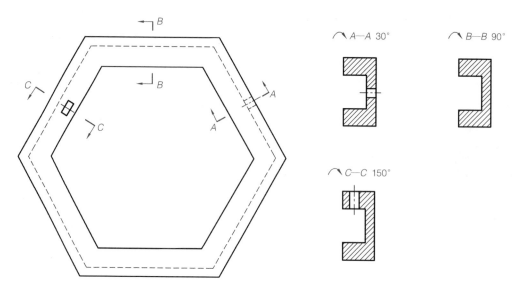

图 1-5-47　逐次剖切的多个移出断面图的配置

（2）移出断面图的配置与标注（表 1-5-3）

表 1-5-3　　　　　　　　　　　移出断面图的配置与标注

配置方法	对称的移出断面图	不对称的移出断面图
配置在剖切线或剖切符号的延长线上	剖切线（细点画线） 不必标注字母和剖切符号	不必标注字母
按投影关系配置	A—A A A 不必标注箭头	A—A A A 不必标注箭头

续表

配置方法	对称的移出断面图	不对称的移出断面图
配置在其他位置	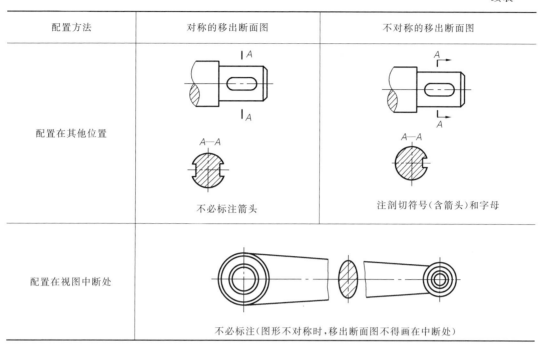 不必标注箭头	注剖切符号(含箭头)和字母
配置在视图中断处	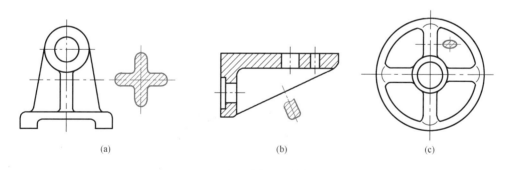　不必标注(图形不对称时,移出断面图不得画在中断处)	

注:根据 GB/T 1.1—2020 的规定,表中的助动词"不必"可等效表述为"可以不"。

（3）移出断面图的应用

移出断面图主要用来表达机件上某些部分的截断面形状,如肋、轮辐、键槽、小孔及各种细长杆件和型材的截断面形状等,如图 1-5-48 所示。

(a)　　　　　　　　　(b)　　　　　　　　　(c)

图 1-5-48　移出断面图的应用

2. 重合断面图

剖切后将断面图画在视图上,所得到的断面图称为重合断面图,其轮廓线用细实线绘制,如图 1-5-49 所示。

重合断面图和移出断面图的基本画法相同,其区别仅是画在图中的位置不同及采用的线型不同。当视图中的轮廓线与重合断面图的图线重叠时,视图中的轮廓线仍连续画出,不可间断,如图 1-5-50 所示。当重合断面图对称时,可省略标注,如图 1-5-50（a）所示;当重合断面图不对称时,应标注剖切符号和箭头,如图 1-5-50（b）所示。

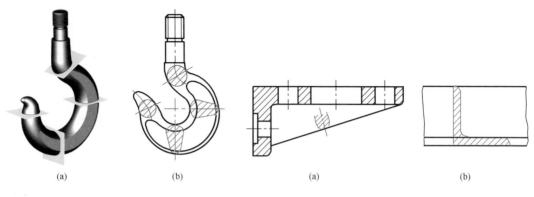

图 1-5-49　重合断面图　　　　　　　图 1-5-50　视图轮廓线与重合断面图的图线重叠

 任务实施

传动轴的视图表达方案(图 1-5-51)为:

(1)局部视图:表达主视图上方键槽的形状,采用第三角视图的配置方法(将在本实例的"知识拓展"中介绍)。

(2)两个局部剖视图:表达主视图上键槽的内部结构(长度和深度)及小回转孔的内部结构(底部锥形)。

(3)局部放大图:表达螺纹退刀槽的细部结构(将在本实例的"知识拓展"中介绍)。

(4)轴的断裂表达出轴具有一定的长度,尺寸按实长标注(将在本实例的"知识拓展"中介绍)。

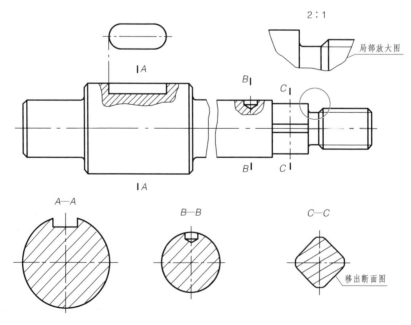

图 1-5-51　传动轴的视图表达方案

（5）三个移出断面图：键槽处、小回转孔处（按剖视图画，因图形对称，故不标注箭头）、平面处（图形对称，箭头不必标注）。

（6）简化画法：主视图上轴的键槽的画法及平面的画法（省略两条线）（将在本实例的"知识拓展"中介绍）。

 知识拓展

为了图形清晰和画图简便，国家标准（GB/T 4458.1—2002 和 GB/T 4458.6—2002）还规定了局部放大图和图样的一些规定画法，供绘图时选用。

一、规定画法

1. 局部放大图

将机件的部分结构用大于原图形的比例画出的图形，称为局部放大图。

局部放大图常用于表达机件上在视图中表达不清楚或不便于标注尺寸和技术要求的细小结构，如图 1-5-52 所示。

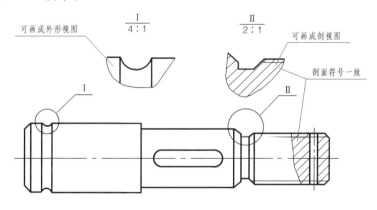

图 1-5-52　局部放大图

（1）局部放大图可画成视图、剖视图或断面图，与被放大部分的图样画法无关，如图 1-5-52 所示。

（2）绘制局部放大图时，除螺纹牙型、齿轮和链轮的齿形外，均应将被放大部分用细实线圈出。在同一机件上有多处需要放大画出时，用罗马数字标明放大位置的顺序，并在相应的局部放大图上方标出相应的罗马数字及所用比例以示区别，如图 1-5-52 所示。

 提示　　必须指出，局部放大图上所标注的比例是指该图形中机件要素的尺寸与实际机件相应要素的尺寸之比，与原图比例无关。

2. 肋、轮辐、薄壁及相同结构的规定画法

（1）对于机件的肋、轮辐及薄壁等，如按纵向剖切，则这些结构都不画剖面符号，而用粗实线将其与邻接部分分开，如图 1-5-53 和图 1-5-54 所示。

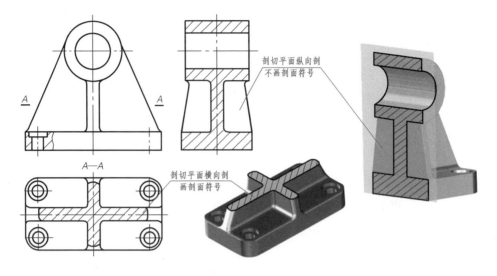

图 1-5-53　肋剖切的规定画法

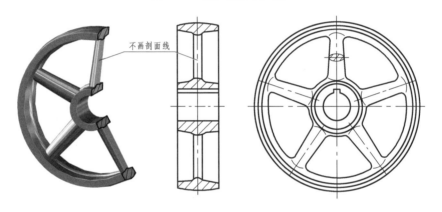

图 1-5-54　轮辐剖切的规定画法

（2）当回转体上均匀分布的肋、轮辐、孔等结构不处于剖切平面上时，应将这些结构旋转到剖切平面上来表达（先旋转后剖切），如图 1-5-55 所示。

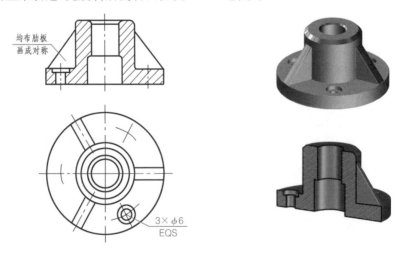

图 1-5-55　回转体机件上均布结构的规定画法

（3）相同结构的规定画法

①当机件具有若干相同结构（齿、槽等）且这些结构按一定规律分布时，只需画出几个完整的结构，其余用细实线连接，但必须在图中注明该结构的总数，如图 1-5-56 所示。

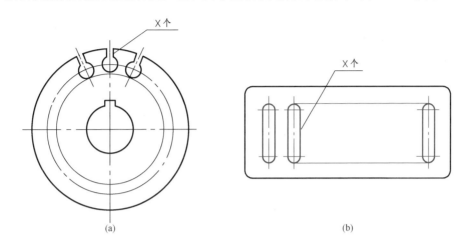

图 1-5-56　相同结构的规定画法

②若干直径相同且按规律分布的孔（圆孔、螺纹孔、沉孔等）、管道等，可以仅画出一个或几个，其余只需标明其中心位置，但在零件图中应注明其总数，如图 1-5-57 所示。

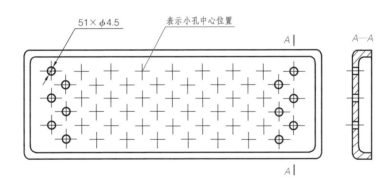

图 1-5-57　等径成规律分布的孔的画法

3. 其他规定画法

（1）较长的机件（轴、型材、连杆等）沿其长度方向的形状一致或按一定规律变化时，可断开后缩短绘制，如图 1-5-58 所示。折断线一般采用波浪线或双折线（均为细线）绘制。断裂画法的尺寸标注实长。

（2）网状物、编织物或机件上的滚花部分，可在轮廓线之内示意地画出一部分粗实线，并加旁注或在技术要求中注明这些结构的具体要求，如图 1-5-59 所示。

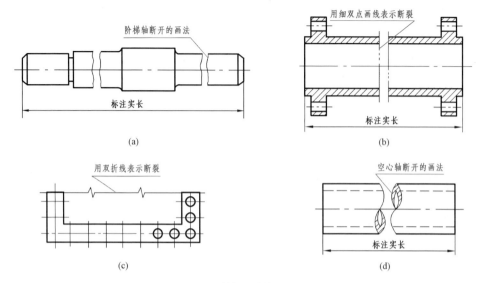

图 1-5-58　较长机件的断裂画法

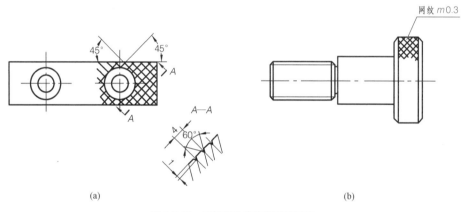

图 1-5-59　网状物及滚花表面的画法

二、简化画法

(1)机件上较小的结构及斜度等,如在一个图形中已表示清楚,则其他视图中该部分的投影应当简化或省略,如图 1-5-60(a)所示。此外当图形不能充分表达平面时,可用平面符号(相交两细实线)表示,如图 1-5-60(b)所示。

(2)圆柱、圆锥面上因钻小孔、铣键槽等出现的交线允许简化,但必须有一个视图已清楚地表示了孔、槽的形状,如图 1-5-61 所示。

(3)小斜度机件的主视图按小端画出,如图 1-5-62 所示。在不致引起误解时,零件图中的小圆角、锐边的小圆角及 45°小倒角允许省略不画,但必须标注尺寸或在技术要求中加以说明,如图 1-5-63 所示。

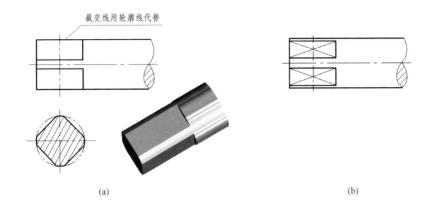

图 1-5-60　方头截交线的简化及平面的表示

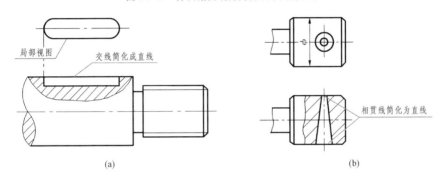

图 1-5-61　圆柱面上交线的简化画法

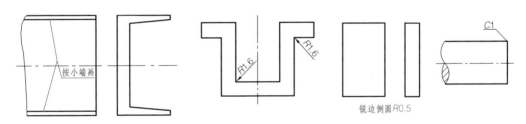

图 1-5-62　小斜度机件主视图的简化画法　　图 1-5-63　小圆角、45°小倒角的简化画法

（4）其他简化画法

①圆柱形法兰和类似零件上均匀分布的孔，可按图 1-5-64 所示的方法绘制（由机件外向该法兰端面方向投射）。

②与投影面的倾斜角度不大于 30°的圆或圆弧，其投影可用圆或圆弧代替，如图 1-5-65 所示。

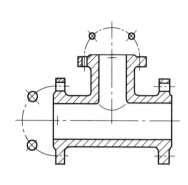

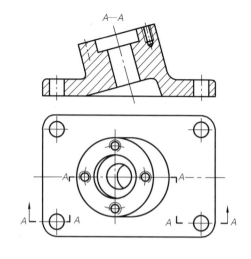

图 1-5-64　圆柱形法兰均布孔的简化画法　　　　　图 1-5-65　倾斜圆的简化画法

三、第三角投影简介

国家标准规定,物体的投影按正投影法绘制,并优先采用第一角投影画法,必要时允许采用第三角投影画法。国际标准规定了第一角和第三角的投影识别符号,如图 1-5-66、图 1-5-67 所示。采用第三角投影画法时,必须在图样中画出识别符号。第一角投影的识别符号,只有在必要时才使用。

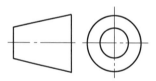

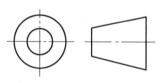

图 1-5-66　第一角投影识别符号　　　　　图 1-5-67　第三角投影识别符号

1. 第三角投影的概念

空间四个分角如图 1-5-68 所示,将机件放在第三分角内进行投射,称为第三角投影。

第三角投影画法是将物体置于第三分角内,保持"观察者→投影面→物体"的关系进行投射,然后展开,如图 1-5-69 所示。

2. 第三角投影画法与第一角投影画法的主要区别

无论采用第一角投影画法还是第三角投影画法,都是利用正投影法进行投射,六个基本视图都符合"长对正、高平齐、宽相等"的投影规律。二者的区别在于人(观察者)、物(物体)、面(投影面)的位置关系不同。

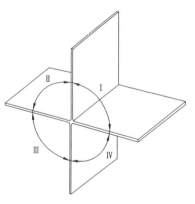

图 1-5-68　空间四个分角

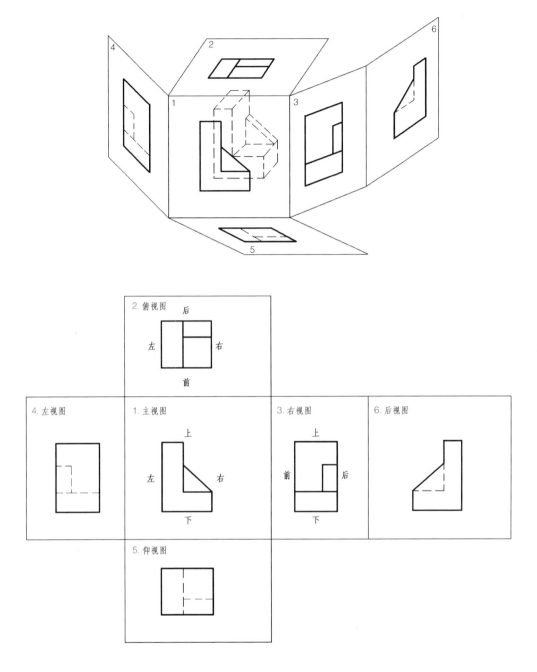

图 1-5-69　第三角投影画法

（1）采用第一角投影画法（图 1-5-70）时，将物体放在观察者与投影面之间，即从投射方向看是"人→物→面"的相对关系；采用第三角投影画法（图 1-5-69）时，将投影面放在观察者与物体之间，即从投射方向看是"人→面→物"的相对关系。

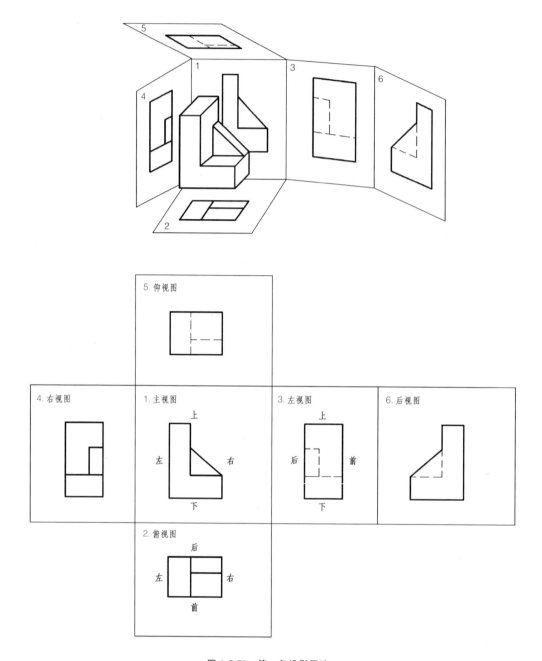

图 1-5-70   第一角投影画法

（2）第一角投影时，各投影面的展开方法是 H 面向下旋转，W 面向右后方旋转；第三角投影时，各投影面的展开方法是 H 面向上旋转，W 面向右前方旋转。

（3）第三角投影画法的俯视图、仰视图、左视图和右视图围绕主视图的一边均表示物体的前面，远离主视图的一边均表示物体的后面，这与第一角投影画法正好相反。

第二部分
技能模块

在第一部分基础模块中已经学完了绘制、识读零件图和装配图所需的基础知识,下面将学习如何识读和绘制机械图样。机械图样是机电行业中进行生产和交流的指导性文件,包括零件图和装配图两种。

本模块包含九个独立的项目,全篇以减速器为主要载体,选取其主要零部件为研究对象,每个项目均由"项目要求"开始,按照"学习资料""实施步骤""知识拓展"三个环节来进行,在完成项目的同时,学习如何识读和绘制机械图样。

减速器由齿轮、轴、轴承、箱体四种主要零件和一系列附件(如视孔盖、通气器、油标尺、放油塞、起盖螺钉、定位销等)组成,如下图所示。减速器是机电设备中常用的典型部件,它常作为减速传动装置,用在原动机与工作机之间。由于其结构紧凑、效率高、使用维护方便,因此得到了广泛的应用。

通过"思政微课堂",引入英国航空 5390 号班机事故,说明对待事物不能忽视细节,微小的事物一旦被忽略,就会由小引大,最终造成无可挽回的后果。通过此案例,培养精益求精的工作作风,具备工程素养和工匠精神。

思政微课堂

减速器立体图

项目一

识读一级圆柱齿轮减速器从动轴零件图

项目要求

通过识读图 2-1-1 所示的一级圆柱齿轮减速器从动轴零件图,掌握零件图的内容、视图选择和尺寸分析;掌握轴上的工艺结构及其标注;掌握零件图上的表面结构、尺寸公差及几何公差等的标注;掌握识读轴套类零件图的方法和步骤。

学习导航

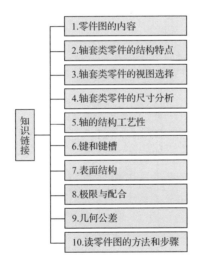

知识链接
- 1.零件图的内容
- 2.轴套类零件的结构特点
- 3.轴套类零件的视图选择
- 4.轴套类零件的尺寸分析
- 5.轴的结构工艺性
- 6.键和键槽
- 7.表面结构
- 8.极限与配合
- 9.几何公差
- 10.读零件图的方法和步骤

学习资料

零件图是表达零件的结构形状、尺寸大小及技术要求的图样,也是在制造和检验机器零件时所用的图样。在生产过程中,根据零件图来进行生产准备、加工制造及检验。因此,它是设计部门提交给生产部门的重要技术文件,是制造和检验的依据。

一、零件图的内容

图 2-1-1 所示为一级圆柱齿轮减速器从动轴零件图,从图中可以看出零件图的内容:

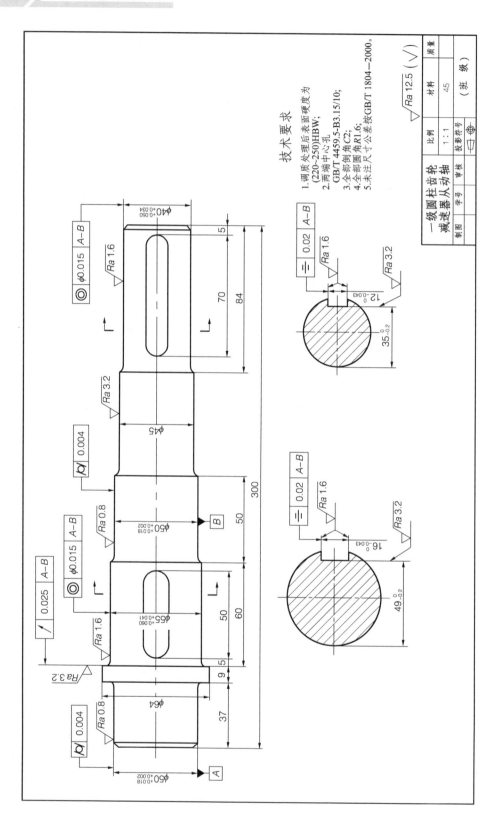

图 2-1-1　一级圆柱齿轮减速器从动轴零件图

技 术 要 求

1. 调质处理后表面硬度为
　(220~250)HBW;
2. 两端中心孔;
　GB/T 4459.5-B3.15/10;
3. 全部倒角C2;
4. 全部圆角R1.6;
5. 未注尺寸公差按GB/T 1804—2000。

$\sqrt{Ra\ 12.5}\ (\sqrt{})$

	一级圆柱齿轮			比例	1:1	材料	
	减速器从动轴						45
制图				投影符号	⊟⊕		
审核		学号		（班　级）			

1. 一组视图

用一组视图(视图、剖视图、断面图、局部放大图等)正确、完整、清晰地表达零件的结构形状。

2. 全部尺寸

正确、完整、清晰、合理地表达零件各部分的大小和相互位置关系。

3. 技术要求

用规定的符号、字母和文字表示或说明零件在制造和检验时的要求,比如表面粗糙度、尺寸公差、几何公差、材料热处理及其他要求等。

4. 标题栏

填写零件的名称、比例、材料、质量、制图人和审核人签名等内容。在学习过程中,可采用简化的标题栏。

二、轴套类零件的结构特点

轴主要用来支承传动零件(如带轮、齿轮等)和传递动力,套一般装在轴上或机体孔中,用于定位、支承、导向或保护传动零件。常见轴套类零件如图 2-1-2 所示。

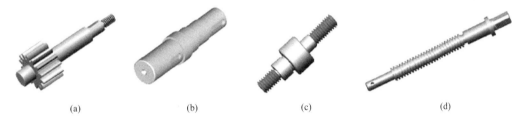

| (a) | (b) | (c) | (d) |

图 2-1-2 常见轴套类零件

轴套类零件的结构形状通常比较简单,一般由大小不同的同轴回转体(如圆柱、圆锥)组成,具有轴向尺寸大于径向尺寸的特点。轴套类零件上常有倒角、倒圆、退刀槽、砂轮越程槽、挡圈槽、键槽、花键、螺纹、销孔、中心孔等结构,这些结构都是由设计要求和加工工艺要求决定的,多数已标准化。

三、轴套类零件的视图选择

1. 主视图

轴套类零件主要在车床上加工,一般按加工位置使轴线处于水平位置来画主视图,这样既符合投射方向的形体特征性原则,又基本符合其加工位置原则。

2. 其他视图

(1)由于轴套类零件的主要结构形状是同轴回转体,在主视图上注出相应的直径符号"ϕ"即可表示清楚形体特征,因此一般不必再选其他基本视图(结构复杂的轴例外)。

(2)如基本视图不能完整、清晰地表达出局部结构形状(如键槽、退刀槽、孔等),则可另用断面图、局部视图和局部放大图等补充表达,这样既清晰,又便于标注尺寸。

四、轴套类零件的尺寸分析

1. 基准

(1)设计基准

从设计角度考虑,为满足零件在机器或部件中的结构、性能要求而选定的基准称为设计基准,又称为主要基准。对于轴套类零件,一般考虑轴向和径向两个方向的尺寸基准,而非回转类零件,在长、宽、高三个方向各有一个设计基准。图 2-1-3 中的尺寸 $32_{-0.05}^{0}$ 就是按设计基准标注的轴向尺寸。

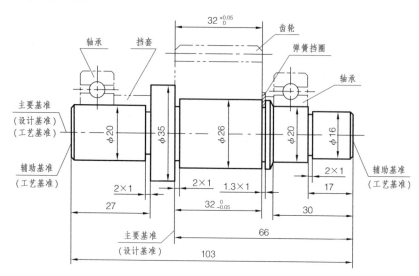

图 2-1-3 基准的选择

（2）工艺基准

在加工时,确定零件装夹位置和刀具位置的基准以及检测时量取尺寸的起点称为工艺基准。该基准又称为辅助基准。图 2-1-3 中的右端尺寸 30 就是按工艺基准标注的轴向尺寸。设计基准与工艺基准之间要有尺寸联系,如图 2-1-3 中的尺寸 66。

由于该轴为回转体,因此其径向尺寸的基准是它的轴线,以轴线为基准注出 $\phi20$、$\phi35$、$\phi26$、$\phi16$ 等径向尺寸。$\phi35$ 轴段的右端面与齿轮的左端面接触,它是确定该轴轴向位置的重要结合面,所以它是轴向尺寸的设计基准,以此面为基准注出尺寸 2×1、$32_{-0.05}^{0}$、66。该轴的左端面为第一个辅助基准,由此基准注出尺寸 27 和轴的总长 103。该轴的右端面是轴向的第二个辅助基准,它与设计基准之间注有联系尺寸 66,由此注出了尺寸 30、17。

在标注尺寸时,要考虑零件的工作性能和加工方法,在此基础上,才能确定出比较合理的尺寸基准。

2. 尺寸基准的形式

（1）线基准:回转面的轴线、某些重要的轮廓线。如图 2-1-3 中将轴线作为径向的设计基准和工艺基准。

（2）面基准:某些较大的平面,如主要加工面、接触面、安装面、对称面。如图 2-1-3 中的 $\phi35$ 轴段右端面为轴向的设计基准。

（3）点基准:球心、极坐标原点。

3. 尺寸基准的选择

从设计基准出发标注尺寸,尺寸反映设计要求,能保证原设计零件在机器上的使用功能。从工艺基准出发标注尺寸,可以把尺寸的标注与零件的加工和测量联系起来,反映了零件的加工工艺要求,使零件便于制造、加工、测量。选择基准时,应尽可能使工艺基准和设计基准重合,当两者不重合时,所注尺寸应首先满足设计要求,然后兼顾工艺要求。

4.尺寸标注的形式

根据零件的结构特点和零件间的联系,可将尺寸标注分为三种形式:链状式、坐标式、综合式。

(1)链状式:零件在同一个方向上的几个尺寸依次首尾相接,注写成链状,称为链状式,如图 2-1-4(a)所示。这种首尾相连的链状尺寸也称为尺寸链。组成尺寸链的每一个尺寸称为尺寸链的环。

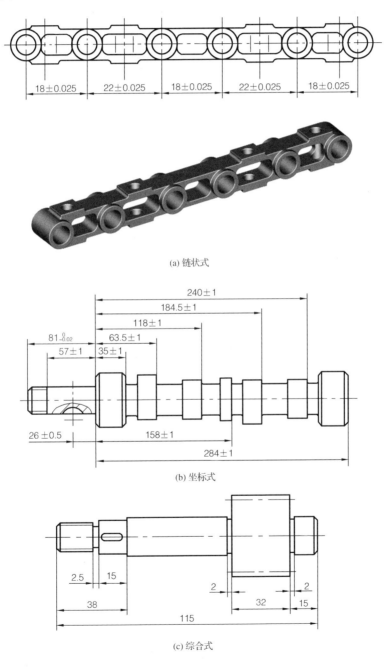

(a) 链状式

(b) 坐标式

(c) 综合式

图 2-1-4　尺寸标注的形式

（2）坐标式：零件在同一方向的多个尺寸从同一基准出发进行标注，称为坐标式，如图 2-1-4（b）所示。

（3）综合式：链状式与坐标式的综合，如图 2-1-4（c）所示。这种方式最能适应零件的设计和工艺要求。

5.尺寸标注的注意事项

（1）不要注成封闭尺寸链。零件图上同方向的尺寸全部按链式注出，又注出总体尺寸，即构成封闭尺寸链。如图 2-1-5（a）所示，标注了尺寸 A、B、C，又标注了总长 L，尺寸首尾相接即形成了封闭尺寸链。

通常是将尺寸链中最不重要的那个尺寸作为开口环，不注写尺寸，如图 2-1-5（b）所示。这样使该尺寸链中其他尺寸的制造误差都集中到这个开口环上来，从而保证主要尺寸的精度。

在零件图上，有时为了使加工时不必计算而直接给出毛坯或零件轮廓大小的参考值，这个值常以参考尺寸的形式注出，如图 2-1-5（c）中的尺寸（C）。

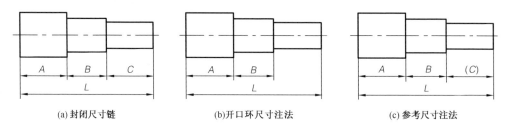

(a) 封闭尺寸链　　　　(b)开口环尺寸注法　　　　(c)参考尺寸注法

图 2-1-5　尺寸链分析

（2）主要尺寸要直接注出。零件的主要尺寸是指影响机器的规格性能、工作精度和零件在部件中的装配位置及有配合要求的尺寸，应直接注出。如图 2-1-3 中的尺寸 $32_{-0.05}^{0}$，就是装配重要零件(齿轮)的轴段的长度尺寸。

（3）相同加工方法的尺寸要集中标注。如图 2-1-1 中的尺寸 $35_{-0.2}^{0}$、$12_{-0.043}^{0}$、$49_{-0.2}^{0}$、$16_{-0.043}^{0}$ 是轴上两处加工有键槽(在铣床上加工)的尺寸，应集中标注。

（4）尺寸标注要便于测量。图 2-1-6(a)所示的尺寸标注不便于测量，图 2-1-6(b)所示的尺寸标注便于测量。

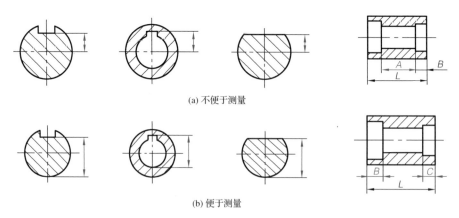

(a) 不便于测量

(b) 便于测量

图 2-1-6　尺寸标注要便于测量

（5）零件上常见典型结构的尺寸注法见表 2-1-1。

表 2-1-1　　　　　　　　零件上常见典型结构的尺寸注法

序号	类型		简化注法		一般注法	说明
1	光孔	一般孔	4×φ4↓10　　4×φ4↓10		4×φ4	↓深度符号 4×φ4 表示直径为 4 mm、均布的 4 个光孔,孔深为 10 mm,孔深可与孔径连注,也可分别注出
2		精加工孔	4×φ4H7↓10　　4×φ4H7↓10 孔↓12　　　　　孔↓12		4×φ4H7	4 个光孔深为 12 mm,钻孔后需精加工至 φ4H7,深度为 10 mm
3		锥销孔	锥销孔φ5　　锥销孔φ5 配作　　　　配作		锥销孔φ5 配作	φ5 为与锥销孔相配的圆锥销小头直径(公称直径)。锥销孔通常是将两零件装在一起后再进行加工的,故应注明"配作"
4	螺纹孔	通孔	3×M6-7H　　3×M6-7H		3×M6-7H	3×M6 表示公称直径为 6 mm 的 3 个螺孔,中径和顶径公差带代号为 7H
5		不通孔	3×M6-7H↓10　　3×M6-7H↓10 孔↓12　　　　　　孔↓12		3×M6-7H	3 个 M6 螺孔的长度为 10 mm,钻孔深度为 12 mm,中径和顶径公差带代号为 7H
6	沉孔	锥形沉孔	6×φ7　　　　6×φ7 ⌵φ13×90°　⌵φ13×90°		90° φ13 6×φ7	⌵埋头孔符号 6×φ7 表示直径为 7 mm、均布的 6 个孔。90°埋头孔的最大直径为 13 mm。埋头孔可以旁注,也可以直接注出

续表

序号	类型	简化注法	一般注法	说　明
7	沉孔 柱形沉孔	4×φ6.4 ⌴φ12↓4　　4×φ6.4 ⌴φ12↓4	φ12	⌴沉孔符号 4 个沉孔的直径为 12 mm,深度为 4 mm,均需标注
			4×φ6.4	
8	锪平沉孔	4×φ9 ⌴φ20　　4×φ9 ⌴φ20	φ20	⌴锪平孔符号 锪平孔φ20 的深度不标注,一般锪平到不出现毛面为止
			4×φ9	

五、轴的结构工艺性

轴上常见中心孔、倒角、倒圆、螺纹退刀槽、砂轮越程槽等工艺结构。

1. 中心孔

中心孔是轴类零件加工时使用顶尖安装的定位基准面,通常作为工艺基准。零件加工中的相关工序全部用中心孔定位安装,以达到基准统一,保证各个加工面之间的位置精度(例如同轴度)。

中心孔分为 A 型、B 型、C 型及 R 型,常见的是 A 型和 B 型。中心孔用在磨床和车床上加工带台阶的轴类零件,用顶尖在机床上定位。中心孔的表示法有规定表示法和简化表示法两种。表 2-1-2 列出了常见的 A 型、B 型中心孔的规定表示法。

表 2-1-2　　　　　中心孔的规定表示法(摘自 GB/T 4459.5—1999)

要求	表示法示例	说明
在完工的零件上要求保留中心孔	◄GB/T 4459.5–B2.5/8	采用 B 型中心孔 $D=2.5$ mm,$D_1=8$ mm
在完工的零件上可以保留中心孔	◄GB/T 4459.5–A4/8.5	采用 A 型中心孔 $D=4$ mm,$D_1=8.5$ mm
在完工的零件上不允许保留中心孔	◄GB/T 4459.5–A1.6/3.35	采用 A 型中心孔 $D=1.6$ mm,$D_1=3.35$ mm

注:D 为导向孔直径,D_1 为锥形孔端面直径。

在不致引起误解时,可用简化表示法表示中心孔,省略标注中的标准编号,如图 2-1-7 所示。

2. 倒角

轴和孔的端部等处应加工倒角,以去除切削零件时产生的毛刺、锐边,使操作安全,保护装配面以便于装配。

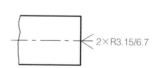

图 2-1-7　中心孔的简化表示法

图 2-1-8(a)所示为非 45°倒角结构及其标注,图 2-1-8(b)所示为 45°倒角结构及其标注。

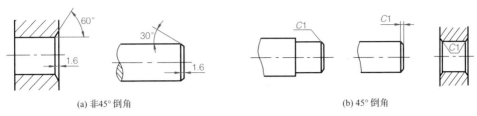

(a) 非45°倒角　　　　　　　　　　　　　　(b) 45°倒角

图 2-1-8　倒角结构及其标注

3. 倒圆

在零件的台肩等转折处应加工倒圆(圆角)，以避免因应力集中而产生裂纹。倒圆结构及其标注如图 2-1-9 所示。

图 2-1-9　倒圆结构及其标注

4. 螺纹退刀槽和砂轮越程槽

为了在切削螺纹时不致使车刀损坏并容易退出刀具，常在加工表面的台肩处预先加工出退刀槽，如图 2-1-10(a)所示。为了在磨削加工时保证内、外圆及端面的要求，常在加工表面的台肩处预先加工出砂轮越程槽，如图 2-1-10(b)所示，其结构尺寸可查阅 GB/T 6403.5—2008。

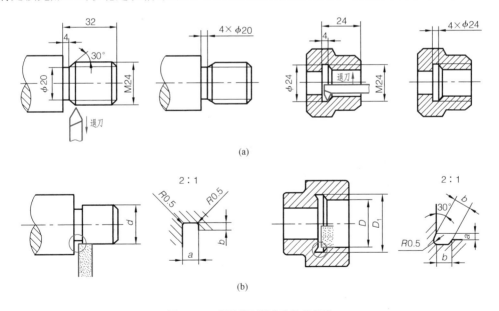

图 2-1-10　螺纹退刀槽和砂轮越程槽

螺纹退刀槽和砂轮越程槽的标注如图 2-1-11 所示。

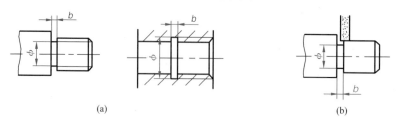

(a)　　　　　　　　　　　　(b)

图 2-1-11　螺纹退刀槽和砂轮越程槽的标注

六、键和键槽

键常用来连接轴及轴上零件，为了使轮和轴连接在一起转动，轮上也要开键槽，将键嵌入两键槽内，如图 2-1-12 所示。

图 2-1-12　键及其连接

键是标准件。常用的键有普通型平键、普通型半圆键和钩头型楔键等多种，如图 2-1-13 所示。普通型平键又有 A 型（圆头）、B 型（方头）和 C 型（单圆头）三种，如图 2-1-13(a) 所示。

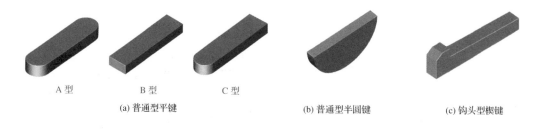

A 型　　　B 型　　　C 型

(a) 普通型平键　　　　　(b) 普通型半圆键　　　　(c) 钩头型楔键

图 2-1-13　常用的键

1. 键的标记

表 2-1-3 列出了常用键的图例及标记示例，具体可查附表 1 和附表 2。

表 2-1-3　　　　　　　　　　　　　常用键的图例及标记示例

序号	名称(标准号)	图例	标记示例
1	普通型平键 (GB/T 1096—2003) 	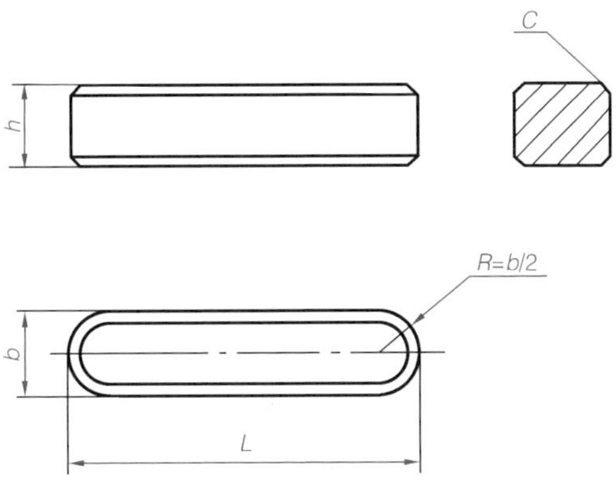	$b=8$ mm、$h=7$ mm、$L=25$ mm 的普通型平键(A 型)： GB/T 1096—2003 键　8×7×25 注：A 型不标注"A"
2	普通型半圆键 (GB/T 1099.1—2003) 	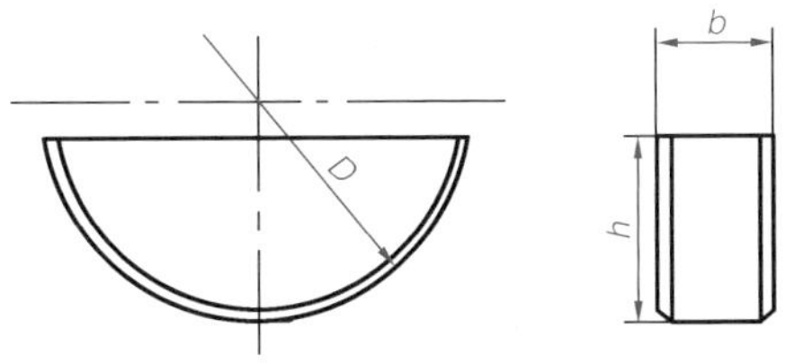	$b=6$ mm、$h=10$ mm、$D=25$ mm 的普通型半圆键： GB/T 1099.1—2003 键　6×10×25
3	钩头型楔键 (GB/T 1565—2003) 	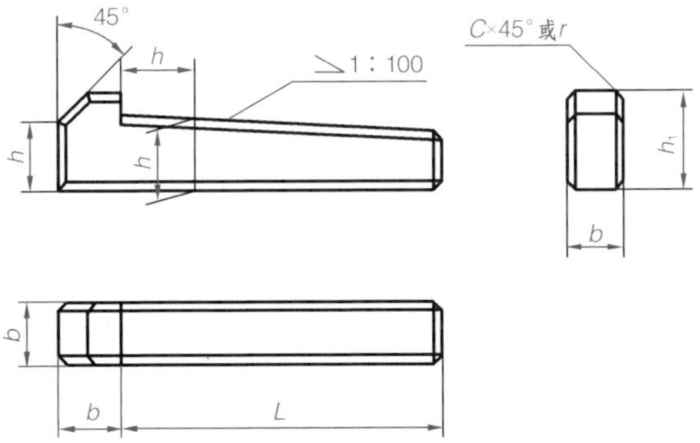	$b=18$ mm、$h=11$ mm、$L=100$ mm 的钩头型楔键： GB/T 1565—2003 键　18×11×100

2. 键槽的画法及尺寸注法

键槽的形式和尺寸随着键的标准化而有相应的标准(见附表 1)。键槽的画法及尺寸注法如图 2-1-14 所示。另外轴上还有钩头型楔键键槽，它类似于普通型平键键槽，不同之处是在普通型平键键槽的基础上将键槽开通至轴端。

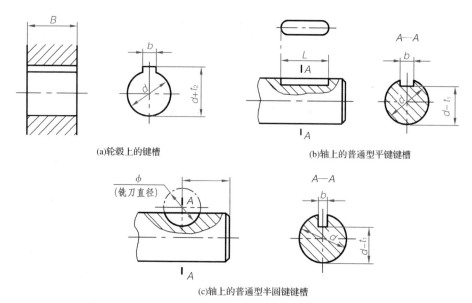

(a)轮毂上的键槽　　　　　(b)轴上的普通型平键键槽

(c)轴上的普通型半圆键键槽

图 2-1-14　键槽的画法及尺寸注法

3. 键连接的画法

图 2-1-1 中键连接处轴的直径为 55 mm,根据键的标记,查附表 1 得 $t_1 = 6$ mm, $t_2 = 4.3$ mm,键连接的画法如图 2-1-15 所示。

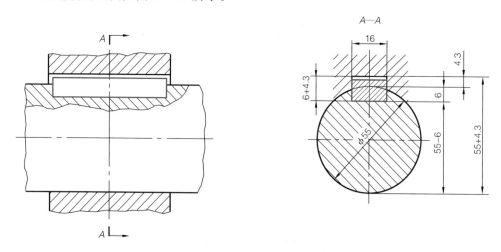

图 2-1-15　键连接的画法

在键连接装配图中,当剖切平面通过轴的轴线以及键的对称平面时,轴和键均按不剖绘制,为了表示键与轴的连接关系,可采用局部剖视图表达。普通型平键连接中,键的顶面与轮毂键槽底面之间应有($t_1 + t_2 - h$)的间隙,要画两条线(当间隙过小时,可采用夸大画法);键的侧面与轮毂和轴之间、键的底面与轴之间都接触,只画一条线。

七、零件图中的技术要求

轴零件图中的技术要求是制造轴零件的品质指标。根据轴的设计要求和使用要求给出其表面粗糙度、尺寸公差及几何公差等。

1. 表面结构

表面结构是表面粗糙度、表面波纹度、表面缺陷、表面纹理和表面几何形状的总称。表面结构的有些要求在图样上的表示法在 GB/T 131—2006 中有具体规定,现主要介绍常用的表面粗糙度表示法。

(1)表面粗糙度的概念

由加工后零件表面的微小峰谷高低程度和间距状况所组成的微观几何形状特性称为表面粗糙度,如图 2-1-16 所示。

(2)表面粗糙度产生的原因

零件加工过程中,刀具切削后遗留的痕迹、刀具和零件表面的摩擦、切屑分离时的塑性变形以及工艺系统中的高频振动等原因均会使被加工零件的表面产生微小的峰谷,如图2-1-17所示。

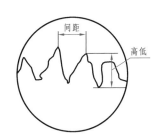

图 2-1-16　表面粗糙度的概念

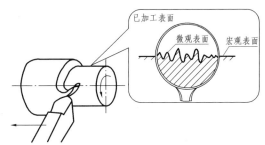

图 2-1-17　表面粗糙度产生的原因

(3)表面粗糙度的含义

实际上,加工得到的零件表面并不是完全理想的表面,加工后零件的截面轮廓形状由表面粗糙度、表面波纹度和表面形状误差叠加而成,如图 2-1-18 所示。通常按波距的大小对它们进行划分:波距小于 1 mm 的属于表面粗糙度(微观几何误差),波距为 1~10 mm 的属于表面波纹度(中间几何误差),波距大于 10 mm 的属于表面形状误差(宏观几何误差)。

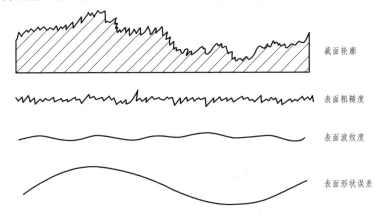

图 2-1-18　表面轮廓的构成

零件的表面粗糙度是评定零件表面品质的一项重要技术指标,对于零件的配合、耐磨性、抗腐蚀性及密封性都有显著的影响,所以零件表面结构是零件图中不可缺少的一项技术要求。

(4)表面粗糙度的评定参数

①轮廓算术平均偏差 Ra:如图 2-1-19 所示,Ra 是在一个取样长度内纵坐标值 $Z(x)$ 绝

对值的算术平均值,即

$$Ra = \frac{1}{lr}\int_{0}^{lr} |Z(x)| \, \mathrm{d}x$$

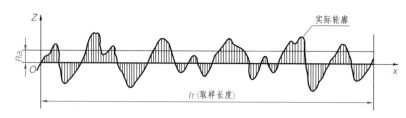

图 2-1-19　轮廓算术平均偏差 Ra

②轮廓最大高度 Rz:如图 2-1-20 所示, Rz 是在一个取样长度内,最大轮廓峰高 Zp 和最大轮廓谷深 Zv 之和。

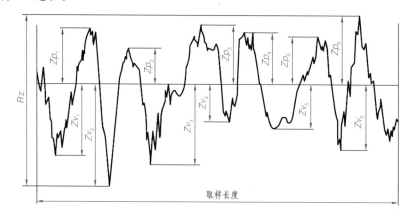

图 2-1-20　轮廓最大高度 Rz

(5)表面粗糙度符号

表 2-1-4 列出了图样上表示零件表面粗糙度的符号及其说明。

表 2-1-4　　　　　表面粗糙度符号及其说明(摘自 GB/T 131—2006)

符号	说明
∨	基本图形符号,表示表面可用任何方法获得。当不加注粗糙度参数值或有关说明(例如表面处理、局部热处理状况等)时,仅适用于简化代号标注
∨	扩展图形符号,表示用去除材料的方法获得的表面,例如车、铣、钻、磨、剪切、抛光、腐蚀、电火花加工、气割等
∨	扩展图形符号,表示用不去除材料的方法获得的表面,例如铸、锻、冲压变形、热轧、冷轧、粉末冶金等
∨ ∨ ∨	完整图形符号,在上述三个符号的长边上均可加一横线,用于标注有关参数和说明

（6）表面粗糙度代号及其注法

表面粗糙度的评定参数及其数值和对零件表面的其他要求在表面粗糙度符号中的标注位置如图 2-1-21 所示，它们和表面粗糙度符号（图 2-1-22）组成了表面粗糙度代号。

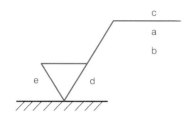

图 2-1-21　表面粗糙度代号的注法

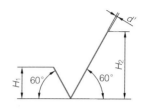

图 2-1-22　表面粗糙度符号的画法

图 2-1-21 中各字母表示的含义：

a、b 代表粗糙度参数代号及其数值；c 代表加工方法，如车、铣等；d 代表表面纹理及其方向；e 代表加工余量。

①位置 a、b 处：注写表面粗糙度的单一要求，如图 2-1-23 所示。

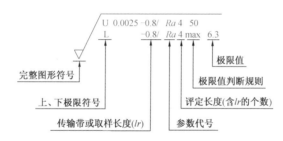

图 2-1-23　表面粗糙度的单一要求注法

● 上极限值和下极限值的标注：表示双向极限时应标注上极限代号"U"和下极限代号"L"。如果同一参数具有双向极限要求，则也可省略标注；若为单向下极限值，则必须标注"L"。

● 传输带或取样长度的标注：传输带是指两个滤波器的截止波长值之间的波长范围。长波滤波器的截止波长值就是取样长度 lr。标注传输带时，短波在前，长波在后，并用连字符"-"隔开。有时在传输带的标注中只标一个滤波器，也应保留连字符"-"，以区别是短波还是长波。

● 参数代号的标注：在传输带或取样长度后用"/"隔开。

● 评定长度的标注：如果是默认的评定长度，则可省略标注；如果评定长度不等于 $5lr$，则应注出取样长度的个数。

● 极限值判断规则和极限值的标注：上极限为 16% 规则，下极限为最大规则。为了避免误解，在参数代号和极限值之间插入一个空格。

表面粗糙度幅度参数（基本参数）的各种标注方法及其含义见表 2-1-5。

表 2-1-5　　表面粗糙度幅度参数(基本参数)的标注代号及其含义(摘自 GB/T 131—2006)

代号	含义	代号	含义
$\sqrt{}\ Ra\ 3.2$	用去除材料的方法获得的表面,Ra 上极限值为 3.2 μm,评定长度为 5 个取样长度(默认),16%规则(默认)	$\sqrt{}\ Ra\ max\ 3.2$	用去除材料的方法获得的表面,单向上限值,默认传输带,Ra 上极限值为 3.2 μm,评定长度为 5 个取样长度(默认),最大规则
$\sqrt{}\ Rz\ 3.2$	用去除材料的方法获得的表面,Rz 上极限值为 3.2 μm,评定长度为 5 个取样长度(默认),16%规则(默认)	$\sqrt{}\ Rz\ max\ 3.2$	用去除材料的方法获得的表面,Rz 上极限值为 3.2 μm,评定长度为 5 个取样长度(默认),最大规则
$\sqrt{}\ Ra\ 0.8$ $Rz\ 3.2$	用去除材料的方法获得的表面,单向极限值,默认传输带,Ra 上极限值为 0.8 μm,Rz 上极限值为 3.2 μm,评定长度为 5 个取样长度(默认),16%规则(默认)	$\sqrt{}\ Ra\ max\ 0.8$ $L\ Rz\ max\ 3.2$	用去除材料的方法获得的表面,单向极限值,默认传输带,Ra 上限值为 0.8 μm,Rz 下极限值为 3.2 μm,评定长度为 5 个取样长度(默认),最大规则
$\sqrt{}\ U\ Ra\ 0.8$ $L\ Rz\ 0.2$	用去除材料的方法获得的表面,单向极限值,默认传输带,Ra 上极限值为 0.8 μm,Rz 下极限值为 0.2 μm,评定长度为 5 个取样长度(默认),16%规则(默认)	$\sqrt{}\ U\ Ra\ max\ 3.2$ $L\ Ra\ 0.8$	用不去除材料的方法获得的表面,双向极限值,默认传输带。Ra 上极限值为 3.2 μm,评定长度为 5 个取样长度(默认),最大规则;Ra 下极限值为 0.8 μm,评定长度为 5 个取样长度(默认),16%规则(默认)

②位置 c 处:注写加工方法、表面处理、涂层或其他加工工艺要求等,如车、磨、镀等加工表面,如图 2-1-24(a)所示。

③位置 d 处:注写表面纹理及其方向,如图 2-1-24(b)所示。

④位置 e 处:注写加工余量,以毫米为单位给出数值,如图 2-1-24(c)所示。

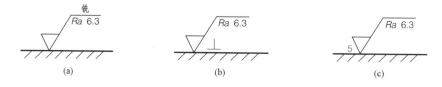

(a)　　　　　　　　(b)　　　　　　　　(c)

图 2-1-24　表面粗糙度代号其他项目的标注

2. 极限与配合

(1)零件的互换性

零件的互换性是指在制成的同一规格的一批零部件中任取其一,不需做任何挑选和修配就能将其装到机器(或部件)上,并能满足其使用性能要求的一种特性。

在机械工业及日常生活中到处都能遇到互换性。例如,有一批规格为 M20×2-5H6H 的螺母与 M20×2-5g6g 螺栓能自由旋合(图 2-1-25),并能满足设计的连接可靠性要求,则这批零件就具有互换性。又例如,节能灯坏了,可以换上所需规格的节能灯(图 2-1-26),因其具有互换性,故能满足使用要求。再如,汽车轮胎磨损严重,已不能正常使用,在这种情况下可换上一个同规格的轮胎(图 2-1-27),汽车就能满足使用要求。之所以这样方便,是因为这些产品都是按互换性原则组织生产的,产品零件都具有互换性。所以说,互换性是机器制造业中产品设计和制造的重要原则。

图 2-1-25　螺栓和螺母

图 2-1-26　节能灯

图 2-1-27　汽车轮胎

(2)互换性的重要意义

零部件具有互换性,就可以最大限度地采用通用件、标准件和标准部件,从而大大简化绘图和计算等的工作量,缩短设计周期,有利于产品多样化并便于计算机辅助设计(CAD),这对开发系列产品十分重要。

当零件具有互换性时,可以采用分散加工、集中装配的方法,如图 2-1-28 所示。这样有利于组织专业化协作生产,有利于采用先进工艺和高效率的专用设备;有利于计算机辅助制造(CAM);有利于实现加工、装配过程的机械化、自动化,减轻工人的劳动强度;有利于提高生产率,保证产品品质,降低生产成本。

(a)

(b)

图 2-1-28　摩托车零件分散加工、集中装配

总之,互换性原则是组织现代化生产的极为重要的技术经济原则。

下面简要介绍国家标准《极限与配合》(GB/T 1800.1—2020)的部分内容。

(3)尺寸公差

零件在制造的过程中,由于加工或测量等因素的影响,加工后一批零件的实际尺寸总存在一定的误差。为了保证零件的互换性,必须将零件的实际尺寸控制在允许的变动范围内,这个允许尺寸的变动范围称为尺寸公差。有关尺寸公差的名词如图 2-1-29(a)所示。

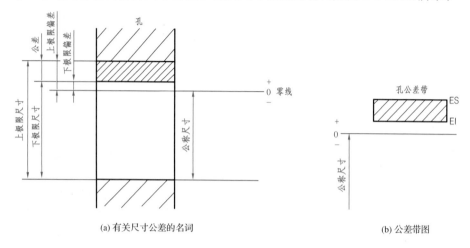

(a) 有关尺寸公差的名词　　　　　　　(b) 公差带图

图 2-1-29　有关尺寸公差的名词及公差带图

①公称尺寸:设计给定的尺寸,通过它并应用上、下极限偏差可计算出上、下极限尺寸。孔为 D,轴为 d。

②实际尺寸:通过实际测量所得的尺寸。由于存在测量误差,因此实际尺寸并非尺寸的真值。又由于存在形状误差,因此工件上各处的实际尺寸往往是不同的。孔为 D_a,轴为 d_a。

③极限尺寸:允许尺寸变化的两个极限。实际尺寸应位于其中,也可达到极限尺寸。允许的最大尺寸称为上极限尺寸,孔为 D_{max},轴为 d_{max};允许的最小尺寸称为下极限尺寸,孔为 D_{min},轴为 d_{min}。

④偏差:某一尺寸减去公称尺寸所得的代数差。偏差可以为正、负或零值。上极限尺寸减去公称尺寸所得的代数差称为上极限偏差,孔为 ES,轴为 es;下极限尺寸减去公称尺寸所得的代数差称为下极限偏差,孔为 EI,轴为 ei。

极限偏差:上极限偏差与下极限偏差统称为极限偏差。

实际偏差:实际尺寸减去公称尺寸所得的代数差称为实际偏差。

⑤尺寸公差(简称公差):允许的尺寸变动量。孔为 T_h,轴为 T_s。尺寸公差等于上极限尺寸减去下极限尺寸,也等于上极限偏差减去下极限偏差。

⑥零线:在极限与配合图解中,表示公称尺寸的一条直线,以其为基准确定偏差和公差。零线上方的偏差为正,零线下方的偏差为负。

⑦公差带:在公差带图中,由代表上、下极限偏差的两条直线所限定的一个区域,如图 2-1-29(b)所示。公差带由公差大小及其相对零线的位置来确定。

(4)标准公差与基本偏差

①标准公差:国家标准所列的用以确定公差带大小的任一公差。

标准公差分为 20 级,即 IT01、IT0、IT1、……、IT18。其中"IT"表示标准公差,阿拉伯数字表示公差等级,从 IT01 到 IT18 等级依次降低。各级标准公差的数值见表 2-1-6。

表 2-1-6　　　　　　　　　　　标准公差数值(摘自 GB/T 1800.1—2020)

大于	至	标准公差等级																		
		IT01	IT0	IT1	IT2	IT3	IT4	IT5	IT6	IT7	IT8	IT9	IT10	IT11	IT12	IT13	IT14	IT15	IT16	IT17	IT18
		标准公差数值																		
		μm												mm						
—	3	0.3	0.5	0.8	1.2	2	3	4	6	10	14	25	40	60	0.1	0.14	0.25	0.4	0.6	1	1.4
3	6	0.4	0.6	1	1.5	2.5	4	5	8	12	18	30	48	75	0.12	0.18	0.3	0.48	0.75	1.2	1.8
6	10	0.4	0.6	1	1.5	2.5	4	6	9	15	22	36	58	90	0.15	0.22	0.36	0.58	0.9	1.5	2.2
10	18	0.5	0.8	1.2	2	3	5	8	11	18	27	43	70	110	0.18	0.27	0.43	0.7	1.1	1.8	2.7
18	30	0.6	1	1.5	2.5	4	6	9	13	21	33	52	84	130	0.21	0.33	0.52	0.84	1.3	2.1	3.3
30	50	0.6	1	1.5	2.5	4	7	11	16	25	39	62	100	160	0.25	0.39	0.62	1	1.6	2.5	3.9
50	80	0.8	1.2	2	3	5	8	13	19	30	46	74	120	190	0.3	0.46	0.74	1.2	1.9	3	4.6
80	120	1	1.5	2.5	4	6	10	15	22	35	54	87	140	220	0.35	0.54	0.87	1.4	2.2	3.5	5.4
120	180	1.2	2	3.5	5	8	12	18	25	40	63	100	160	250	0.4	0.63	1	1.6	2.5	4	6.3
180	250	2	3	4.5	7	10	14	20	29	46	72	115	185	290	0.46	0.72	1.15	1.85	2.9	4.6	7.2
250	315	2.5	4	6	8	12	16	23	32	52	81	130	210	320	0.52	0.81	1.3	2.1	3.2	5.2	8.1
315	400	3	5	7	9	13	18	25	36	57	89	140	230	360	0.57	0.89	1.4	2.3	3.6	5.7	8.9
400	500	4	6	8	10	15	20	27	40	63	97	155	250	400	0.63	0.97	1.55	2.5	4	6.3	9.7

注:公称尺寸小于或等于 1 mm 时,无 IT14~IT18。

②基本偏差:用以确定公差带相对于零线位置的上极限偏差或下极限偏差,一般为靠近零线的那个偏差。

基本偏差系列如图 2-1-30 所示。基本偏差代号用拉丁字母表示,大写的为孔的基本偏差代号,小写的为轴的基本偏差代号,各 28 个。孔的基本偏差代号为 A、B、C、……、ZA、ZB、ZC,轴的基本偏差代号为 a、b、c、……、za、zb、zc。孔的基本偏差中,A~H 为下极限偏差,J~ZC 为上极限偏差;轴的基本偏差中,a~h 为上极限偏差,j~zc 为下极限偏差;JS 和 js 的公差带均匀地分布在零线两边,孔和轴的上、下极限偏差分别为 +IT/2 和 -IT/2。基本偏差只表示公差带在公差带图中的位置,而不表示公差带的大小,因此公差带的一端是开口的,开口的一端由标准公差限定。

(5)公差带代号

公差带代号由基本偏差代号(字母)与公差等级(数字)组成。如 H8、F7 为孔的公差带代号,h7、g6 为轴的公差带代号。

在零件图上一般标注公称尺寸与极限偏差值,如 $\phi 50^{+0.039}_{0}$ 或 $\phi 50H8(^{+0.039}_{0})$,$\phi 30^{0}_{-0.021}$ 或 $\phi 30h7(^{0}_{-0.021})$,$\phi 25^{-0.007}_{-0.040}$ 或 $\phi 25g8(^{-0.007}_{-0.040})$。对称偏差表示为 $\phi 10JS5(\pm 0.003)$。

轴的极限偏差数值见附表 3,孔的极限偏差数值见附表 4。

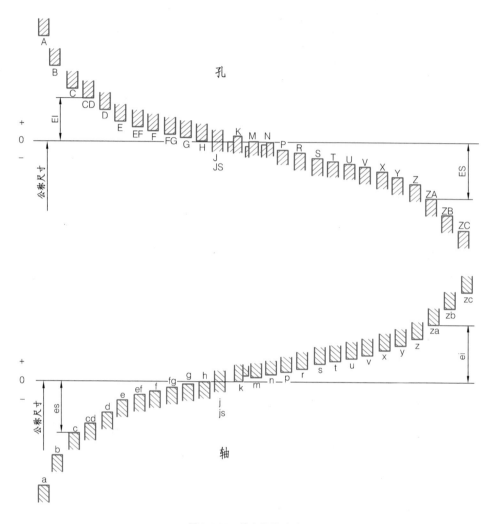

图 2-1-30　基本偏差系列

3.几何公差

（1）几何公差概述

在机械制造中，零件加工后其表面、轴线、中心对称平面等的实际形状、方向和位置相对于所要求的理想形状、方向和位置不可避免地存在着误差，此误差是由机床精度、加工方法等多种因素造成的。零件不仅会产生尺寸误差，还会产生形状、方向、位置和跳动等误差，即几何误差。如图 2-1-31 所示的光轴，由于发生了弯曲，尽管轴各段截面尺寸都在 $\phi30f7$ 尺寸范围内，但会影响孔、轴进行正常的装配，因此在零件图样上，除了规定用尺寸公差来限制尺寸误差外，还规定用几何公差来限制形状、方向、位置和跳动等误差，以满足零件的功能要求。

图 2-1-32（a）是一阶梯轴图样，要求 ϕd_1 表面为理想圆柱面，ϕd_1 轴线应与 ϕd_2 左端面垂直。图 2-1-32（b）是加工后的实际零件，ϕd_1 圆柱面的圆柱度（形状误差）不好；ϕd_1 轴线与 ϕd_2 左端面也不垂直（方向误差）；ϕd_2 轴线与 ϕd_1 轴线不同轴（位置误差），均为几何误差。

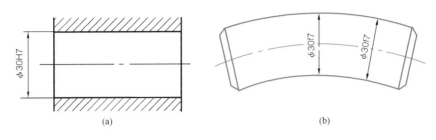

图 2-1-31　形状误差对孔和轴使用性能的影响

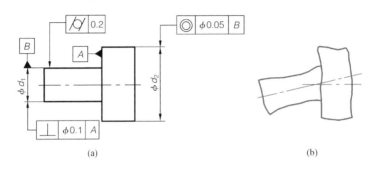

图 2-1-32　几何误差对产品的影响

几何误差对机械产品工作性能的影响不容忽视,它是衡量产品品质的重要指标。例如,圆柱形零件的圆度、圆柱度误差会使配合间隙不均匀并加剧磨损,或使各部分过盈不一致,影响连接强度;机床导轨的直线度误差会使移动部件的运动精度降低,影响机床加工品质;齿轮箱上各轴承孔的位置误差将影响齿轮传动的齿面接触精度和齿侧间隙;轴承盖上各螺钉孔的位置不正确,会影响其装配等。

几何公差是指零件的实际形状和实际位置对理想形状和理想位置所允许的最大变动量。下面主要介绍国家标准《产品几何技术规范(GPS)　几何公差　形状、方向、位置和跳动公差标注》(GB/T 1182—2018)中有关产品几何技术规范(GPS)的部分内容。

(2)几何公差的研究对象

基本几何体均由点、线、面构成,这些点、线、面称为几何要素(简称要素)。如图 2-1-33 所示,组成这个零件的几何要素有:点,如球心、锥顶;线,如圆柱素线、圆锥素线、轴线;面,如球面、圆柱面、圆锥面、端面。

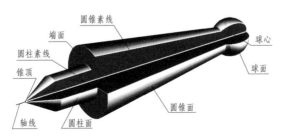

图 2-1-33　零件的几何要素

①组成要素（原称为轮廓要素）

组成要素是构成零件外形的面或面上的线，如图 2-1-34 所示。它
包括：

微课

识读几何公差（一）

● 公称组成要素（公称尺寸）：由技术制图或其他方法确定的理论正
确的组成要素。

● 实际（组成）要素：由加工得到的，实际存在并将整个工件与周围
介质分隔的要素。

● 提取组成要素：按规定的方法，由实际（组成）要素提取有限的点所形成的实际（组成）
要素的近似替代要素。

②导出要素（原称为中心要素）

导出要素是由一个或几个组成要素得到的中心点、中心线或中心面，如图 2-1-34 所示。
它包括：

● 公称导出要素：由一个或几个公称组成要素导出的中心点、中心线或中心面。

● 提取导出要素：由一个或几个提取组成要素导出的中心点、中心线或中心面。

③拟合要素（原称为理想要素）

拟合要素是不存在任何误差的纯几何的点、线、面，它在检测中是评定实际要素几何误
差的依据，如图 2-1-34 所示。它包括：

● 拟合组成要素：按规定的方法，由提取组成要素形成的具有理想形状的组成要素。

● 拟合导出要素：由一个或几个拟合组成要素导出的中心点、中心线或中心面。

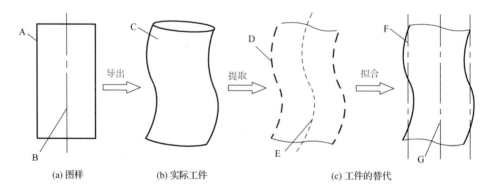

(a) 图样　　　　　　　(b) 实际工件　　　　　　　(c) 工件的替代

图 2-1-34　各要素的含义

A—公称组成要素；B—公称导出要素；C—实际（组成）要素；D—提取组成要素；

E—提取导出要素；F—拟合组成要素；G—拟合导出要素

④基准要素

基准要素是用来确定提取组成要素的理想方向或（和）位置的要素。

⑤被测要素

被测要素默认为一个完整的单一要素。

⑥相交平面

相交平面是由工件的提取要素建立的平面，用于标识提取面上的线要素（组成要素或中心要素）或提取线上的点要素。

⑦定向平面

定向平面是由工件的提取要素建立的平面，用于标识公差带的方向。

⑧方向要素

方向要素是由工件的提取要素建立的理想要素，用于标识公差带宽度（局部偏差）的方向。

⑨组合连续要素

组合连续要素是由多个单一要素无缝组合在一起的单一要素。

⑩理论正确尺寸（TED）

理论正确尺寸是用于定义要素理论正确几何形状.范围、位置与方向的线性或角度尺寸。

⑪理论正确要素（TEF）

理论正确要素是具有理想形状、尺寸、方向与位置的公称要素。

⑫联合要素（UF）

联合要素是由连续的或不连续的组成要素组合而成的要素，将其视为一个单一要素。

(3)几何公差的几何特征及其符号

按照国家标准，几何公差的几何特征共有 14 种，其符号见表 2-1-7。

表 2-1-7　　几何特征及其符号

公差类型	几何特征	符号	有无基准要求
形状公差	直线度	—	无
	平面度	▱	无
	圆度	○	无
	圆柱度	⌭	无
	线轮廓度	⌒	无
	面轮廓度	⌓	无
方向公差	平行度	//	有
	垂直度	⊥	有
	倾斜度	∠	有
	线轮廓度	⌒	有
	面轮廓度	⌓	有

公差类型	几何特征	符号	有无基准要求
位置公差	位置度	⊕	有或无
	同心度（用于中心点）	◎	有
	同轴度（用于轴线）	◎	有
	对称度	═	有
	线轮廓度	⌒	有
	面轮廓度	◠	有
跳动公差	圆跳动	∕	有
	全跳动	⫽	有

几何公差的标注要求及附加符号见表 2-1-8。

表 2-1-8　　　　　　　　　　几何公差的标注要求及附加符号

描述	符号	描述	符号
组合规范元素		辅助要素标识符或框格	
组合公差带	CZ[a,e]	任意横截面	ACS
独立公差带	SZ[e]	相交平面框格	◁//Bᵇ
不对称公差带		定向平面框格	◁//B▷ᵇ
（规定偏置量的）偏置公差带	UZ[a]	方向要素框格	←//Bᵇ
		组合平面框格	○//B
公差带约束		理论正确尺寸符号	
（未规定偏置量的）线性偏置公差带	OZ	理论正确尺寸（TED）	50ᵇ
被测要素标识符		实体状态	
联合要素	UF	最大实体要求	Ⓜ
小径	LD	最小实体要求	Ⓛ
大径	MD	可逆要求	Ⓡ

续表

描述	符号	描述	符号
中径/节径	PD	状态的规范元素	
全周(轮廓)		自由状态(非刚性零件)	Ⓕ
		基准相关符号	
全表面(轮廓)		基准要素标识	
公差框格		基准目标标识	
无基准的几何规范标注		接触要素	CF
		仅主向	><
有基准的几何规范标注		尺寸公差相关符号	
		包容要求	Ⓔ

形状公差是对单一要素提出的要求,因此没有基准要求;方向公差、位置公差和跳动公差是对关联要素提出的要求,因此在绝大多数情况下都有基准要求。

当几何特征为线轮廓度和面轮廓度时,若无基准要求,则为形状公差;若有基准要求,则为方向公差或位置公差。

(4)几何公差代号

几何公差代号包括几何公差框格及指引线、几何公差特征项目符号、几何公差数值及有关符号、基准字母及有关符号等,如图 2-1-35 所示。

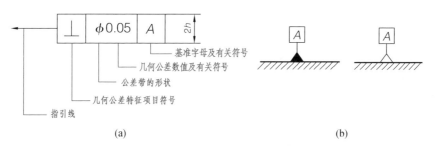

(a)　　　　　　　　　　　　　　　　(b)

图 2-1-35　几何公差代号及基准代号

 实施步骤

一、读标题栏

从标题栏可知,该零件的名称是一级圆柱齿轮减速器从动轴,属于轴套类零件,比例为 1:1,材料为 45 钢,采用第一角投影画法。

二、分析视图表达方案

采用一个基本视图——主视图来表达该轴的结构形状,同时采用两个移出断面图来表达其上两个键槽的结构形状。

三、读视图

回转体零件一般都在车床、磨床上加工,并根据其结构特点和主要工序的加工位置情况,一般将轴横放(轴线水平放置),因此可用一个基本视图——主视图来表达它的整体结构形状。

在主视图下方有两个移出断面图,因它们画在剖切线的延长线上,所以没有标注字母。通过移出断面图可以看出,轴的右端有一宽为 12 mm 的键槽,左端有一宽为 16 mm 的键槽,这两个移出断面图清楚地表达了键槽的结构形状。可想象该轴的结构形状如图 2-1-36 所示。

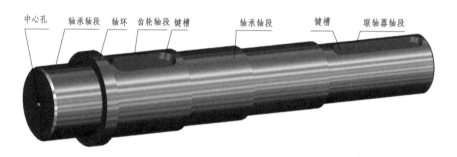

图 2-1-36　一级圆柱齿轮减速器从动轴立体图

四、读尺寸

在该从动轴中,两 $\phi50$ 轴段及 $\phi40$ 轴段用来安装滚动轴承及带轮,为使传动平稳,各轴段应同轴,故径向尺寸基准为该轴的轴线。以轴线为基准注出 $\phi40$,$\phi45$,$\phi50$,$\phi55$ 等尺寸。

左端键槽处是装有齿轮的轴段,其左端轴环的右端面为长度方向的主要尺寸基准,以此为基准注出了尺寸 5、60。该轴的左端面为长度方向的第一个辅助基准,以此为基准注出了尺寸 37、300。该轴的右端面为长度方向尺寸的另一个辅助基准,以此为基准注出了尺寸 5、84。

轴向的重要尺寸,如键槽长度 70、50 等,已直接注出。

五、读技术要求

1. 表面粗糙度要求

图 2-1-1 中 $\phi55$ 轴段、$\phi50$ 轴段及 $\phi40$ 轴段分别是安装齿轮、滚动轴承和带轮之处,其上有表面粗糙度要求,如 $\sqrt{Ra\,0.8}$ 和 $\sqrt{Ra\,1.6}$ 等。

2. 尺寸公差要求

图 2-1-1 中 $\phi 40^{+0.050}_{+0.034}$、$\phi 50^{+0.018}_{+0.002}$ 用来表示对应轴段的尺寸公差，以限制尺寸误差，保证尺寸精度。

3. 几何公差要求

在图 2-1-1 中，$\boxed{\circledcirc\ \phi 0.015\ |\ A\text{-}B}$ 为 $\phi 55$ 安装齿轮的轴段轴线以及 $\phi 40$ 安装带轮的轴段轴线与基准的同轴度要求，$\boxed{=\ |\ 0.02\ |\ A\text{-}B}$ 为两键槽分别与基准轴线的对称度要求，$\boxed{\diagup\!\diagup\ |\ 0.004}$ 为两处 $\phi 50$ 安装滚动轴承轴段的圆柱度要求，$\boxed{\diagup\ |\ 0.025\ |\ A\text{-}B}$ 为轴向固定齿轮的轴肩端面的轴向圆跳动要求。

4. 其他技术要求

如图 2-1-1 中列出的技术要求："调质处理后表面硬度为（220～250）HBW"是对轴的热处理提出调质处理要求；"全部倒角 C2"是对轴上所有倒角规定为 45°且宽度为 2 mm；"全部圆角 R1.6"规定所有台阶处都有圆角且半径为 1.6 mm；"两端中心孔:GB/T 4459.5-B3.15/10"规定轴两端加工完后保留的 B 型中心孔，锥台最大直径为 10 mm，内孔直径为 3.15 mm；

"$\sqrt{^{Ra\,12.5}}\ \left(\sqrt{}\right)$"表示图中除已标注表面结构要求的表面外，具有相同表面结构要求的简化注法，表面粗糙度 Ra 值为 12.5 μm。

新知识——公差带的定义、标注和解释

（1）同轴度公差带的定义、标注和解释

定义：如图 2-1-37(a)所示，同轴度公差带为直径等于公差值 t 的圆柱面所限定的区域。

标注和解释：如图 2-1-37(b)所示，大圆柱面的提取（实际）中心线应限定在直径为 0.08 mm、以基准轴线 A-B 为轴线的圆柱面内。

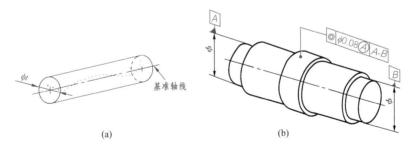

(a)　　　　　　　　　　(b)

图 2-1-37　同轴度公差带的定义、标注和解释

（2）圆柱度公差带的定义、标注和解释

定义：如图 2-1-38(a)所示，圆柱度公差带为半径差等于公差值 t 的两同轴圆柱面所限定的区域。

标注和解释：如图 2-1-38(b)所示，提取（实际）圆柱面应限定在半径差等于 0.1 mm 的两同轴圆柱面之间。

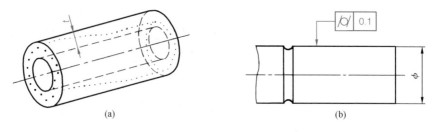

图 2-1-38　圆柱度公差带的定义、标注和解释

（3）圆跳动公差带的定义、标注和解释

①径向圆跳动公差带

定义：如图 2-1-39(a)所示，径向圆跳动公差带为在任一垂直于基准轴线的横截面内，半径差等于公差值 t、圆心在基准轴线上的两同心圆所限定的区域。

标注和解释：如图 2-1-39(b)所示，在任一垂直于基准 A 的横截面内，提取（实际）圆应限定在半径差等于 0.1 mm、圆心在基准轴线 A 上的两同心圆之间。

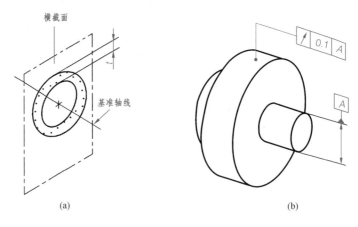

图 2-1-39　径向圆跳动公差带的定义、标注和解释

②轴向圆跳动公差带

定义：如图 2-1-40(a)所示，轴向圆跳动公差带为在与基准轴线同轴的任一直径的圆柱截面上，间距等于公差值 t 的两圆所限定的圆柱面区域。

标注和解释：如图 2-1-40(b)所示，在与基准轴线 D 同轴的任一圆柱截面上，提取（实际）圆应限定在轴向距离等于 0.1 mm 的两个等圆之间。

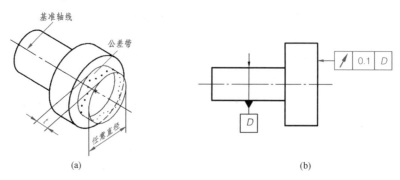

图 2-1-40　轴向圆跳动公差带的定义、标注和解释

③斜向圆跳动公差带

定义:如图 2-1-41(a)所示,斜向圆跳动公差带为在与基准轴线同轴的某一圆锥截面上,间距等于公差值 t 的两圆所限定的圆锥面区域。除非另有规定,否则测量方向应沿被测表面的法向。

标注和解释:如图 2-1-41(b)所示,在与基准轴线 C 同轴的任一圆锥截面上,提取(实际)线应限定在素线方向间距为 0.1 mm 的两个不等圆之间。

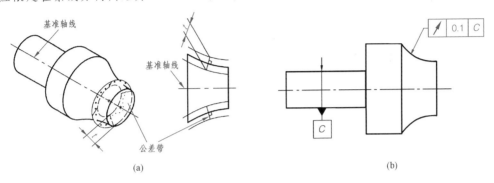

(a)　　　　　　　　　　　　(b)

图 2-1-41　斜向圆跳动公差带的定义、标注和解释

(4)对称度公差带的定义、标注和解释

定义:如图 2-1-42(a)所示,公差带为间距等于公差值 t、对称于基准中心平面的两平行平面所限定的区域。

标注和解释:如图 2-1-42(b)所示,提取(实际)中心线应限定在间距为 0.08 mm、对称于基准中心平面 A 的两平行平面之间。

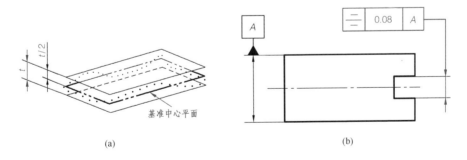

(a)　　　　　　　　　　　　(b)

图 2-1-42　对称度公差带的定义、标注和解释

 知识拓展

一、表面粗糙度的标注示例

表面粗糙度的标注示例如图 2-1-43(见 GB/T 131—2006)所示,具体有如下几点说明:

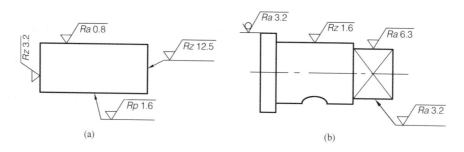

图 2-1-43　表面粗糙度的标注示例

　　(1)表面粗糙度符号、代号一般标注在可见轮廓线、尺寸线、引出线或它们的延长线上，符号的尖端必须从材料外指向表面。

　　(2)在同一图样上，表面粗糙度要求对每一表面一般只标注一次，并尽可能标注在相应的尺寸及其公差的同一视图上。除非另有说明，否则所标注的表面粗糙度要求均是对加工后零件表面的要求。

　　(3)表面粗糙度符号、代号的标注和读取方向应与尺寸的注写和读取方向一致。

　　(4)表面粗糙度在图样中的标注位置见表 2-1-9。

表 2-1-9　　　　　　　　　　　　表面粗糙度在图样中的标注位置

标注位置	标注图例	说明
标注在轮廓线或其延长线上	铣　　　　　　　车	其符号应从材料外指向并接触表面或其延长线，或用箭头指向表面或其延长线。必要时可以用黑点或箭头引出标注
标注在特征尺寸的尺寸线上		在不致引起误解时，表面粗糙度可以标注在给定的尺寸线上

标注位置	标注图例	说明
标注在几何公差框格的上方	$\overline{Ra\,1.6}$　　$\boxed{0.1}$　　$\overline{Rz\,6.3}$　$\phi10\pm0.1$　$\boxed{\oplus \mid \phi0.2 \mid A \mid B}$	表面粗糙度可以标注在几何公差框格的上方
标注在圆柱和棱柱表面上	$\overline{Ra\,3.2}$　$\overline{Rz\,1.6}$　$\overline{Ra\,6.3}$　$\overline{Ra\,3.2}$	圆柱和棱柱的表面粗糙度只标注一次，如果每个表面有不同的表面粗糙度，则应分别单独标注

（5）表面粗糙度的简化注法见表 2-1-10。

表 2-1-10　　　　　　　　　　　表面粗糙度的简化注法

项目	标注图例	说明
有相同表面粗糙度的简化注法	$\overline{Rz\,6.3}$　$\overline{Ra\,1.6}$　$\overline{Ra\,3.2}$（$\sqrt{}$） 在圆括号内给出无任何其他标注的基本符号 $\overline{Rz\,6.3}$　$\overline{Rz\,1.6}$　$\overline{Ra\,3.2}$（$\overline{Rz\,1.6}$　$\overline{Rz\,6.3}$） 在圆括号内给出不同的表面粗糙度要求	如果在工件的多数（包括全部）表面有相同的表面粗糙度，则其表面粗糙度可统一标注在图样的标题栏附近。此时（除全部表面有相同要求的情况外），表面粗糙度符号的后面应有表示无任何其他标注的基本符号或不同的表面粗糙度

续表

项目		标注图例	说明
多个表面有共同要求的注法	用带字母的完整符号的简化注法		当多个表面具有相同的表面粗糙度或图纸空间有限时,可以采用简化注法
	只用表面粗糙度符号的简化注法	未指定工艺方法的多个表面粗糙度的简化注法　　要求去除材料的多个表面粗糙度的简化注法 不允许去除材料的多个表面粗糙度的简化注法	可以用表 2-1-4 中的表面粗糙度符号,以等式的形式给出对多个表面共同的表面粗糙度要求

(6)用几种不同的工艺方法获得的同一表面,当需要明确每种工艺方法的表面粗糙度要求时,可按图 2-1-44 所示的方法标注,电镀层 GB/T 11379-Fe//Cr25hr 表示钢件,镀铬。

表面粗糙度参数值的大小与加工方法、所用刀具及工件材料等因素有密切关系,表 2-1-11 给出了常用 Ra 值与加工方法的关系。

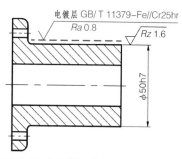

图 2-1-44　用不同工艺方法获得同一表面的
表面粗糙度的注法

表 2-1-11　　　　　　　　　　常用 Ra 值与加工方法的关系

表面特征		示例	加工方法	适用范围
加工面	粗加工面	Ra 100　Ra 50　Ra 25	粗车、粗铣、粗刨、粗镗、钻、锉	非接触表面,如钻孔、倒角、轴端面等
	半光面	Ra 12.5　Ra 6.3　Ra 3.2	精车、精铣、精刨、精镗、粗磨、细锉、扩孔、粗铰	不要求精确定心的配合表面
	光面	Ra 1.6　Ra 0.8　Ra 0.4	精车、精磨、刮、研、抛光、铰、拉削	要求精确定心的重要的配合表面
	最光面	Ra 0.2　Ra 0.1　Ra 0.05 Ra 0.025　Ra 0.012	研磨、超精磨、镜面磨、精抛光	高精度、高速运动零件的配合表面;重要的装饰面
毛坯面			铸、锻、轧制等,经表面清理	无须进行加工的表面

二、几何公差代号的标注示例

（1）用带箭头的指引线将框格与被测要素相连,按以下方式标注:

①当提取(实际)要素为轮廓线或表面时,将箭头置于提取(实际)要素的轮廓线或其延长线上,必须与尺寸线明显地错开,如图 2-1-45(a)、图 2-1-45(b)所示。

②当几何公差涉及表面时,箭头也可指向引出线的水平线,引出线引自被测面,如图2-1-45(c)所示。

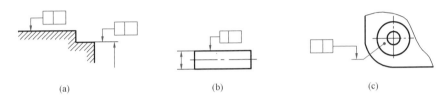

图 2-1-45　提取(实际)要素为轮廓线或表面

③当提取(实际)要素为轴线或对称面时,带箭头的指引线应与尺寸线对齐,如图 2-1-46所示。

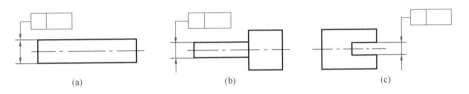

图 2-1-46　提取(实际)要素为轴线或对称面

（2）基准符号应放置的位置:当基准要素是轮廓线或表面时,基准符号应置于要素的外轮廓线或其延长线上,与尺寸线明显地错开,如图 2-1-47(a)所示。基准三角形也可放置在轮廓面引出线的水平线上,如图 2-1-47(b)所示。

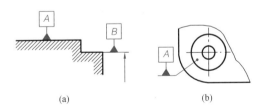

图 2-1-47　基准要素为轮廓线或表面

当基准要素是轴线或对称面时,基准符号中的连线应与尺寸线对齐,如图 2-1-48(a)和图 2-1-48(b)所示。若尺寸线安排不下两个箭头,则另一个箭头可用三角形代替,如图2-1-48(c)所示。

（3）当多个提取(实际)要素有相同的几何公差要求时,可从一个框格内的同一端引出多个指示箭头,如图 2-1-49(a)所示;当同一个提取(实际)要素有多项几何公差要求时,可在一个指引线上画出多个公差框格,如图 2-1-49(b)所示。

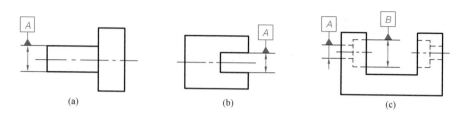

图 2-1-48　基准要素是轴线或对称面

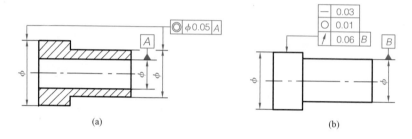

图 2-1-49　多个提取(实际)要素或多项几何公差要求

(4)由两个或两个以上提取(实际)要素组成的基准称为公共基准,如图 2-1-50(a)所示的公共轴线及图 2-1-50(b)所示的公共对称面。公共基准的字母应将各个字母用横线连接起来,并书写在公差框格的同一个格内。

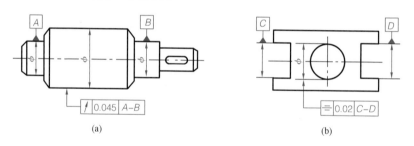

图 2-1-50　公共基准

(5)如果只以要素的某一局部作为基准,则应用粗点画线表示出该部分并加注尺寸,如图 2-1-51 所示。

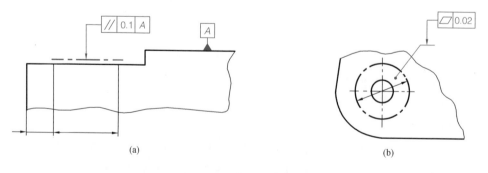

图 2-1-51　提取(实际)要素局部限定性标注

(6)需要对整个提取(实际)要素在任意限定范围内标注同样几何特征的公差时,应如图 2-1-52(a)所示那样标注。如对提取(实际)要素在限定范围内标注不同几何特征的公差,则应如图 2-1-52(b)所示那样标注。

(a)　　　　　　　　　　(b)

图 2-1-52　公差限制值的标注

三、配合

公称尺寸相同且相互结合的孔和轴公差带之间的关系称为配合。当孔的尺寸与相配合的轴的尺寸之差为正值时,轴、孔之间形成间隙;当差为负值时,轴、孔之间形成过盈。

1. 配合性质

根据轴、孔配合松紧度要求的不同,国家标准规定了三种配合性质:

(1)间隙配合

间隙配合指具有间隙(包括最小间隙等于零)的配合。间隙配合孔的公差带在轴的公差带之上,如图 2-1-53 所示。

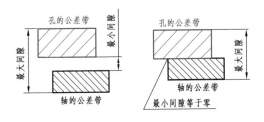

图 2-1-53　间隙配合

(2)过盈配合

过盈配合指具有过盈(包括最小过盈等于零)的配合。过盈配合孔的公差带在轴的公差带之下,如图 2-1-54 所示。

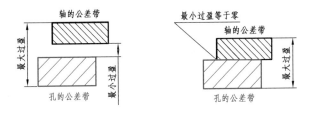

图 2-1-54　过盈配合

(3)过渡配合

过渡配合指可能具有间隙或过盈的配合。过渡配合孔的公差带与轴的公差带相互交叠,如图 2-1-55 所示。

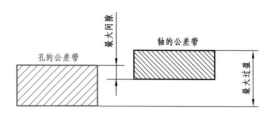

图 2-1-55　过渡配合

2. 配合制度

国家标准规定了基孔制和基轴制两种配合制度。

（1）基孔制

基本偏差为一定的孔的公差带，与不同基本偏差的轴的公差带形成各种配合的制度称为基孔制，如图 2-1-56 所示。

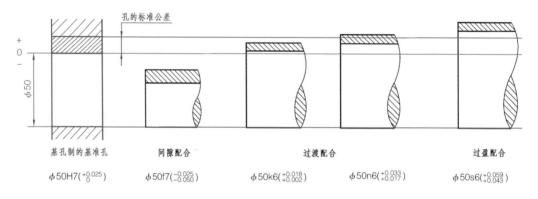

图 2-1-56　基孔制配合

基孔制配合的孔称为基准孔，其基本偏差代号为 H，下极限偏差为零，下极限尺寸与公称尺寸相等。

如图 2-7-7 中齿轮与轴的配合 $\phi 55 \dfrac{H7}{r6}$（也可以写成 $\phi 55H7/r6$），"$\phi 55$"表示公称尺寸，"$\dfrac{H7}{r6}$"中分子表示孔的公差带代号，分母表示轴的公差带代号。"H"表示孔的基本偏差代号，"7"表示孔的公差等级；"r"表示轴的基本偏差代号，"6"表示轴的公差等级。

（2）基轴制

基本偏差为一定的轴的公差带，与不同基本偏差的孔的公差带形成各种配合的制度称为基轴制，如图 2-1-57 所示。

基轴制配合的轴称为基准轴，其基本偏差代号为 h，上极限偏差为零，上极限尺寸与公称尺寸相等。

基轴制配合在装配图中的标注方法与基孔制配合相同。

基孔制（基轴制）配合中，基本偏差 a～h（A～H）用于间隙配合，基本偏差 j～zc（J～ZC）用于过渡配合和过盈配合。

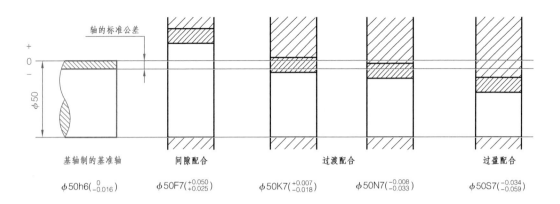

图 2-1-57　基轴制配合

表 2-1-12 列出了基孔制优先、常用配合，表 2-1-13 列出了基轴制优先、常用配合。

表 2-1-12　　　　　　　　　　　基孔制优先、常用配合

基准孔	轴																				
	a	b	c	d	e	f	g	h	js	k	m	n	p	r	s	t	u	v	x	y	z
	间隙配合								过渡配合			过盈配合									
H6						$\frac{H6}{f5}$	$\frac{H6}{g5}$	$\frac{H6}{h5}$	$\frac{H6}{js5}$	$\frac{H6}{k5}$	$\frac{H6}{m5}$	$\frac{H6}{n5}$	$\frac{H6}{p5}$	$\frac{H6}{r5}$	$\frac{H6}{s5}$	$\frac{H6}{t5}$					
H7						$\frac{H7}{f6}$	$\frac{H7}{g6}$	$\frac{H7}{h6}$	$\frac{H7}{js6}$	$\frac{H7}{k6}$	$\frac{H7}{m6}$	$\frac{H7}{n6}$	$\frac{H7}{p6}$	$\frac{H7}{r6}$	$\frac{H7}{s6}$	$\frac{H7}{t6}$	$\frac{H7}{u6}$	$\frac{H7}{v6}$	$\frac{H7}{x6}$	$\frac{H7}{y6}$	$\frac{H7}{z6}$
H8				$\frac{H8}{e7}$		$\frac{H8}{f7}$	$\frac{H8}{g7}$	$\frac{H8}{h7}$	$\frac{H8}{js7}$	$\frac{H8}{k7}$	$\frac{H8}{m7}$	$\frac{H8}{n7}$	$\frac{H8}{p7}$	$\frac{H8}{r7}$	$\frac{H8}{s7}$	$\frac{H8}{t7}$	$\frac{H8}{u7}$				
			$\frac{H8}{d8}$	$\frac{H8}{e8}$		$\frac{H8}{f8}$		$\frac{H8}{h8}$													
H9			$\frac{H9}{c9}$	$\frac{H9}{d9}$	$\frac{H9}{e9}$	$\frac{H9}{f9}$		$\frac{H9}{h9}$													
H10			$\frac{H10}{c10}$	$\frac{H10}{d10}$				$\frac{H10}{h10}$													
H11	$\frac{H11}{a11}$	$\frac{H11}{b11}$	$\frac{H11}{c11}$	$\frac{H11}{d11}$				$\frac{H11}{h11}$													
H12		$\frac{H12}{b12}$						$\frac{H12}{h12}$													

注：1. $\frac{H6}{n5}$、$\frac{H7}{p6}$ 在公称尺寸小于或等于 3 mm 和 $\frac{H8}{r7}$ 在公称尺寸小于或等于 100 mm 时为过渡配合。

　　2. 注有▼的配合为优先配合。

表 2-1-13　　**基轴制优先、常用配合**

基准轴	孔																				
	A	B	C	D	E	F	G	H	JS	K	M	N	P	R	S	T	U	V	X	Y	Z
	间隙配合								过渡配合			过盈配合									
h5						F6/h5	G6/h5	H6/h5	JS6/h5	K6/h5	M6/h5	N6/h5	P6/h5	R6/h5	S6/h5	T6/h5					
h6						F7/h6	◤G7/h6	◤H7/h6	JS7/h6	◤K7/h6	M7/h6	◤N7/h6	◤P7/h6	R7/h6	◤S7/h6	T7/h6	◤U7/h6				
h7					E8/h7	◤F8/h7		◤H8/h7	JS8/h7	K8/h7	M8/h7	N8/h7									
h8				D8/h8	E8/h8	F8/h8		H8/h8													
h9				◤D9/h9	E9/h9	F9/h9		◤H9/h9													
h10				D10/h10				H10/h10													
h11	A11/h11	B11/h11	◤C11/h11	D11/h11				◤H11/h11													
h12		B12/h12						H12/h12													

注：注有◤的配合为优先配合。

项目二

识读刀杆零件图

项目要求

通过识读图 2-2-1 所示的刀杆零件图,了解螺纹的形成、加工方法、表达方法和标注方法;掌握常用几何公差的公差带定义、标注和解释;熟练掌握识读零件图的方法和步骤。

学习导航

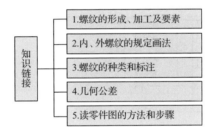

知识链接
1. 螺纹的形成、加工及要素
2. 内、外螺纹的规定画法
3. 螺纹的种类和标注
4. 几何公差
5. 读零件图的方法和步骤

学习资料

一、螺纹的形成、加工及要素

图 2-2-2 所示为一级圆柱齿轮减速器箱体上放油螺塞孔的局部剖视图。可以看出,此放油螺塞孔上加工有螺纹。

1. 螺纹的形成及加工

(1)螺纹的形成

螺纹是回转体表面沿螺旋线所形成的具有相同断面的连续凸起和沟槽,实际上可以认为它是由平面图形(三角形、梯形、矩形等)绕和它共面的回转轴线做螺旋运动而形成的轨迹。在零件外表面加工的螺纹称为外螺纹,在零件内表面加工的螺纹称为内螺纹。

(2)螺纹的加工

螺纹的加工方法很多,图 2-2-3 所示为在车床上加工外螺纹和内螺纹。

在箱体上制出的内螺纹(螺孔),一般是先用钻头钻孔,如图 2-2-4(a)所示,再用丝锥攻出螺孔,如图 2-2-4(b)所示。

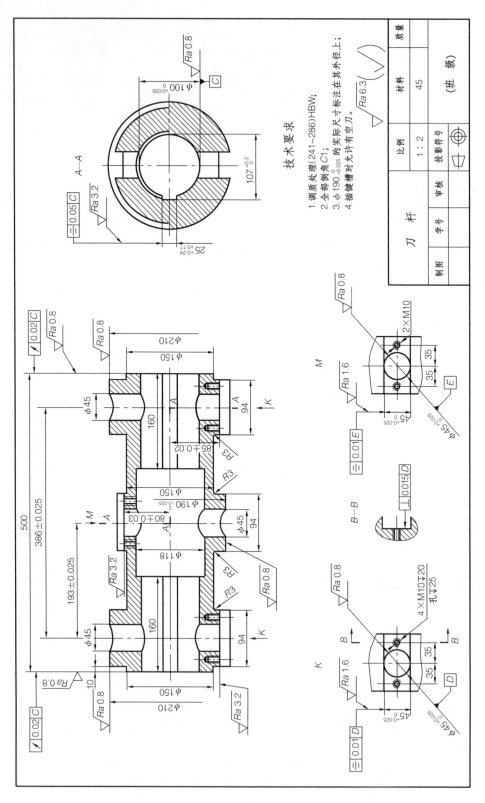

图2-2-1 刀杆零件图

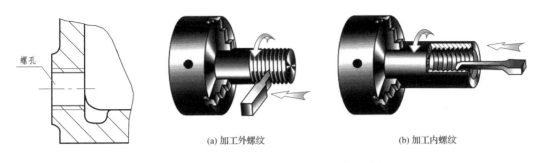

(a) 加工外螺纹　　　　　　　　　　　　　(b) 加工内螺纹

图 2-2-2　减速器箱体上的螺孔　　　　　　　　　　图 2-2-3　螺纹的加工

钻头顶角约为120°

钻孔钻尖所形成的顶角

螺孔深度L

钻孔深度H

120°

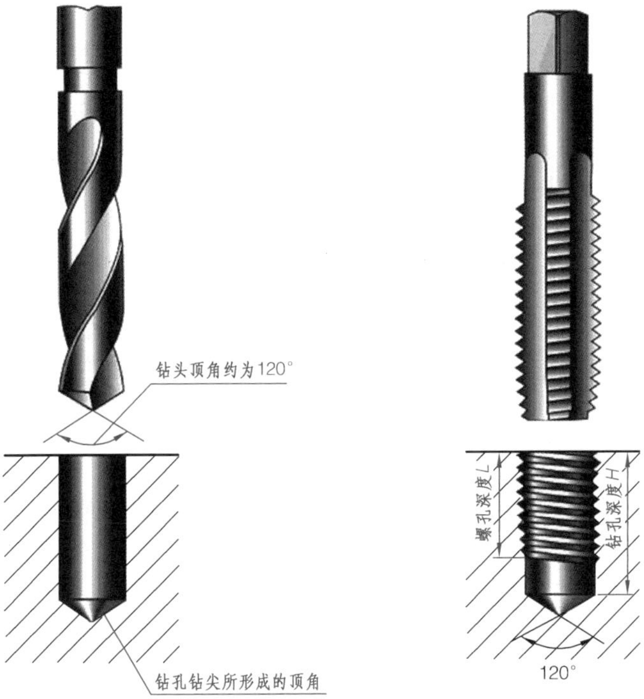

(a)　　　　　　　　　　　　　　　　　　(b)

图 2-2-4　小直径螺孔的加工

2. 螺纹的要素

单个螺纹无使用意义,只有内、外螺纹旋合到一起,才能起到应有的连接和紧固作用。

内、外螺纹旋合的条件是必须具有相同的几何参数。螺纹的几何参数如下:

(1)牙型

在通过螺纹轴线的剖面区域上,螺纹的轮廓形状称为螺纹的牙型。常用的牙型有三角形、梯形、矩形等,不同牙型的螺纹有不同的用途。螺纹凸起部分的顶端称为牙顶,螺纹沟槽的底部称为牙底。普通螺纹的基本牙型(GB/T 192—2003)如图 2-2-5 所示。

(2)直径

直径有基本大径(d、D)、基本中径(d_2、D_2)和基本小径(d_1、D_1)之分(以下简称大径、中径、小径),其中外螺纹大径 d、内螺纹小径 D_1 也称为顶径,如图 2-2-6 所示。小写字母表示外螺纹直径,大写字母表示内螺纹直径。

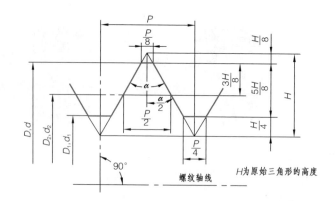

图 2-2-5 普通螺纹的基本牙型

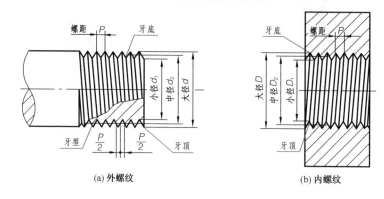

(a) 外螺纹　　　　　　　　　　(b) 内螺纹

图 2-2-6 螺纹各部分名称

①大径：指与外螺纹牙顶或内螺纹牙底相重合的假想圆柱面或圆锥面的直径。

②小径：指与外螺纹牙底或内螺纹牙顶相重合的假想圆柱面或圆锥面的直径。

③中径：指一个假想圆柱面或圆锥面的直径，该圆柱面或圆锥面的母线通过牙型上沟槽和凸起宽度相等的地方。中径是控制螺纹精度的主要参数之一。

公称直径是代表螺纹尺寸的直径，一般指螺纹大径（管螺纹用尺寸代号表示）。

（3）线数

线数指在同一圆柱面上切削螺纹的条数。只切削一条的称为单线螺纹，如图 2-2-7(a) 所示；切削两条的称为双线螺纹，如图 2-2-7(b) 所示。通常把切削两条以上的称为多线螺纹。

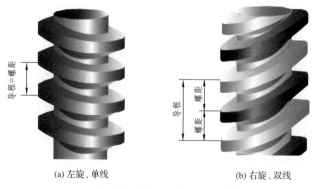

(a) 左旋、单线　　　　　　　　(b) 右旋、双线

图 2-2-7 螺纹的旋向、线数、螺距和导程

（4）螺距和导程

相邻两牙在中径线上对应两点间的轴向距离称为螺距，用 P 表示；同一螺旋线上相邻两牙在中径线上对应两点间的轴向距离称为导程，用 P_h 表示。单线螺纹的导程等于螺距，即 $P_h=P$，如图 2-2-7(a)所示；多线螺纹的导程等于线数乘以螺距，即 $P_h=nP$，对于图 2-2-7(b)所示的双线螺纹，$P_h=2P$。

（5）旋向

螺纹分左旋和右旋两种。当内、外螺纹旋合时，沿顺时针方向旋入者为右旋，沿逆时针方向旋入者为左旋，如图 2-2-7 所示。常用的是右旋螺纹。

（6）牙型半角($\alpha/2$)

牙型半角是指在螺纹牙型上牙侧与螺纹轴线的垂线之间的夹角，如图 2-2-5 所示。普通螺纹的牙型半角为 $30°$，梯形螺纹的牙型半角为 $15°$。

（7）旋合长度

螺纹旋合长度是指两个相互配合的螺纹沿轴线方向彼此旋合部分的长度，如图 2-2-8(a)所示。螺纹旋合长度值参见附表 5。

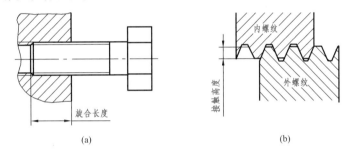

图 2-2-8　螺纹的旋合长度和接触高度

（8）接触高度

螺纹接触高度是指在两个相互配合螺纹的牙型上，它们的牙型重合部分在垂直于螺纹轴线方向上的距离，如图 2-2-8(b)所示。

以上为螺纹的几何参数，只有牙型、直径、线数、螺距、旋向都相同的内、外螺纹才能旋合。普通螺纹的直径与螺距参见附表 6。55°非密封管螺纹参见附表 7，梯形螺纹参见附表 8。

国标对螺纹的牙型、公称直径、螺距做了统一规定。凡是牙型、公称直径和螺距均符合国标规定的螺纹，称为标准螺纹（如普通螺纹、梯形螺纹、锯齿形螺纹等）；牙型、公称直径和螺距只要有一项不符合国标规定的螺纹，就称为非标准螺纹（如方形螺纹等）。

二、内、外螺纹的规定画法

减速器用稀油飞溅润滑，箱体内有一部分油液，为了换油和清洗箱体时排出油污，在油池最低处设置排油孔，平时排油孔加密封圈用螺塞堵住。由于该处是普通螺纹连接，不具有密封性，因此要加密封圈，如图 2-2-9 所示。

根据国标规定，在图样上按规定画法绘制螺纹，不必画出螺纹的真实投影。国标《机械制图　螺纹及螺纹紧固件表示法》(GB/T 4459.1—1995)规定了螺纹的画法。

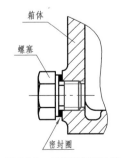

图 2-2-9　螺塞和螺塞孔的内、外螺纹配合

1. 外螺纹的规定画法（图 2-2-10）

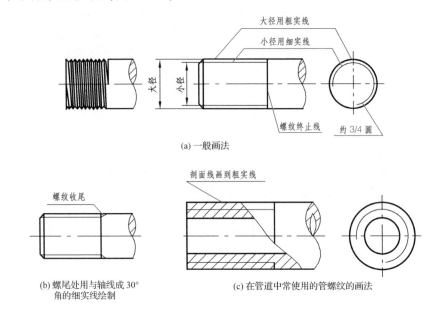

(a) 一般画法

(b) 螺尾处用与轴线成 30°
角的细实线绘制

(c) 在管道中常使用的管螺纹的画法

图 2-2-10　外螺纹的规定画法

2. 内螺纹的规定画法（图 2-2-11）

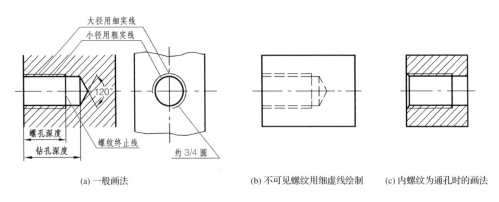

(a) 一般画法

(b) 不可见螺纹用细虚线绘制

(c) 内螺纹为通孔时的画法

图 2-2-11　内螺纹的规定画法

3. 内、外螺纹连接的规定画法

内、外螺纹连接常采用全剖视图画出，其旋合部分按外螺纹绘制，其余部分按各自的规定画法绘制。国标规定，当沿外螺纹的轴线剖开时，螺杆作为实心零件按不剖绘制，表示螺纹大、小径的粗、细实线应分别对齐；当垂直于螺纹轴线剖开时，螺杆处应画剖面线，如图 2-2-12 所示。

4. 非标准螺纹的规定画法

画非标准螺纹时，应画出螺纹牙型，并标注出所需的尺寸及有关要求，如图 2-2-13 所示。

5. 螺孔相贯的规定画法

国标规定只画螺孔小径的相贯线，如图 2-2-14 所示。

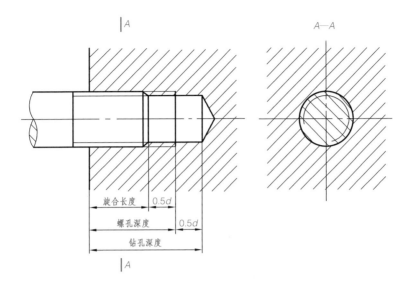

图 2-2-12　内、外螺纹连接的规定画法

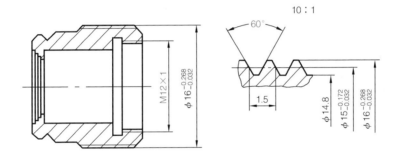

图 2-2-13　非标准螺纹的规定画法

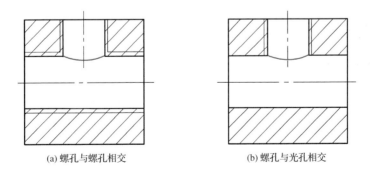

(a) 螺孔与螺孔相交　　　　　(b) 螺孔与光孔相交

图 2-2-14　螺孔相贯的规定画法

三、螺纹的种类和标注

1. 螺纹的种类

常用的螺纹按用途可分为连接螺纹(如普通螺纹和管螺纹)和传动螺纹(如梯形螺纹和锯齿形螺纹)两类,前者起连接作用,后者用来传递动力和运动。由于螺纹的规定画法不能表示螺纹种类和螺纹要素,因此绘制螺纹图样时,必须按照国标规定的格式和相应代号进行标注。

2. 螺纹的标注

(1)普通螺纹的标注

普通螺纹的标注示例见表 2-2-1。

表 2-2-1　　　　　　　　　　普通螺纹的标注示例

螺纹种类	标注示例	说明
普通螺纹 特征代号:M 60°	M16×1.5-6e	表示公称直径为 16 mm、螺距为 1.5 mm 的右旋细牙普通外螺纹,中径和顶径公差带代号均为 6e,中等旋合长度
	M10-5g6g-S-LH	表示公称直径为 10 mm 的左旋粗牙普通外螺纹,中径公差带代号为 5g,顶径公差带代号为 6g,短旋合长度
	M10-5H	表示公称直径为 10 mm 的右旋粗牙普通内螺纹,中径和顶径公差带代号均为 5H,中等旋合长度

(2)管螺纹的标注

管螺纹的标注示例见表 2-2-2。应注意管螺纹的尺寸代号并不是螺纹大径,因而这类螺纹需用指引线自大径圆柱(或圆锥)母线上引出标注。

表 2-2-2　　　　　　　　　　　　　管螺纹的标注示例

螺纹种类		标注示例	说明
55°密封管螺纹	圆柱内螺纹 特征代号：Rp 	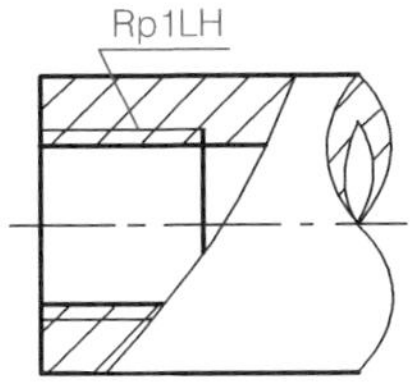 Rp1LH	表示尺寸代号为 1、左旋的 55°密封圆柱内螺纹
	与圆柱内螺纹配合的圆锥外螺纹 特征代号：R₁ 与圆锥内螺纹配合的圆锥外螺纹 特征代号：R₂ 	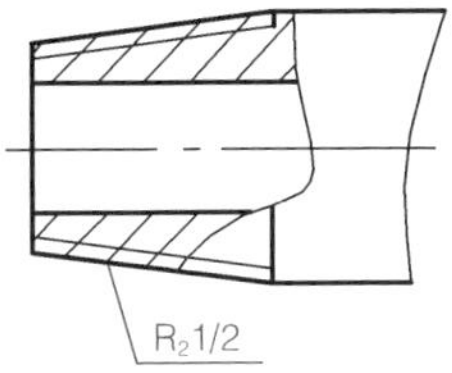 R₂1/2	表示尺寸代号为 1/2、右旋、与圆锥内螺纹相配合的 55°密封圆锥外螺纹
	圆锥内螺纹 特征代号：Rc 	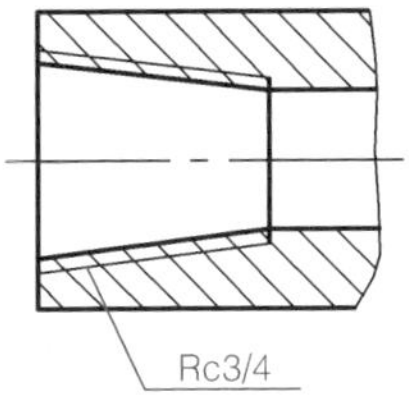 Rc3/4	表示尺寸代号为 3/4、右旋的 55°密封圆锥内螺纹
55°非密封管螺纹	特征代号：G 	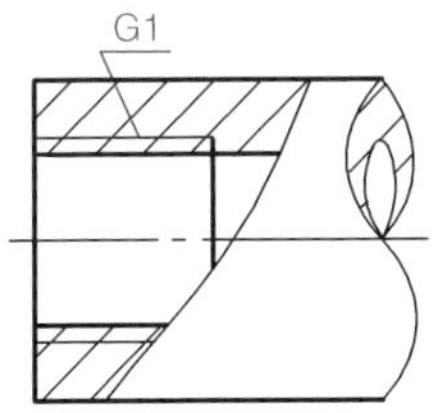 G1	表示尺寸代号为 1、右旋的 55°非密封圆柱内螺纹
	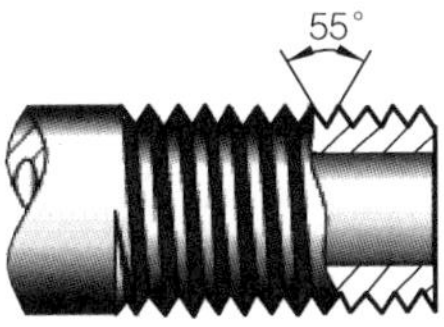 55°	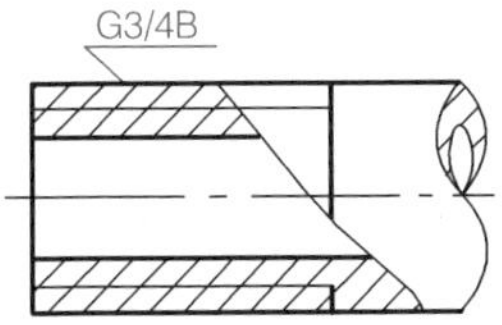 G3/4B	表示尺寸代号为 3/4、右旋的 55°非密封 B 级圆柱外螺纹

（3）梯形螺纹和锯齿形螺纹的标注

梯形螺纹和锯齿形螺纹的标注示例见表 2-2-3。

表 2-2-3　　　　　　　　　　　　　梯形螺纹和锯齿形螺纹的标注示例

螺纹种类	标注示例	说明
梯形螺纹 特征代号：Tr 	Tr20×4-7e	表示公称直径为 20 mm、螺距为 4 mm 的单线右旋梯形外螺纹，中径公差带代号为 7e，中等旋合长度
	Tr40×14(P7)LH-8c-L	表示公称直径为 40 mm、导程为 14 mm、螺距为 7 mm 的双线左旋梯形外螺纹，中径公差带代号为 8c，长旋合长度
锯齿形螺纹 特征代号：B	B90×12LH-7c	表示公称直径为 90 mm、螺距为 12 mm 的单线左旋锯齿形外螺纹，中径公差带代号为 7c，中等旋合长度

实施步骤

一、读标题栏

由标题栏可知，该零件的名称为刀杆，属于轴套类零件，材料为 45 钢，绘图比例为 1：2，采用第一角投影画法。

二、分析视图表达方案

刀杆按加工位置摆放，轴线水平布置，采用一个全剖的主视图，另有用两个平行平面剖切得到的全剖左视图 $A-A$、K 向和 M 向局部视图以及局部剖视图 $B-B$。

三、读视图

主视图主要表达刀杆的外轮廓、内孔相贯、螺纹孔的结构形状。左视图表达内部键槽和外通孔的形状、键槽的宽度和深度以及上下开槽情况。K 向、M 向局部视图和局部剖视图 B—B 清楚地表达了两端下部槽、中间上部槽以及螺纹孔的形状。该刀杆的立体图如图 2-2-15 所示。

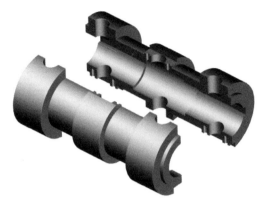

图 2-2-15　刀杆立体图

四、读尺寸

径向尺寸基准为 $\phi100^{+0.035}_{0}$ 内孔轴线，以此为基准的各部分径向尺寸有 85 ± 0.02、$\phi190^{0}_{-0.025}$ 等。轴向尺寸基准为中间 $\phi45^{+0.025}_{0}$ 内孔轴线，以此为基准的各部分轴向尺寸有 193 ± 0.025 等。轴向尺寸 500 为外形尺寸，386 ± 0.025 和 193 ± 0.025 为两端 $\phi45$ 孔的定位尺寸，$\phi45$ 和 94 等为定形尺寸。

五、读技术要求

1. 表面粗糙度要求

刀杆的表面粗糙度 Ra 值精度较高，如 $0.8~\mu m$、$3.2~\mu m$ 等。$\sqrt{}^{Ra\ 6.3}$ $\left(\sqrt{}\right)$ 表示图中除已标注表面粗糙度要求的表面以外，具有相同表面粗糙度的简化注法，Ra 值为 $6.3~\mu m$。

2. 尺寸公差要求

尺寸公差要求如尺寸 80 ± 0.03、386 ± 0.025、193 ± 0.025、$25^{+0.24}_{+0.11}$、$\phi100^{+0.035}_{0}$ 等。

3. 几何公差要求

| / | 0.02 | C |

：左、右两端面对 $\phi100^{+0.035}_{0}$ 轴线的圆跳动，公差值为 $0.02~mm$。

| = | 0.01 | D |

：$45^{+0.025}_{0}$ 开槽两侧面的对称面对 $\phi45^{+0.025}_{0}$ 圆柱轴线的对称度，公差值为 $0.01~mm$。

| ⊥ | 0.015 | D |

：$45^{+0.025}_{0}$ 开槽底面对 $\phi45^{+0.025}_{0}$ 圆柱轴线的垂直度，公差值为 $0.015~mm$。

其他技术要求读者可自行分析。

新知识——垂直度公差带的定义、标注和解释

定义:如图 2-2-16(a)所示,垂直度公差带为直径等于公差值 t、轴线垂直于基准平面 A 的圆柱面所限定的区域。

标注和解释:如图 2-2-16(b)所示,圆柱面的提取(实际)中心线应限定在直径为 0.01 mm、垂直于基准平面 A 的圆柱面内。

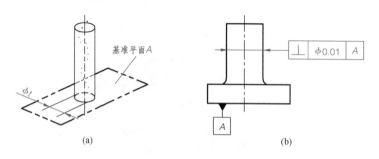

(a)   (b)

图 2-2-16   垂直度公差带的定义、标注和解释

 知识拓展

一、全跳动公差带的定义、标注和解释

1. 径向全跳动公差带

定义:如图 2-2-17(a)所示,径向全跳动公差带为半径差等于公差值 t、与基准轴线同轴的两圆柱面所限定的区域。

标注和解释:如图 2-2-17(b)所示,提取(实际)表面应限定在半径差等于 0.1 mm,与公共基准轴线 $A\text{-}B$ 同轴的两圆柱面之间。

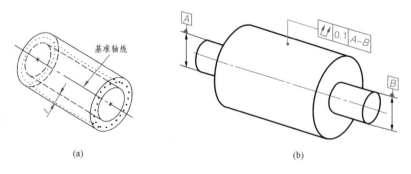

(a)   (b)

图 2-2-17   径向全跳动公差带的定义、标注和解释

2. 轴向全跳动公差带

定义:如图 2-2-18(a)所示,轴向全跳动公差带为间距等于公差值 t、垂直于基准轴线的两平行平面所限定的区域。

标注和解释：如图 2-2-18(b)所示，提取(实际)表面应限定在间距为 0.1 mm、垂直于基准轴线 D 的两平行平面之间。

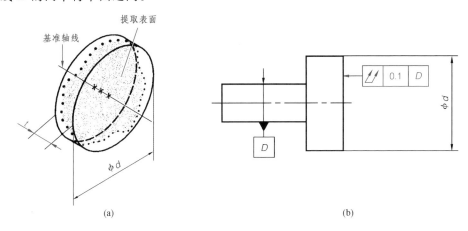

(a)　　　　　　　　　　　　　　(b)

图 2-2-18　轴向全跳动公差带的定义、标注和解释

二、倾斜度公差带的定义、标注和解释

定义：如图 2-2-19(a)所示，倾斜度公差带为间距等于公差值 t 的两平行平面所限定的区域，该两平行平面按给定角度倾斜于基准平面 A。

标注和解释：如图 2-2-19(b)所示，提取(实际)中心线应限定在间距为 0.08 mm 的两平行平面之间，该两平行平面按理论正确角度 60°倾斜于基准平面 A。

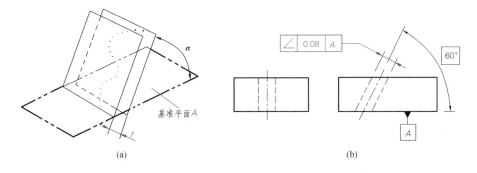

(a)　　　　　　　　　　　　　　(b)

图 2-2-19　倾斜度公差带的定义、标注和解释

项目三
绘制轴承端盖零件图

项目要求

通过绘制图 2-3-1 所示轴承端盖的零件图,熟悉轮盘类零件图的表达方案、绘制方法及步骤;能正确识读中等复杂程度的轮盘类零件图。

图 2-3-1　轴承端盖

学习导航

知识链接
- 1.轮盘类零件的特点
- 2.轮盘类零件的视图表达方案
- 3.绘制零件草图的方法
- 4.零件的测量方法
- 5.绘制零件图的方法和步骤
- 6.几何公差

学习资料

一、轮盘类零件的特点

轮盘类零件在机器设备上使用较多,包括齿轮、轴承端盖、法兰盘、带轮以及手轮等。其主体结构一般由直径不同的回转体组成,径向尺寸比轴向尺寸大,常有退刀槽、凸台、凹坑、倒角、圆角、轮齿、轮辐、肋板、螺孔、键槽和作定位或连接用的孔等。常见的轮盘类零件如图 2-3-2 所示。

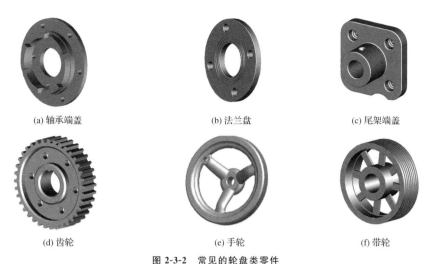

(a) 轴承端盖　　　　　　(b) 法兰盘　　　　　　(c) 尾架端盖

(d) 齿轮　　　　　　(e) 手轮　　　　　　(f) 带轮

图 2-3-2　常见的轮盘类零件

二、轴承端盖的结构特点及视图表达方案

图 2-3-1 所示的轴承端盖属于轮盘类的典型零件,该零件是减速器的轴承端盖,因其可通,故又称透盖。

1.结构特点

该零件的基本形体为同轴回转体,其结构可分成圆柱筒和圆盘两部分,其轴向尺寸比径向尺寸小。圆柱筒中有带锥度的内孔(腔),边沿没有缺口,说明轴承是脂润滑;圆柱筒的外圆柱面与轴承座孔相配合。圆盘上有六个圆柱孔,沿圆周均匀分布,作用是装入螺纹紧固件,连接轴承端盖与箱体,因此又称安装孔。圆盘中心的圆孔内有密封槽,用以安装毛毡密封圈,防止箱体内润滑油外泄和箱外杂物侵入箱体内。

2.视图表达方案

(1)根据轴承端盖零件的结构特点,主视图沿轴线水平放置,符合加工位置原则。

(2)采用主、左两个基本视图表达。主视图采用全剖视图,主要表达端盖的圆柱筒、密封槽及圆盘的内部轴向结构和相对位置;左视图则主要表达轴承端盖的外形轮廓和六个均布圆柱沉孔的位置及分布情况。

 实 施 步 骤

由已知零件绘制零件图是测绘的过程,首先绘制零件草图,然后绘制零件图。零件草图目测徒手绘制,零件图借助计算机或尺规绘制。

一、绘制零件草图

1.绘制视图

新知识——绘制零件草图

(1)绘制零件草图的要求

零件草图是根据零件实物,通过目测估计各部分的尺寸比例,徒手画出的零件图,然后在此基础上把测量的尺寸数字填入图中。零件草图常在测绘现场画出,是其后绘制零件图的重要依据,因此,它应具备零件图的全部内容,而绝非"潦草之图"。画出的草图要达到以下几点要求:

①严格遵守《机械制图》国家标准。

②目测时要基本保证零件各部分的比例关系。

③视图正确,符合投影规律。

④字体工整,尺寸齐全,数字准确无误。

⑤线型粗细分明,图样清晰、整齐。

⑥技术要求完整,有图框和标题栏。

(2)绘制零件草图的方法及步骤

①了解零件的名称、用途及由什么材料制成。

②分析零件的结构,确定视图表达方案。

③定图幅,布置视图的位置。

选绘图比例为1∶1,在图纸上定出各视图的位置。画主要轴线、中心线等图形定位线,如图 2-3-3 所示。

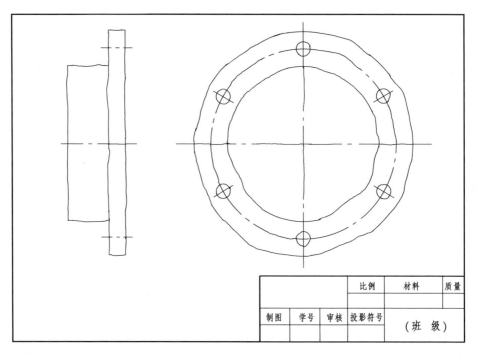

图 2-3-3 轴承端盖零件草图绘制步骤(一)

④画视图

● 由外向内、由左向右、由大到小,用细实线按投影关系先画外面的圆盘部分,再画圆柱筒轮廓,最后画六个均布圆柱孔。

● 在主视图上画内腔及密封槽部分,密封槽在左视图中的细虚线也可以省略不画。

● 详细画出端盖外部和内部的结构形状,补充细节,擦去多余图线。

● 检查无误后,加深、加粗轮廓线并画剖面线,完成一组视图,如图 2-3-4 所示。

提 示

　　画图时应遵循以下规律:先画主要形体,后画次要形体;先定位置,后定形状;先画主要轮廓,后画细节。

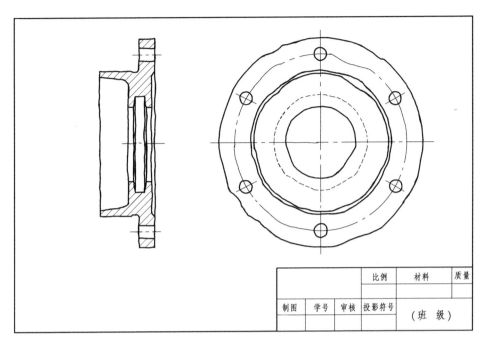

比例	材料	质量
制图	学号	审核	投影符号	（班　级）

图 2-3-4　轴承端盖零件草图绘制步骤(二)

2.标注尺寸

(1)选择尺寸基准:径向尺寸基准为整体轴线,轴向尺寸基准为圆盘左端面。

(2)标注尺寸线及尺寸界线:分别以轴向和径向尺寸基准标注端盖的定形尺寸、定位尺寸和总体尺寸,如图 2-3-5 所示。

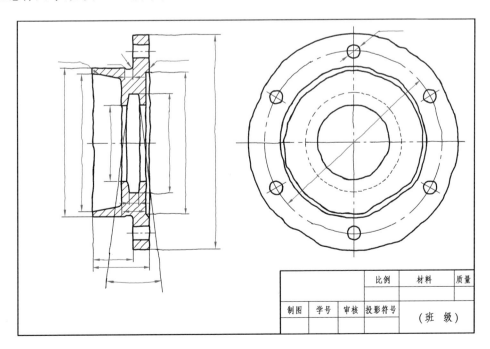

比例	材料	质量
制图	学号	审核	投影符号	（班　级）

图 2-3-5　轴承端盖零件草图绘制步骤(三)

（3）集中测量尺寸数值或查相关标准并填入图中，如图 2-3-6 所示。

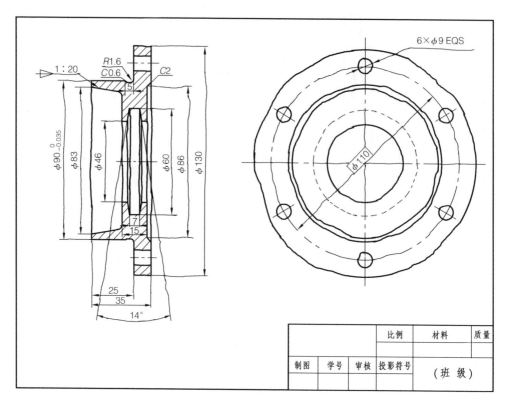

图 2-3-6　轴承端盖零件草图绘制步骤(四)

新知识——零件尺寸的测量

（1）测量零件尺寸的方法

①测量尺寸常用的量具有钢板尺、外卡钳和内卡钳(三者可以配合使用)，如图 2-3-7 所示。外卡钳和钢板尺配合使用可测量外径，如图 2-3-8 所示。

(a) 钢板尺　　　　　　　　　　　　　　　(b) 内、外卡钳

图 2-3-7　钢板尺及内、外卡钳

(a)　　　　　　　　　　　　(b)

图 2-3-8　外卡钳和钢板尺配合使用测量外径

用内、外卡钳可测量内径、孔距,如图 2-3-9 所示。

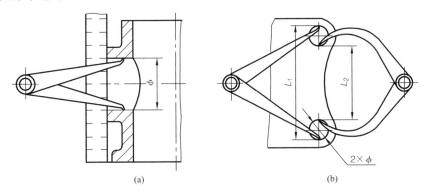

(a)   (b)

图 2-3-9 内、外卡钳测量内径、孔距

②如测量较精确的尺寸,则使用游标卡尺,如图 2-3-10 所示。

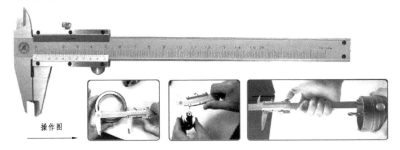

(a) 游标卡尺(可分别测量长度、外径、内径和高度)

(b) 带表卡尺(可分别测量长度、外径、内径和高度)

(c) 数显游标卡尺(可分别测量长度、外径、内径和高度)

图 2-3-10 游标卡尺

提 示

本项目的轴承端盖的测量方法及尺寸如图 2-3-11 所示。

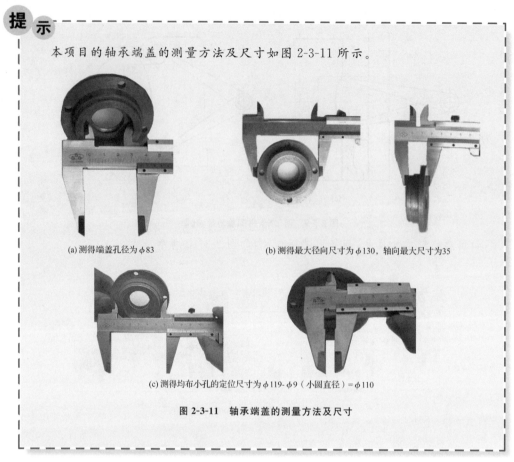

(a) 测得端盖孔径为 $\phi83$

(b) 测得最大径向尺寸为 $\phi130$，轴向最大尺寸为35

(c) 测得均布小孔的定位尺寸为 $\phi119$- $\phi9$（小圆直径）= $\phi110$

图 2-3-11   轴承端盖的测量方法及尺寸

③如测量各种工件的外尺寸，则可用外径千分尺，如图 2-3-12 所示。

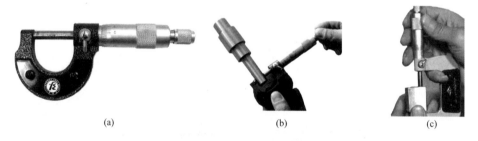

(a)   (b)   (c)

图 2-3-12   外径千分尺及用圆角规测量圆角

（2）测量尺寸的注意事项

①要正确使用测量工具和选择测量基准，以减小测量误差；不要用较精密的量具测量粗糙的表面，以免量具被磨损，影响其精确度。尺寸一定要集中测量，逐个填写尺寸数值。

②对于重要尺寸，有的要通过计算，如中心距、中心高、齿轮轮齿尺寸等，要精确测量，并予以必要的计算、核对，不应随意调整。对于零件上不太重要的尺寸（不加工面尺寸、加工面一般尺寸），可将所测的尺寸数值圆整到整数。

③测量零件上已磨损部位的尺寸时，应考虑磨损值，参照相关零件或有关资料，经分析确定。

④零件上已标准化的结构的尺寸，例如放毡圈油封的密封槽、倒角、圆角、键槽、螺纹退

刀槽等结构的尺寸,可查阅有关标准确定。

⑤零件上与标准件(如滚动轴承)相配合的轴或孔的尺寸,可通过标准件的型号查表确定。对于标准结构要素,应先测得尺寸,然后再查表取标准值。

3.标注技术要求(图2-3-13)

(1)表面粗糙度要求

对ϕ90外圆柱表面、圆盘左端面和ϕ130左端面的表面粗糙度要求较高,Ra值为1.6 μm,轴承端盖左端内部是非加工表面,其余各加工面的Ra值为6.3 μm。

(2)尺寸公差要求

ϕ90外圆柱表面有配合要求,尺寸精度要求较高。$\phi90^{~0}_{-0.035}$上极限偏差为0 mm,下极限偏差为−0.035 mm,尺寸公差为0.035 mm。通过查相关表可以确定其公差带代号为h7,h表示基轴制,标准公差等级为7级。

(3)几何公差要求

$\boxed{\perp~|~0.05~|~A}$:圆盘ϕ130的左端面对ϕ90轴线的垂直度公差值为0.05 mm。

$\boxed{\oplus~|~\phi0.05~|~A~|~B}$:圆盘上六个均布孔的轴线与圆盘$\phi$130左端面垂直,与$\phi$90圆柱轴线平行。位置度公差值为$\phi$0.05。

(4)文字技术要求

文字技术要求按国标配置在图纸右下方,读者可自行分析。

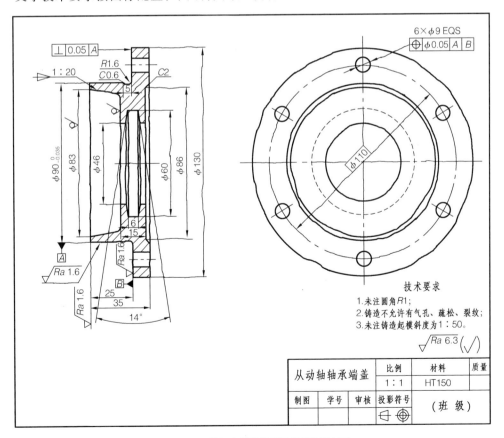

图2-3-13　轴承端盖零件草图绘制步骤(五)

新知识——位置度公差带的定义、标注和解释

定义：任意方向时，位置度公差带为直径等于公差值 t 的圆柱面所限定的区域。该圆柱面的轴线由基准平面 C、A、B 和理论正确尺寸确定，如图 2-3-14(a)所示。

标注和解释：提取(实际)中心线应限定在直径为 0.08 mm 的圆柱面内，该圆柱面的轴线应处于由基准平面 C、A、B 和理论正确尺寸 100、68 所确定的理论正确位置上，如图 2-3-14(b)所示。

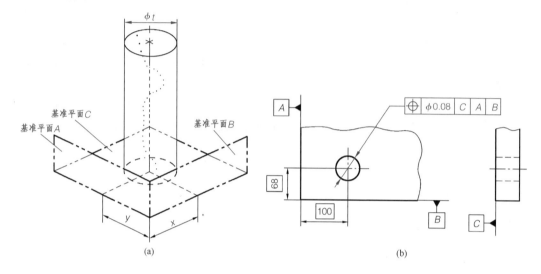

图 2-3-14　位置度公差带的定义、标注和解释

4. 填写标题栏(图 2-3-13)

零件名称为从动轴轴承端盖，材料为灰铸铁(HT150)。绘图比例为 1∶1，投影符号为第一角投影画法，另有制图、审核人员签名等内容。

二、由零件草图画零件图

零件草图完成后，应经校核、整理，再依此绘制零件图。

1. 校核零件草图

(1)表达方案是否正确、完整、清晰、简练。

(2)尺寸标注是否正确、齐全、清晰、合理。

(3)技术要求是否既满足零件的性能和使用要求，又比较经济、合理。

校核后进行必要的修改，就可根据零件草图绘制零件图。

2. 绘制零件图

绘制零件图的具体步骤与绘制零件草图的步骤基本相同，可借助计算机或尺规来完成，这里不再详细叙述。

知识拓展

一、识读手轮零件图

识读图 2-3-15 所示的手轮零件图。

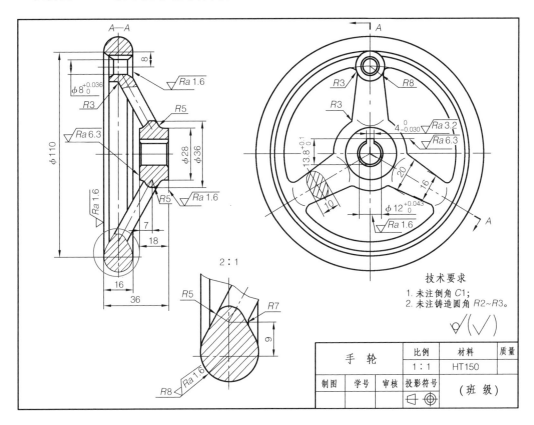

图 2-3-15　手轮零件图

1. 读标题栏

从标题栏可知,该零件的名称为手轮,材料为灰铸铁(HT150),绘图比例为 1∶1,采用第一角投影画法等;该零件属于轮盘类零件;由技术要求可知,该零件是铸造毛坯,因此有铸造圆角等结构。

2. 分析视图表达方案

图 2-3-15 采用了主、左两个基本视图,还有一个局部放大图。主视图轴线水平放置,符合加工位置原则。

3. 读视图

主视图采用由两相交平面剖得的全剖视图,表达了手柄的轮缘、轮辐和轮毂的轴向结构形状。因为轮辐为均布结构,故剖切时处理成上下对称图形,且按不剖处理。局部剖视图表达了轮缘上孔的形状。

 提 示

对于均布肋板和轮辐,国标有规定画法。

左视图表达了轮缘上均匀分布了三条截面尺寸变化的轮辐,还表达了手柄安装孔的结构、位置以及轮毂、轮辐、轮缘各部分之间的位置关系;重合断面图表达了轮辐的截面形状;局部放大图表达了轮缘的详细结构。

通过分析,可以想象出手轮的形状如图2-3-16所示。轮毂的内表面加工有键槽,轮辐是用来连接轮毂与轮缘的,截面为椭圆形。轮缘为复杂截面绕轮轴旋转形成的环状结构。

图 2-3-16　手轮立体图

4. 读尺寸标注

(1)尺寸基准

从径向尺寸ϕ110、ϕ28、ϕ36等可确定零件的径向尺寸基准是$\phi 12^{+0.043}_{0}$孔的轴线;从轴向尺寸18、36等可确定轴向的主要尺寸基准是右端面。

(2)主要尺寸

从尺寸基准出发,弄清哪些是主要尺寸。图中轮毂与轮缘的直径ϕ28、ϕ110以及轮毂与轮缘的尺寸18、16属于规格尺寸,都是手轮的重要尺寸。

(3)零件的定形、定位尺寸

手轮的径向定形尺寸有ϕ8、ϕ12、ϕ28、ϕ36等,轴向定形尺寸有16、36等,定位尺寸有ϕ110、7、8等。

5. 读技术要求

(1)表面粗糙度

手轮是用手直接操作的零件,比如转动手轮操纵机床某一部件的运动等,因此对手轮的外观有一定要求。从零件图中可以看出,轮缘外侧要求很光滑,精度要求较高,Ra值为 1.6 μm、6.3 μm 等,加工工艺通常需要使用抛光、镀镍或镀铬处理。

(2)尺寸公差

手轮的尺寸公差要求有四处:轴孔、键槽槽宽、键槽深和安装孔,分别为$\phi 12^{+0.043}_{0}$、$4^{0}_{-0.030}$、$13.8^{+0.1}_{0}$和$\phi 8^{+0.036}_{0}$。

手轮对几何公差没有较高要求,因此采用未注公差。手轮的其他技术要求读者可自行分析。

二、识读尾架端盖零件图

识读图 2-3-17 所示的尾架端盖零件图。

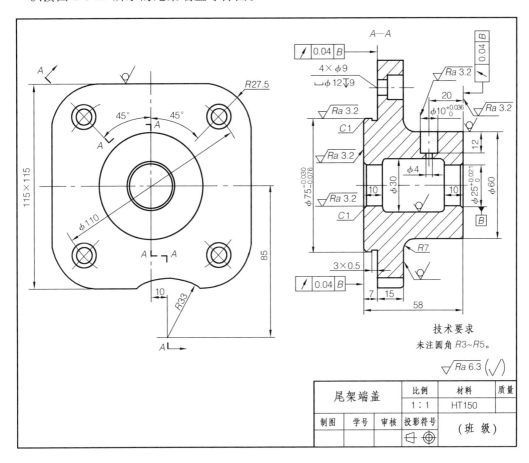

图 2-3-17　尾架端盖零件图

1. 读标题栏

通过标题栏可知,该零件的名称为尾架端盖,材料为灰铸铁(HT150),说明毛坯是铸造而成,有铸造圆角、起模斜度等结构,主要加工工序是车加工。浏览零件的各视图及技术要求可知,该零件属于轮盘类零件,绘图比例为 1∶1,采用第一角投影画法等。

2. 分析视图表达方案

该零件图采用了主、右两个基本视图。主视图的轴线水平放置,符合零件的加工位置原则,右视图则主要表达零件的端面轮廓、四个圆柱沉孔的分布情况和下方圆弧的形状与位置。主视图采用复合剖视图,表达了零件轴向的内部结构。

3. 读视图

根据主视图、右视图的各个特征形状线框和相互对应关系,可想象出该零件的主要结构由圆筒和带圆角的方形凸缘组成。

由主视图可知圆筒正上方开有小油孔,可装油杯用来润滑;圆筒内部有阶梯孔,孔两端与螺杆配合。右视图显示出该零件是带圆角的方形凸缘,凸缘上开有四个圆柱沉孔,用以安装螺纹紧固件,将该零件与尾架机座相连。综合想象,该零件的结构如图 2-3-18 所示。

图 2-3-18 尾架端盖立体图

4. 读尺寸标注

零件的径向尺寸基准是 $\phi 25^{+0.021}_{0}$ 孔的轴线,以此为基准的径向尺寸有 $\phi 25^{+0.021}_{0}$、$\phi 60$、$\phi 75^{-0.030}_{-0.076}$ 等定形尺寸和 $\phi 110$、85、10 等定位尺寸;轴向主要尺寸基准是端盖的左侧台阶面,以此为基准的尺寸有 3×0.5、7、15。

$\dfrac{4 \times \phi 9}{\sqcup\ \phi 12\ \downarrow 9}$ 表示四个圆柱形沉孔,小孔直径为 9 mm,大孔直径为 12 mm,沉孔深 9 mm。

115×115 表示宽和高都为 115 mm。

$\phi 25^{+0.021}_{0}$、$\phi 10^{+0.036}_{0}$ 内孔和 $\phi 75^{-0.030}_{-0.076}$ 外圆注出了极限偏差值,说明这些表面与其他零件有配合要求,是重要尺寸。

5. 读技术要求

图中对 $\phi 60$、$\phi 75$ 端面和左侧台阶面分别提出了圆跳动要求,表明这三个表面是重要安装面。

$\boxed{\,/\,|\,0.04\,|\,B\,}$:提取(实际)表面对 $\phi 25^{+0.021}_{0}$ 孔轴线的圆跳动公差值为 0.04 mm。

此外,$\phi 25$、$\phi 10$ 内孔和 $\phi 75$ 外圆表面有配合要求,故表面粗糙度 Ra 值为 3.2 μm,其余表面粗糙度 Ra 值为 6.3 μm,从而得知该零件的整体品质要求较高。

项目四
绘制直齿圆柱齿轮零件图

项目要求

通过绘制图 2-4-1 所示直齿圆柱齿轮的零件图,掌握标准直齿圆柱齿轮轮齿部分的名称、几何尺寸的计算;掌握单个和啮合的标准直齿圆柱齿轮、锥齿轮及蜗杆蜗轮的规定画法;初步掌握绘制直齿圆柱齿轮零件图的方法及步骤。

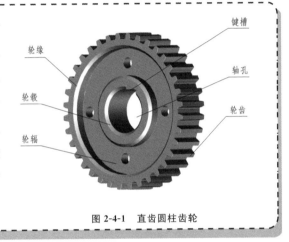

图 2-4-1 直齿圆柱齿轮

学习导航

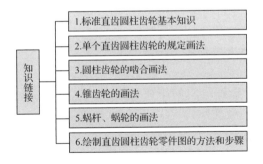

知识链接
- 1.标准直齿圆柱齿轮基本知识
- 2.单个直齿圆柱齿轮的规定画法
- 3.圆柱齿轮的啮合画法
- 4.锥齿轮的画法
- 5.蜗杆、蜗轮的画法
- 6.绘制直齿圆柱齿轮零件图的方法和步骤

学习资料

一、标准直齿圆柱齿轮基本知识

直齿圆柱齿轮的典型结构主要由轮缘、轮毂、轮辐或辐板组成。轮缘上有若干个轮齿,轮缘和轮毂之间由轮辐或辐板连接,辐板上一般有四个或六个孔,轮毂中间有轴孔和键槽,如图 2-4-1 所示。

1.标准直齿圆柱齿轮各部分的名称和代号(图 2-4-2)

(1)齿顶圆:通过圆柱齿轮齿顶的圆,其直径用 d_a 表示。

(2)齿根圆:通过圆柱齿轮齿根的圆,其直径用 d_f 表示。

(3)分度圆:位于齿顶圆和齿根圆之间,其直径用 d 表示。分度圆是齿轮设计和制造时进行尺寸计算的基准圆。

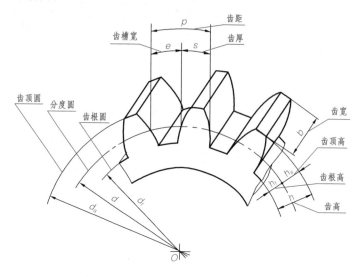

图 2-4-2　标准直齿圆柱齿轮各部分的名称和代号

(4)齿高、齿顶高、齿根高:齿顶圆与齿根圆之间的径向距离称为齿高,用 h 表示;齿顶圆与分度圆之间的径向距离称为齿顶高,用 h_a 表示;齿根圆与分度圆之间的径向距离称为齿根高,用 h_f 表示。

(5)齿距、齿厚、齿槽宽:在分度圆上,相邻两齿对应齿廓之间的弧长称为齿距,用 p 表示;齿的两侧对应齿廓之间的弧长称为齿厚,用 s 表示;齿槽的两侧对应齿廓之间的弧长称为齿槽宽,用 e 表示。

在标准齿轮中,齿厚与齿槽宽各为齿距的一半,即 $s=e=p/2$,$p=s+e$。

(6)中心距:两啮合齿轮轴线间的距离称为中心距,用 a 表示,如图 2-4-3 所示。

装配准确的标准齿轮的中心距为

$$a=(d_1+d_2)/2=m(z_1+z_2)/2$$

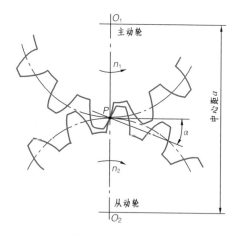

图 2-4-3　齿轮的啮合

2.标准直齿圆柱齿轮的主要参数

齿轮虽然不是标准件,但轮齿的主要参数国家已标准化,主要有:

(1)齿数 z:齿轮上轮齿的个数。

(2)模数 m:如果齿轮的齿数是 z,则分度圆周长为 $\pi d=zp$,分度圆直径 $d=zp/\pi$。其中 π 是无理数,为了便于计算和测量,将 p/π 称为齿轮的模数,单位为 mm。

模数是设计和制造齿轮的基本参数,也反映了齿轮承载能力的大小。不同模数的齿轮要用不同模数的刀具来制造。为了便于设计和制造,减小齿轮成形刀具的规格,国家标准对模数规定了标准值。渐开线齿轮的模数见表 2-4-1。

表 2-4-1　　　　　　通用机械用渐开线齿轮模数标准（摘自 GB/T 1357—2008）

第一系列	1	1.25	1.5	2	2.5	3	4	5	6	8	10	12
第二系列	1.125	1.375	1.75	2.25	2.75	3.5	4.5	5.5	(6.5)	7	9	11

注:1.对于斜齿圆柱齿轮,表中的模数是指法向模数。

　　2.选用模数时,应优先选用第一系列,括号内的模数尽可能不用。

（3）压力角 α:如图 2-4-3 所示,轮齿在啮合点 P 的受力方向（齿廓曲线的公法线方向）与运动方向之间所夹的锐角称为压力角。我国标准齿轮的分度圆压力角为 $20°$。

模数和压力角都相同的齿轮才能相互啮合。

3. 标准直齿圆柱齿轮基本尺寸的计算

在设计齿轮时要先确定模数和齿数。在已知模数 m 和齿数 z 的情况下,齿轮轮齿的其他参数均可按表 2-4-2 的公式计算出来。

表 2-4-2　　　　　　　标准直齿圆柱齿轮基本尺寸的计算公式

名称	符号	计算公式	计算举例 （已知:$m=2,z=135$）
齿顶高	h_a	$h_a=m$	$h_a=2$
齿根高	h_f	$h_f=1.25m$	$h_f=2.5$
齿高	h	$h=h_a+h_f=2.25m$	$h=4.5$
分度圆直径	d	$d=mz$	$d=270$
齿顶圆直径	d_a	$d_a=d+2h_a=m(z+2)$	$d_a=274$
齿根圆直径	d_f	$d_f=d-2h_f=m(z-2.5)$	$d_f=265$
齿距	p	$p=\pi m$	$p=6.28$
中心距	a	$a=m(z_1+z_2)/2$	

二、单个直齿圆柱齿轮的规定画法

齿轮是常用件,国标已将其部分重要参数标准化,因此在绘图时,轮齿的形状结构不需要按真实投影画出。国标（GB/T 4459.2—2003）对单个直齿圆柱齿轮的画法做了如下规定:

（1）齿顶圆和齿顶线用粗实线绘制,分度圆和分度线用细点画线绘制（分度线应超出轮齿两端面 2～3 mm）,齿根圆和齿根线用细实线绘制或省略不画,如图 2-4-4（a）所示。

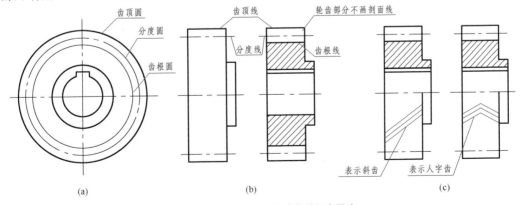

(a)　　　　　　　　　(b)　　　　　　　　　(c)

图 2-4-4　单个直齿圆柱齿轮的规定画法

（2）当剖切平面通过齿轮轴线时，剖视图上的轮齿部分不剖，齿根线用粗实线绘制，如图2-4-4（b）所示。

（3）若是斜齿或人字齿，则可在非圆视图上用三条与齿线方向一致的细实线表示齿线形状，如图 2-4-4（c）所示。

 提 示

齿轮除轮齿部分外，其余轮体结构均应按真实投影绘制。轮体的结构和尺寸由设计要求确定。

 实施步骤

绘制直齿圆柱齿轮零件图的方法与项目三绘制轴承端盖零件图的方法相同，分为零件草图和零件图的绘制。

一、绘制直齿圆柱齿轮零件草图

1. 绘制视图

（1）根据齿轮的总体尺寸，选择适当的图幅和绘图比例，画边框线、标题栏。

（2）画出两视图的图形定位线，画出齿轮的外轮廓线，如图 2-4-5 所示。

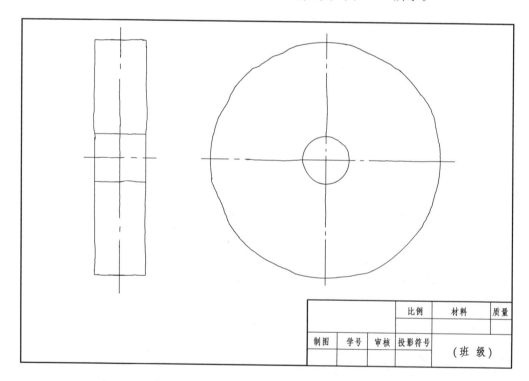

				比例	材料	质量
制图	学号	审核	投影符号	（班 级）		

图 2-4-5　直齿圆柱齿轮零件草图绘制步骤（一）

> **提　示**
>
> 图形定位线是指轴线、对称线或某一基面的投影线。

（3）按国标规定的齿轮画法，先画出齿顶圆、齿根圆、分度圆等；按投影关系画出主视图；检查，擦去多余图线，加深粗实线，画剖面线，完成主、左视图，如图 2-4-6 所示。

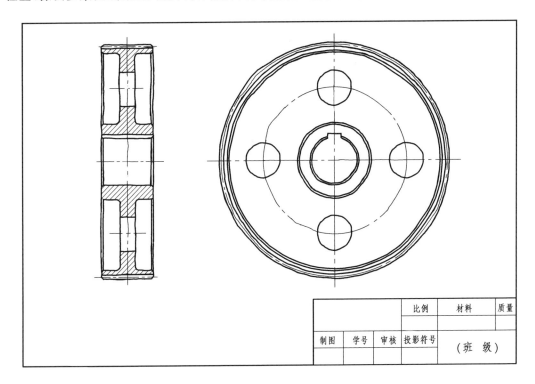

				比例	材料	质量
制图	学号	审核	投影符号		（班　级）	

图 2-4-6　直齿圆柱齿轮零件草图绘制步骤（二）

2. 标注尺寸

圆柱齿轮主要有径向和轴向两个方向的尺寸，径向尺寸以轮毂孔的轴线为基准，轴向尺寸以齿轮对称面为基准。

（1）标注尺寸线及尺寸界线

分别标注直齿圆柱齿轮的定形尺寸、定位尺寸和总体尺寸，如图 2-4-7 所示。

（2）注写尺寸数字

齿轮的尺寸通过测量和计算得到，常使用的量具有游标卡尺、千分尺和公法线千分尺等。

①确定齿顶圆和分度圆直径

通过测量齿轮公法线长度或齿顶圆直径求得模数，再计算出分度圆和齿顶圆直径。

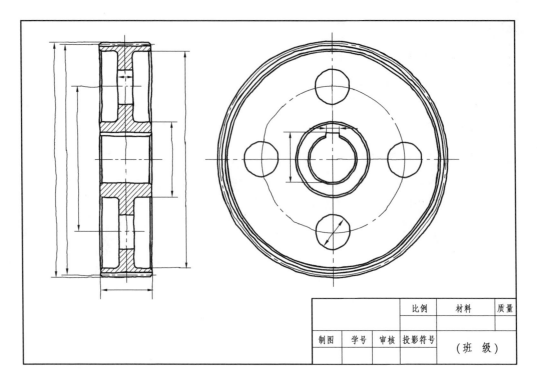

图 2-4-7　直齿圆柱齿轮零件草图绘制步骤(三)

a.通过测量齿轮公法线长度求模数

具体步骤如下：

● 数出齿数,计算跨齿数 k

$z=135$,故

$$k=\frac{1}{9}z+0.5=\frac{1}{9}\times135+0.5=15.5$$

● 取不小于 k 的跨齿数测量齿轮公法线长度。用公法线千分尺分别测出跨齿数是 16 和 17 的公法线长度(W),如图 2-4-8 所示。在不同位置测量三次,将数值填入表 2-4-3中并求出平均值。

图 2-4-8　用公法线千分尺测量
齿轮公法线长度

表 2-4-3　　　　　　　　　　测量齿轮公法线长度(W)　　　　　　　　　　　mm

测量项目	测量值 1	测量值 2	测量值 3	平均值
W_{16}	89.39	89.42	89.40	89.403
W_{17}	95.37	95.35	95.33	95.350

● 求模数 m

$$m=\frac{W_{k+1}-W_k}{\pi\cos20°}=\frac{95.350-89.403}{\pi\cos20°}=2.01\ \text{mm}$$

查表 2-4-1,得 $m=2$ mm。

提 示

计算得到的模数值要取与其相近的标准模数值。

● 计算分度圆直径 d 和齿顶圆直径 d_a

$$d = mz = 2 \times 135 = 270 \text{ mm}$$

$$d_a = d + 2h_a = m(z+2) = 2 \times (135+2) = 274 \text{ mm}$$

b.通过测量齿顶圆直径求模数

当齿数为偶数时,可直接测出齿顶圆直径,如图 2-4-9(a)所示;当齿数为奇数时,采用间接测量法,分别测出 D_1 和 H,然后算出齿顶圆直径 $d_a = 2H + D_1$,如图 2-4-9(b)所示。

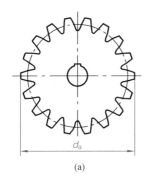
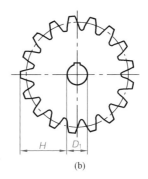

(a)　　　　　　　　　　　(b)

图 2-4-9　测量齿顶圆直径

具体步骤如下:

● 数出齿数:$z = 135$。

● 采用奇数测量法测出齿顶圆直径。应在不同位置各测三次,将数值填入表 2-4-4 中并求平均值。

表 2-4-4 　　　　　　　　　　测量齿顶圆直径　　　　　　　　　　mm

测量项目	测量值 1	测量值 2	测量值 3	平均值
H	109.49	109.53	109.51	109.51
D_1	55.12	54.98	55.07	55.06

$$d_a = 2H + D_1 = 2 \times 109.51 + 55.06 = 274.08 \text{ mm}$$

● 求模数 m

$$d_a = m(z+2)$$

$$m = \frac{d_a}{z+2} = \frac{274.08}{135+2} = 2 \text{ mm}$$

查表 2-4-1,得 $m = 2$ mm。

分度圆和齿顶圆直径的算法同前。

②测量齿轮各部分尺寸

各圆的直径分别为 $\phi55$、$\phi88$、$\phi254$ 等,轴向尺寸为 62 等,查表求出键槽宽 16 和深度尺寸 59.3。

③测量轮齿以外其他各部分的尺寸(略)。

3. 注写技术要求

(1)表面粗糙度要求

选齿面的表面粗糙度 Ra 值不大于 1.6 μm,齿顶圆的表面粗糙度 Ra 值在 3.2～6.4 μm 范围内选用。

(2)尺寸公差要求

齿顶圆的尺寸公差要求为:$\phi274h9$,公差等级 IT9,上极限偏差为 0 mm,下极限偏差为 -0.13 mm,公差为 0.13 mm。齿轮内孔的尺寸公差要求为:$\phi55H7$,公差等级 IT7,上极限偏差为 $+0.03$ mm,下极限偏差为 0,公差为 0.03 mm。

(3)几何公差要求

根据从动齿轮的用途,该齿轮零件图上需要标注的几何公差主要有:

| / | 0.01 | A | :齿顶圆柱面对 $\phi55$ 孔轴线的径向圆跳动公差值为 0.01 mm。

| = | 0.02 | A | :键槽两侧面的对称中心平面对 $\phi55$ 孔轴线的对称度公差值为 0.02 mm。

| ⊥ | 0.01 | A | :齿轮右端面对 $\phi55$ 孔轴线的垂直度公差值为 0.01 mm。

文字技术要求的注写略。

4. 填写标题栏及齿轮参数表

在右下角的标题栏中填写零件名称为直齿圆柱齿轮,材料为 45 钢,绘图比例为 1：1,投影符号为第一角投影画法,另还有制图、审核人员签名等内容。

在右上角的齿轮参数表中填写模数、齿数、齿形角、径向变位系数、齿厚、公法线长度、跨齿数及精度等级等内容。

二、由零件草图画零件图

具体步骤如下:

(1)对草图的表达方案、尺寸标注以及技术要求等进行全面检查,力求完整、清晰、合理。

(2)选择合适的绘图比例和图幅。画出边框线和标题栏外框,确定视图位置,画出图形定位线。

(3)用细实线将几个视图联系起来画,画出所有尺寸界线、尺寸线和箭头。

(4)注写尺寸数值和技术要求。加深图线,填写标题栏、齿轮参数表和文字说明。

(5)校核全图,完成直齿圆柱齿轮零件图的绘制,如图 2-4-10 所示。

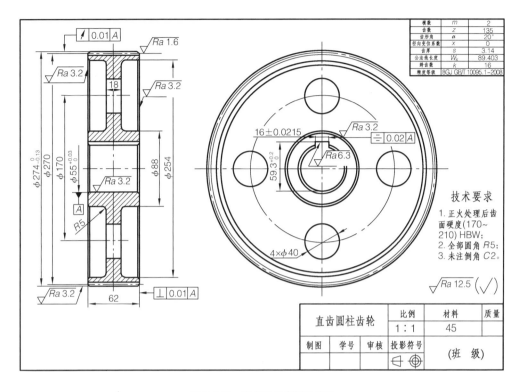

图 2-4-10　直齿圆柱齿轮零件图

知识拓展

齿轮传动的种类繁多,常见的有三种,如图 2-4-11 所示。

(a) 圆柱齿轮传动　　　　　(b) 锥齿轮传动　　　　　(c) 蜗杆蜗轮传动

图 2-4-11　齿轮传动的类型

圆柱齿轮传动——用于两平行轴间的传动;
锥齿轮传动——用于两相交轴间的传动;
蜗杆蜗轮传动——用于两交错轴间的传动。

一、圆柱齿轮的啮合画法

齿轮必须成对使用,才能传递动力、改变转速和旋转方向。最基本的齿轮传动是圆柱齿轮传动。一对齿轮啮合时,两齿轮的分度圆应相切,此时分度圆又称为节圆。两圆柱齿轮啮合时,除啮合区外,其余部分均按单个齿轮绘制。啮合区按如下规定绘制:

1.投影为圆的视图

在投影为圆的视图中,两齿轮的节圆用细点画线绘制,啮合区内的齿顶圆均用粗实线绘制(图 2-4-12(a)),也可以省略不画(图 2-4-12(b))。

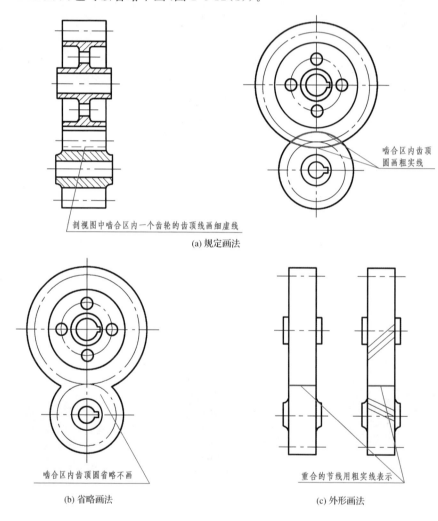

剖视图中啮合区内一个齿轮的齿顶线画细虚线

(a) 规定画法

啮合区内齿顶圆画粗实线

啮合区内齿顶圆省略不画

(b) 省略画法

重合的节线用粗实线表示

(c) 外形画法

图 2-4-12　圆柱齿轮的啮合画法

2.非圆投影的剖视图

在非圆投影的剖视图中,啮合区内两齿轮的节线重合,用细点画线绘制,齿根线用粗实线绘制。当剖切平面通过齿轮轴线时,啮合区内齿顶线的画法是将一个齿轮的齿顶视为可见,画粗实线,另一个齿轮的齿顶被遮住的部分画细虚线(图 2-4-12(a)),也可省略不画。

3. 非圆投影的外形视图

在非圆投影的外形视图中，啮合区内的齿顶线和齿根线不必画出，节线画成粗实线，如图 2-4-12(c) 所示。

如果两轮齿宽不等，则啮合区的画法如图 2-4-13 所示。不论两轮齿宽是否一致，一轮的齿顶线与另一轮的齿根线之间均应留有 $0.25m$ 的间隙。

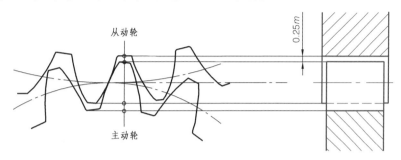

图 2-4-13　齿轮啮合区的画法

二、锥齿轮的画法

锥齿轮的轮齿均匀地分布在圆锥面上，常用于相交轴间的传动，两轴间的夹角一般为 $90°$。由于轮齿分布在圆锥面上，因此锥齿轮的轮齿一端大，另一端小，轮齿的齿厚是逐渐变化的，直径和模数也随着齿厚的变化而变化。为了设计和制造方便，国标规定以大端为准，并用它来决定轮齿的有关部分尺寸。

1. 直齿锥齿轮各部分的名称

直齿锥齿轮各部分的名称及代号如图 2-4-14 所示。

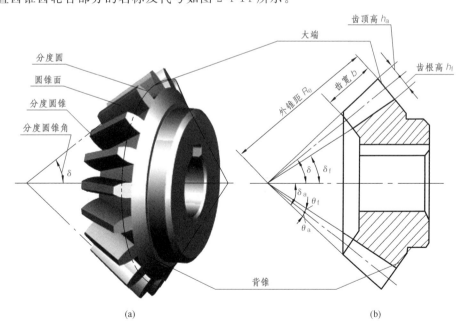

图 2-4-14　直齿锥齿轮各部分的名称及代号

（1）齿数 z：已给定。

（2）模数 m：设计和制造齿轮的重要参数。

（3）分度圆锥角 δ：锥齿轮轴线与分度圆锥母线的夹角。

直齿锥齿轮各部分参数的尺寸与齿数 z、模数 m 及分度圆锥角 δ 有关，其计算公式见表 2-4-5。

表 2-4-5　　　　　　　直齿锥齿轮各部分参数的计算公式

名称	符号	计算公式
分度圆锥角	δ	$\tan\delta_1 = z_1/z_2$，$\tan\delta_2 = z_2/z_1$
顶锥角	δ_a	$\delta_a = \delta + \theta_a$
根锥角	δ_f	$\delta_f = \delta - \theta_f$
齿顶高	h_a	$h_a = m$
齿根高	h_f	$h_f = 1.2m$
分度圆直径	d	$d = mz$
齿顶圆直径	d_a	$d_a = m(z + 2\cos\delta)$
齿根圆直径	d_f	$d_f = m(z - 2.4\cos\delta)$
锥距	R_e	$R_e = mz/(2\sin\delta)$
齿顶角	θ_a	$\theta_a = \arctan(2\sin\delta/z)$
齿根角	θ_f	$\theta_f = \arctan(2.4\sin\delta/z)$
齿宽	b	$b \leqslant R_e/3$

2. 直齿锥齿轮的画法

（1）单个直齿锥齿轮的规定画法

锥齿轮的规定画法与圆柱齿轮基本相同，一般用主、左两个视图表示。

在投影为非圆的视图中，主视图画成剖视图，轮齿按不剖处理；齿顶线和齿根线用粗实线表示，分度线用细点画线表示；齿顶线、齿根线和分度线的延长线交于轴线。

在投影为圆的视图中，大、小端的齿顶圆规定用粗实线画出，大端的分度圆用细点画线画出；大、小端的齿根圆及小端的分度圆均不画出。

齿轮的其他结构按投影画出。

单个直齿锥齿轮的规定画法如图 2-4-15 所示。

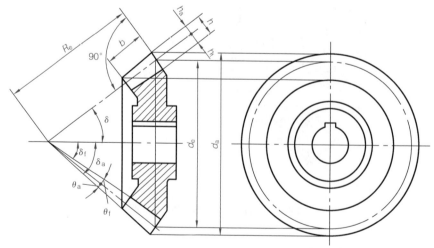

图 2-4-15　单个直齿锥齿轮的规定画法

（2）锥齿轮的啮合画法

锥齿轮啮合的条件是必须有相同的模数。一对安装正确的标准锥齿轮啮合时，分度圆锥面应相切。锥齿轮啮合时，轮齿部分和啮合区的画法与直齿圆柱齿轮相同。

①将主视图画成剖视图，由于两齿轮的分度圆锥面相切，因此其分度线重合，画成细点画线。在啮合区内，应将其中一个齿轮的齿顶线画成粗实线，将另一个齿轮的齿顶线画成细虚线或省略不画。

②将左视图画成外形视图，轴线垂直相交的两锥齿轮啮合时，两个圆锥角之和为90°。锥齿轮的啮合画法如图 2-4-16 所示。

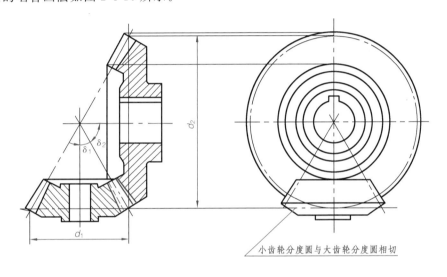

图 2-4-16　锥齿轮的啮合画法

三、蜗杆、蜗轮的画法

蜗杆蜗轮传动一般用于垂直交错两轴之间的传动，如图 2-4-17 所示，蜗杆是主动的，蜗轮是从动的。蜗杆和蜗轮的轮齿是螺旋形的，蜗轮的齿顶面和齿根面常制成圆环面。蜗杆的轴向剖面类似梯形螺纹的轴向剖面，其齿数（头数）相当于螺杆上螺纹的线数。蜗杆常用单头，在传动时蜗杆旋转一圈，蜗轮只转过一个齿，因此蜗轮蜗杆的传动比较大（$i = z_2/z_1$，z_1 为蜗杆齿数，z_2 为蜗轮齿数），结构紧凑，但效率低。

1. 蜗杆、蜗轮的主要参数及其尺寸关系

（1）模数 m

为设计和制造方便，规定将蜗杆的轴向模数 m_x 和蜗轮的端面模数 m_t 作为标准模数。

（2）蜗杆直径系数 q

蜗杆直径系数是蜗杆特有的一项重要参数，它等于蜗杆分度圆直径 d_1 与轴向模数 m_x 的比值，即

$$q = d_1/m_x$$

引入这一系数的主要目的是减少加工刀具的数目。对应于不同的标准模数，国标规定

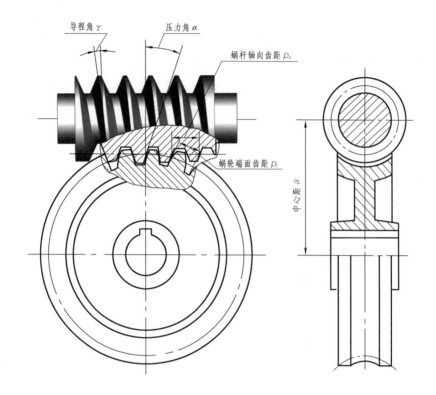

图 2-4-17　蜗杆蜗轮传动

了相应的 q 值，可查阅 GB/T 10085—2018。

（3）蜗杆导程角 γ

沿蜗杆分度圆柱面展开，将螺旋线展成斜线，斜线与底线间的夹角 γ 称为蜗杆导程角，如图 2-4-18 所示。

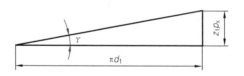

图 2-4-18　蜗杆导程角

当蜗杆直径系数 q 和齿数 z_1 选定后，它们之间的关系为

$$\tan\gamma=\frac{z_1 p_x}{\pi d_1}=\frac{z_1}{q}$$

一对啮合的蜗杆、蜗轮，其模数应相等，即标准模数 $m=m_x=m_t$；且蜗杆的导程角 γ 与蜗轮的螺旋角 β 应大小相等、旋向相同，即 $\gamma=\beta$。

蜗杆、蜗轮的主要尺寸及其相互关系可参见图 2-4-19 和表 2-4-6。

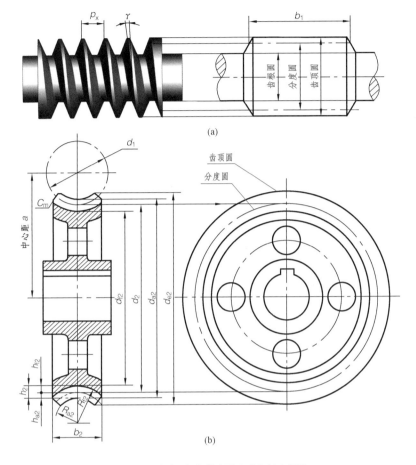

图 2-4-19　蜗杆、蜗轮的主要尺寸和规定画法

表 2-4-6　　　　　　　　　　标准蜗杆、蜗轮各部分尺寸的计算公式

名称	符号	计算公式
蜗杆轴向齿距	p_x	$p_x = \pi m$
齿顶高	h_a	$h_a = m$
齿根高	h_f	$h_f = 1.2m$
蜗杆分度圆直径	d_1	$d_1 = mq$
蜗杆齿顶圆直径	d_{a1}	$d_{a1} = m(q+2)$
蜗杆齿根圆直径	d_{f1}	$d_{f1} = m(q-2.4)$
蜗杆导程角	γ	$\tan\gamma = z_1/q$
蜗杆导程	p_z	$p_z = z_1 p_x$
蜗杆齿宽	b_1	当 $z_1 = 1 \sim 2$ 时，$b_1 = (11+0.06z_2)m$ 当 $z_1 = 3 \sim 4$ 时，$b_1 \geqslant (12.5+0.09z_2)m$

续表

名称	符号	计算公式
蜗轮分度圆直径	d_2	$d_2 = mz_2$
蜗轮喉圆直径	d_{a2}	$d_{a2} = m(z_2+2)$
蜗轮顶圆直径	d_{e2}	当 $z_1=1$ 时，$d_{e2} \leqslant d_{a2}+2m$ 当 $z_1=2\sim3$ 时，$d_{e2} \leqslant d_{a2}+1.5m$ 当 $z_1=4$ 时，$d_{e2} \leqslant d_{a2}+m$
蜗轮齿根圆直径	d_{f2}	$d_{f2} = m(z_2-2.4)$
蜗轮齿宽	b_2	当 $z_1 \leqslant 3$ 时，$b_2 \leqslant 0.75d_{a1}$ 当 $z_1=4$ 时，$b_2 \leqslant 0.67d_{a1}$
中心距	a	$a = m/2(q+z_2)$

2. 蜗杆、蜗轮的规定画法

（1）蜗杆的规定画法

蜗杆的形状如梯形螺杆，轴向剖面齿形为梯形，它的齿顶线、分度线、齿根线的画法与圆柱齿轮相同，牙型可用局部剖视图或局部放大图画出。具体画法如图 2-4-19(a)所示。

（2）蜗轮的规定画法

蜗轮的画法与圆柱齿轮基本相同，如图 2-4-19(b)所示。在投影为圆的视图中，轮齿部分只需画出分度圆和齿顶圆，其他圆可省略不画。其剖视图的画法与圆柱齿轮相同，其结构形状按投影绘制。

3. 蜗杆、蜗轮的啮合画法

（1）在蜗轮投影为非圆的视图上画全剖视图，当剖切平面通过蜗轮的轴线时，蜗杆的齿顶圆用粗实线绘制，蜗轮被蜗杆遮住的部分不必画出，如图 2-4-20(a)所示。

（2）在蜗轮投影为圆的视图上，蜗轮的分度圆与蜗杆的分度线应相切，如图 2-4-20(b)所示。

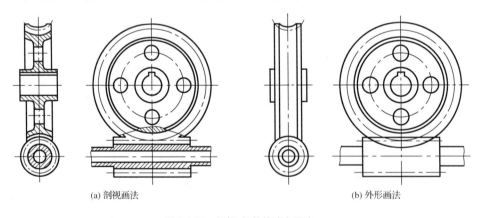

(a) 剖视画法　　　　　　　　　　　　(b) 外形画法

图 2-4-20　蜗杆、蜗轮的啮合画法

项目五

识读支架零件图

项目要求

　　读懂图 2-5-1 所示的支架零件图,理解叉架类零件的特点及表达方案,掌握叉架类零件图的识读方法及步骤。

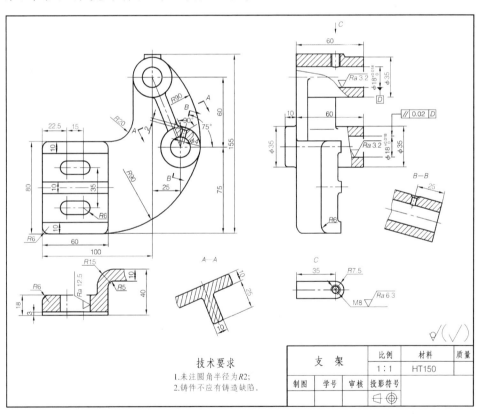

技术要求
1.未注圆角半径为R2;
2.铸件不应有铸造缺陷。

支　架	比例	材料	质量
	1:1	HT150	
制图	学号	审核	投影符号

图 2-5-1　支架零件图

学习导航

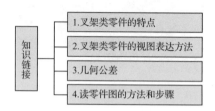

学习资料

一、叉架类零件的特点

叉架类零件包括各种用途的拨叉和支架,如图 2-5-2 所示。拨叉主要用在机床、内燃机等各种机器的操纵机构上,操纵机器、调节速度;支架主要起支撑和连接作用。

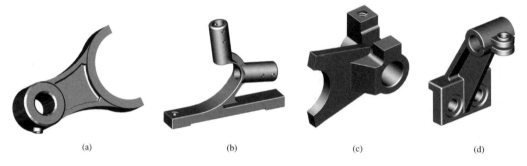

(a)   (b)   (c)   (d)

图 2-5-2   叉架类零件

二、叉架类零件的视图表达方案

(1)叉架类零件一般都是铸件或锻件毛坯,毛坯形状较为复杂,需经不同的机械加工,且加工位置难以分出主次。在选择主视图时,主要按形状特征和工作位置(或自然位置)确定。

(2)叉架类零件的结构形状较为复杂,一般都需要两个以上的视图。由于它的某些结构形状不平行于基本投影面,因此常用斜视图、斜剖视图和断面图来表达。零件上的一些内部结构形状可采用局部剖视图来表达,某些较小的结构可采用局部放大图来表达。当零件的主要部分不在同一平面上时,可采用斜视图或相交平面剖切的方法表达。

实施步骤

一、读标题栏

从标题栏可知,该零件的名称为支架,材料为 HT150,比例为 1∶1,采用第一角投影画法。

二、分析视图表达方案

该支架用三个基本视图、两个移出断面图和一个局部视图来表达。

三、读视图

主视图采用局部剖视图,表达该支架各部分的位置关系和轴孔上的螺钉孔;左视图采用局部剖视图,表达两个轴孔的形状和连接板的外形,可以看出该零件的表面过渡线较多;A—A 移出断面图表达肋板的断面形状,B—B 移出断面图交代了螺钉孔的定位尺寸 25;从 C 向局部剖视图可知,该支架的顶部有一个凸台,凸台螺纹孔的定位尺寸为 35。

通过分析想象支架的立体形状,如图 2-5-3 所示。

图 2-5-3　支架立体图

四、读尺寸标注

该支架长度和高度方向的主要基准是上部 $\phi 18^{+0.018}_{0}$ 轴孔的轴线,宽度方向的主要基准是 $\phi 35$ 圆柱的前端面。孔中心线间以及孔中心线到平面的尺寸要直接注出,如 60、75、35、22.5、15、25。定形尺寸要采用形体分析法标注,以便于制作模样。

五、读技术要求

1. 表面粗糙度要求

图中两 $\phi 18^{+0.018}_{0}$ 内孔表面质量较高,Ra 值为 $3.2~\mu m$;其次是 M8 螺纹孔和左侧两长圆形孔,Ra 值分别是 $6.3~\mu m$ 和 $12.5~\mu m$;其余表面为非加工表面。

2. 尺寸公差要求

尺寸 $\phi 18^{+0.018}_{0}$ 表示出了两孔的尺寸公差要求,以限制尺寸误差,保证尺寸精度。

3. 几何公差要求

//	0.02	D

:下方 $\phi 18^{+0.018}_{0}$ 孔的轴线对上方 $\phi 18^{+0.018}_{0}$ 孔的轴线的平行度公差值为 0.02 mm。

新知识——平行度公差带的定义、标注和解释

定义:如图 2-5-4(a)所示,平行度公差带为间距等于公差值 t、平行于基准平面 D 的两平行平面所限定的区域。

标注和解释:如图 2-5-4(b)所示,提取(实际)表面应限定在间距为 0.01 mm、平行于基准平面 D 的两平行平面之间。

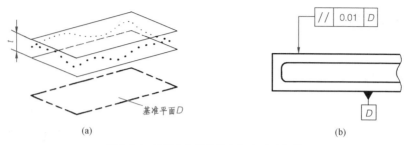

图 2-5-4　平行度公差带的定义、标注和解释

 知识拓展

一、直线度公差带的定义、标注和解释

（1）情况 1

定义：如图 2-5-5（a）所示，直线度公差带为在平行于（相交平面框格给定的）基准 A 的给定平面内和给定方向上、间距等于公差值 t 的两平行直线所限定的区域。

标注和解释：如图 2-5-5（b）所示，在由相交平面框格规定的平面内，上表面的提取（实际）线应限定在间距为 0.1 mm 的两平行直线之间。

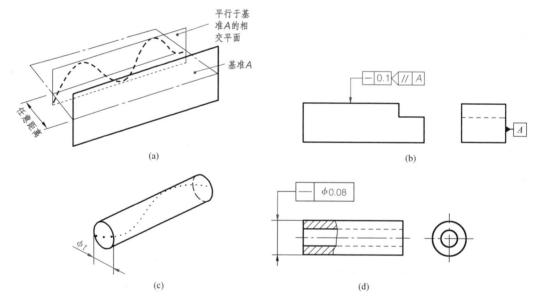

图 2-5-5　直线度公差带的定义、标注和解释

（2）情况 2

定义：如图 2-5-5（c）所示，由于公差带前加注了符号"ϕ"，因此直线度公差带为直径等于公差值 t 的圆柱面所限定的区域。

标注和解释：如图 2-5-5（d）所示，外圆柱面的提取（实际）中心线应限定在直径为 0.08 mm 的圆柱面内。

二、圆度公差带的定义、标注和解释

定义：如图 2-5-6(a)所示，圆度公差带为在给定横截面内半径差等于公差值 t 的两同心圆所限定的区域。

标注和解释：如图 2-5-6(b)所示，在圆柱面和圆锥面的任意横截面内，提取(实际)圆周应限定在半径差为 0.03 mm 的两共面同心圆之间。这是圆柱表面的默认应用方式，而对于圆锥表面，则应使用方向要素框格进行标注。

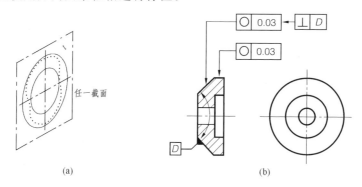

(a)　　　　　　　(b)

图 2-5-6　圆度公差带的定义、标注和解释

三、线轮廓度(无基准)公差带的定义、标注和解释

定义：如图 2-5-7(a)所示，线轮廓度公差带为直径等于公差值 t、圆心位于具有理论正确几何形状上的一系列圆的两包络线所限定的区域。

标注和解释：如图 2-5-7(b)所示，在任一平行于基准平面 A 的截面内，如相交平面框格所规定的，提取(实际)轮廓线应限定在直径为 0.04 mm、圆心位于理论正确几何形状上的一系列圆的两等距包络线之间。可用"UF"表示组合要素上的三个圆弧部分组成联合要素。

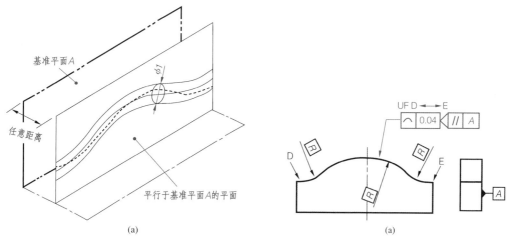

(a)　　　　　　　(a)

图 2-5-7　线轮廓度公差带的定义、标注和解释

四、面轮廓度(有基准)公差带的定义、标注和解释

定义:如图 2-5-8(a)所示,面轮廓度公差带为直径等于公差值 t、球心位于由基准平面 A 确定的被测要素理论正确几何形状上的一系列圆球的两包络面所限定的区域。

标注和解释:如图 2-5-8(b)所示,提取(实际)轮廓面应限定在直径为 0.1 mm、球心位于由基准平面 A 确定的被测要素理论正确几何形状上的一系列圆球的两等距包络面之间。

识读几何公差(二)

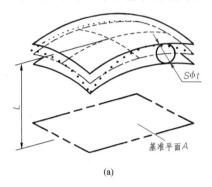

(a)

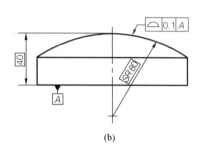

(b)

图 2-5-8　面轮廓度公差带的定义、标注和解释

项目六
识读减速器箱座零件图

项目要求

通过识读图 2-6-1 所示的减速器箱座零件图,掌握箱体类零件的结构特点及表达方案;熟练掌握识读箱体类零件图的方法及步骤;掌握滚动轴承的绘制、标注方法;掌握斜度的含义、规定画法和标注方法;掌握销连接的作用、规定画法和标注方法。

学习导航

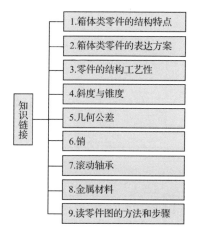

知识链接	1.箱体类零件的结构特点
	2.箱体类零件的表达方案
	3.零件的结构工艺性
	4.斜度与锥度
	5.几何公差
	6.销
	7.滚动轴承
	8.金属材料
	9.读零件图的方法和步骤

学习资料

一、箱体类零件的结构特点

箱体类零件主要用于支承、包容其他零件,机器或部件的外壳、机座及主体等均属于箱体类零件。此类零件的结构往往较为复杂,一般带有腔、轴孔、肋板、凸台、沉孔及螺孔等结构。支承孔处常设有加厚凸台或加强肋,表面过渡线较多。

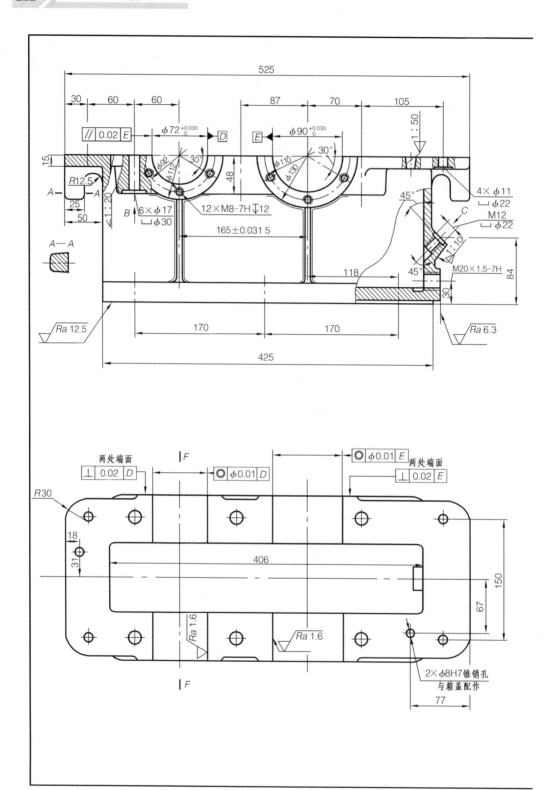

图 2-6-1

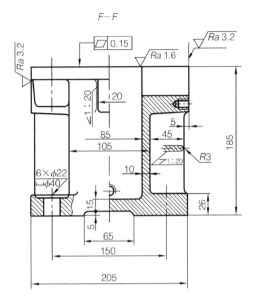

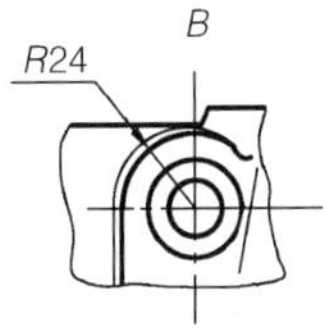

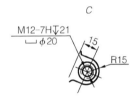

技术要求

1.铸造不允许有气孔、疏松、裂纹等缺陷;
2.箱座铸成后应进行喷砂处理,应清理铸件飞边,并进行时效处理或正火处理;
3.箱盖和箱座合箱后边缘应平齐,互相错位每边不大于2 mm;
4.用0.5 mm塞尺检查与箱盖结合面的密封性,深度不得大于剖切平面宽度的三分之一,用涂色法检查接触面积达到每平方厘米不少于一个斑点;
5.与箱盖连接后,打上定位销进行镗孔;
6.未注明的铸造起模斜度为1:50;
7.铸造圆角为R3~R5;
8.全部倒角C2;
9.箱座不得漏油。

减速器箱座			比例	材料	质量
			1:1	HT200	
制图	学号	审核	投影符号	(班 级)	

减速器箱座零件图

二、箱体类零件的表达方案

（1）箱体类零件多数经过较多工序加工而成，各工序的加工位置不尽相同。通常根据最能反映形状特征及结构相对位置的一面来选定主视图的投射方向，以自然安放位置或工作位置作为主视图的摆放位置。

（2）主视图选定后，根据箱体的外部结构形状和内部结构形状，确定还需要哪些其他视图来表达。

（3）箱体上的一些局部结构，如螺孔、凸台及肋板等，可采用局部剖视图、局部视图和断面图等来表达。

三、零件的结构工艺性

1. 铸造结构

（1）起模斜度

为了在铸造时便于将模样从砂型中取出，在铸件内、外壁上常设计出起模斜度，如图 2-6-2、图 2-6-3 所示。

起模斜度的大小：木模常为 1°～3°；金属模手工造型时为 1°～2°，机械造型时为 0.5°～1°。在图上表达起模斜度较小的零件时，起模斜度可以不画，如图 2-6-2(a) 所示，但应在技术要求中加以说明。当需要表达时，如在一个视图中起模斜度已表达清楚（图 2-6-2(b)），则在其他视图中可只按小端画出（图 2-6-2(c)）。

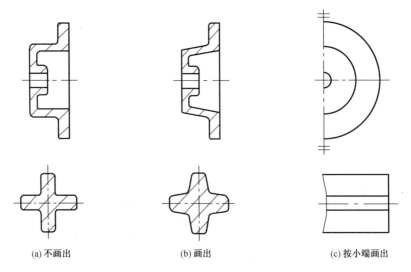

(a) 不画出　　　　　(b) 画出　　　　　(c) 按小端画出

图 2-6-2　起模斜度的画法

（2）铸造圆角

在箱体铸造过程中，为了满足铸造工艺要求，防止砂型落砂、铸件产生裂纹和缩孔，在铸件各表面相交处都做成圆角而不做成尖角，如图 2-6-3 所示。

圆角半径一般取壁厚的 1/5～2/5。在同一铸件上，圆角半径的种类应尽可能减少。

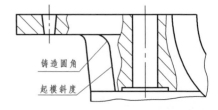

图 2-6-3　箱体上的起模斜度和铸造圆角

（3）过渡线的画法

由于铸造圆角的存在，零件上的表面交线就显得不明显，为了区分不同形体的表面，在零件图上仍画出两表面的交线，称为过渡线。其画法与相贯线的画法一样（用细实线绘制），如图 2-6-4 所示。

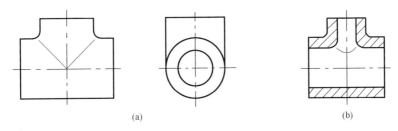

(a)　　　　　　　　　　(b)

图 2-6-4　两曲面相交的过渡线的画法

肋板与圆柱面相交的过渡线，其形状取决于肋板的断面形状及相切或相交的关系，如图 2-6-5、图 2-6-6 所示。

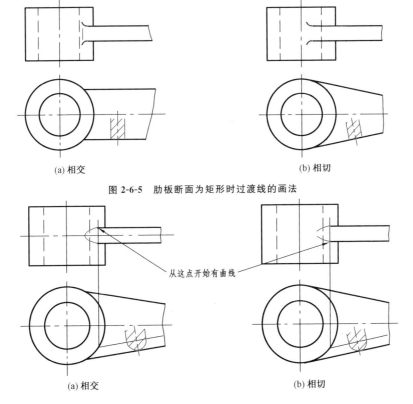

(a)相交　　　　　　　　　　(b)相切

图 2-6-5　肋板断面为矩形时过渡线的画法

从这点开始有曲线

(a)相交　　　　　　　　　　(b)相切

图 2-6-6　肋板断面为曲线形时过渡线的画法

平面与平面、平面与曲面相交的过渡线应在转角处断开，并加画小圆弧，其弯向应与铸造圆角的弯向一致，如图 2-6-7 所示。

（4）箱体壁厚要均匀

为了保证箱体的品质，防止因壁厚不均而使冷却结晶速度不同，在肥厚处产生疏松以致缩孔，以及在薄厚相间处产生裂纹等，应使箱体壁厚均匀或逐渐变化，避免突然改变壁厚而

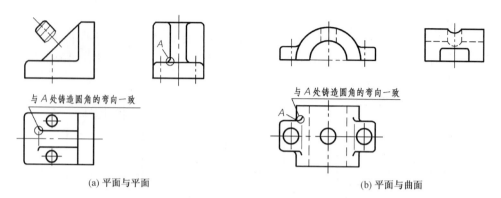

(a) 平面与平面   (b) 平面与曲面

图 2-6-7   平面与平面、平面与曲面相交的过渡线的画法

产生局部肥大现象,如图 2-6-8 所示。壁厚有时在图中可不注,而在技术要求中应写明,如"未注明壁厚为 5 mm"。

(5)铸件各部分形状应尽量简化

为了便于制模、造型、清理、去除浇冒口和机械加工,铸件外形应尽可能平直,内壁也应减少凸起或分支部分,如图 2-6-9 所示。

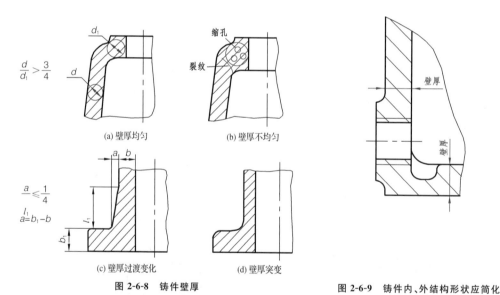

(a) 壁厚均匀   (b) 壁厚不均匀

(c) 壁厚过渡变化   (d) 壁厚突变

图 2-6-8   铸件壁厚

图 2-6-9   铸件内、外结构形状应简化

2.箱体上的机械加工结构

(1)孔

箱体上有各种不同形式和不同用途的孔,多数是用钻头加工而成。用钻头钻孔时,要求钻头尽量垂直于被钻孔的零件表面,以保证钻孔准确和避免钻头折断,同时还要保证工具能有最方便的工作条件,如图 2-6-10 所示。

(2)沉孔和凸台

为了保证零件间的良好接触及减少加工面,在箱体上常有凸台结构或加工出沉孔(鱼眼坑)等,以减小加工面积并保证两零件间接触良好,如图 2-6-11 所示。

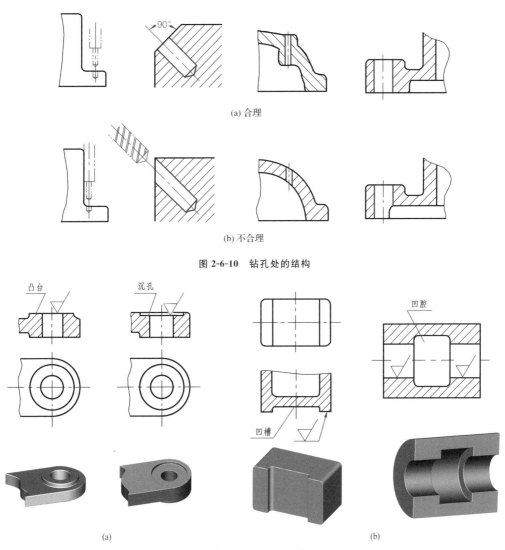

(a) 合理

(b) 不合理

图 2-6-10　钻孔处的结构

凸台　　　沉孔　　　　　　　　　　　　凹腔

凹槽

(a)　　　　　　　　　　　　　　　(b)

图 2-6-11　凸台、沉孔和凹槽、凹腔

 实施步骤

一、读标题栏

从标题栏可知该零件的名称为减速器箱座,材料为 HT200,比例为 1：1,采用第一角投影画法。

二、分析视图表达方案

该箱体用了三个基本视图——主视图、俯视图和左视图以及 B 向局部视图、重合断面图、A—A 移出断面图和 C 向斜视图共七个视图来进行表达。

三、读视图

1. 主视图

主视图主要表达外形,用五处局部剖视图来表达螺栓连接孔、油标孔(M12)、放油螺塞孔(M20×1.5-7H)等结构。为保证轴承座孔的刚度,应使轴承座孔有足够的厚度,故在轴承座孔附近加肋板,并在轴承座孔附近做出凸台。在凸台上有ϕ17光孔。为了检查油面高度,以保证箱体内有适量的油,常在低速级附近油面较稳定处安置油标。

2. 俯视图

俯视图反映了箱体上部和底板上面的外部结构形状及其安装孔的分布情况,同时也反映了啮合腔的大小。还可看出四个轴承座孔两旁凸台上六个螺栓孔(ϕ17)的位置以及凸缘上四个螺栓孔和两个锥销孔(ϕ8)的位置,它进一步反映了啮合腔的情况以及轴承座孔的相对位置关系(其轴线相互平行)。

3. 左视图

左视图是半剖视图加局部剖视图。未剖部分表达了箱体左边的外形;在底板上作局部剖,表达了安装孔的形状,安装孔表面锪平,以减小加工面积;剖开部分表达了轴承座孔和装轴承端盖用的螺钉孔,肋板的细节用重合断面图表达。此外还表达了底板上的凹槽,此凹槽的作用是减小加工面积。

4. 其他视图

B向局部视图表达了轴承座孔两旁凸台底部锪平的螺栓孔,C向斜视图表达了油标尺孔的斜凸台。

通过分析可知,该减速器箱座的结构如图 2-6-12 所示。

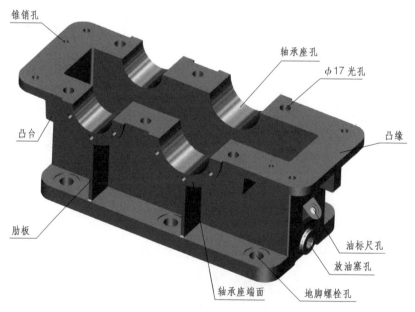

图 2-6-12 减速器箱座立体图

四、读尺寸标注

新知识——斜度与锥度

1. 斜度

斜度是指一直线(或平面)对另一直线(或平面)的倾斜程度,其大小用两直线(或平面)间夹角的正切来表示,如图 2-6-13(a)所示,并把比值化为 1∶n 的形式,即

$$斜度 = \tan\alpha = H∶L = 1∶(L/H) = 1∶n$$

斜度符号按图 2-6-13(b)所示绘制,符号斜线的方向应与斜度方向一致。

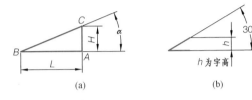

图 2-6-13　斜度的含义及符号

工字钢翼缘的斜度的标注如图 2-6-14 所示,箱体上斜度的标注如图 2-6-15 所示。

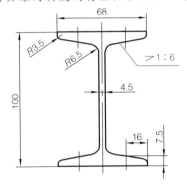

图 2-6-14　工字钢翼缘的斜度的标注

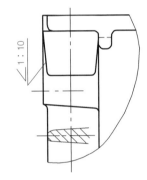

图 2-6-15　箱体上斜度的标注

2. 锥度

锥度是指正圆锥体的底圆直径与其高度之比(对于圆台,则为底圆与顶圆直径差与其高度之比),如图 2-6-16(a)所示,此值被化为 1∶n 的形式。标注锥度时,需在 1∶n 前加注锥度符号,如图 2-6-16(b)所示,符号的方向应与图形中大、小端方向一致,并对称地配置在基准线上,即基准线应从锥度符号中间穿过。

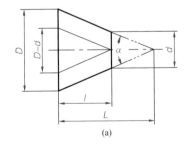

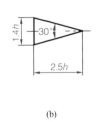

图 2-6-16　锥度的含义及符号

锥度的标注如图 2-6-17(a)所示。图 2-6-17(b)所示为锥度 1∶3 的作图方法,具体如下:

(1)作 AB＝3 个单位长,CD＝1 个单位长,CA＝AD＝0.5 个单位长。

（2）连接 C、B 和 D、B，即 1∶3 的锥度线。

（3）分别过点 E、F 作 $EG /\!/ CB$、$FH /\!/ DB$，即所求。

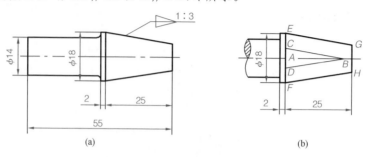

图 2-6-17　锥度的标注和作图方法

该减速器箱座的长度方向、宽度方向、高度方向的主要基准为孔的轴线、对称平面和较大的加工平面。其定位尺寸多，各孔的中心线或轴线间的距离一定要直接标注出来，如 60、60、87、70、105、165±0.031 5 等。定形尺寸仍用形体分析法标注，如 $\phi72^{+0.030}_{0}$、$\phi90^{+0.035}_{0}$、$\phi112$、$\phi130$ 等。图中标注 $\dfrac{6\times\phi22}{\square\phi40}$、12×M8-7H↓12、$\dfrac{2\times\phi8\text{H7 锥销孔}}{\text{与箱盖配作}}$、$\angle$ 1∶20、$\triangleright$ 1∶10 的含义，读者可自行分析。

五、读技术要求

新知识——平面度公差带的标注和解释

定义：如图 2-6-18(a)所示，平行度公差带为间距等于公差值 t 的两平行平面所限定的区域。

标注和解释：如图 2-6-18(b)所示，提取（实际）表面应限定在间距等于 0.08 mm 的两平行平面之间。

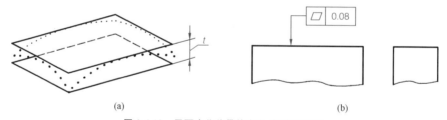

图 2-6-18　平面度公差带的定义、标注和解释

1. 表面粗糙度要求

重要的箱体孔和重要的表面，其表面粗糙度值较小，如轴承座孔的 Ra 值为 1.6 μm，箱体结合面的 Ra 值为 1.6 μm 等。

2. 尺寸公差和几何公差要求

重要的箱体孔和重要表面应该有尺寸公差和几何公差要求。为了保证齿轮传动载荷分布的均匀性，应规定箱体两对轴承孔的轴线的平行度公差，如 $\boxed{/\!/\ |\ 0.02\ |\ E}$ 。对于同一根轴的两个轴承孔，应控制其同轴度误差以保证轴承孔和轴承外圈的配合性质，如 $\boxed{\odot\ |\ \phi0.01\ |\ D}$、$\boxed{\odot\ |\ \phi0.01\ |\ E}$ 。为了保证轴承端盖在箱体轴承孔中的正确位置，应规定轴承孔端面对轴承孔轴线的垂直度公差，如 $\boxed{\perp\ |\ 0.02\ |\ D}$、$\boxed{\perp\ |\ 0.02\ |\ E}$ 。为了保证箱盖与箱体结合的紧密性，这两个结合面要求平整，应对结合面规定平面度公差，如 $\boxed{\square\ |\ 0.15}$ 。几何公差的解释如下：

$\boxed{//}\ \boxed{0.02}\ \boxed{E}$：表示$\phi 72^{+0.030}_{0}$轴线对$\phi 90^{+0.035}_{0}$轴线的平行度公差值为 0.02 mm。

$\boxed{\diagdown}\ \boxed{0.15}$：表示箱体结合面的平面度公差值为 0.15 mm。

其余各项要求读者可自行分析。

 知识拓展

一、销

1. 常用销及其标记

销在机器中可起定位和连接作用。常用的销有圆柱销、圆锥销和开口销等。圆柱销和圆锥销用于零件之间的连接或定位；开口销常与六角开槽螺母配合使用，它穿过螺母上的槽和螺杆上的孔，以防止螺母松动。销的有关标准参见附表 9。常用销的形式和标记见表 2-6-1。

表 2-6-1　　　　　　　　　　　　　　　常用销的形式和标记

名称	图例	标记示例
圆柱销 不淬硬钢和奥氏体不锈钢 （GB/T 119.1—2000） 淬硬钢和马氏体不锈钢 （GB/T 119.2—2000）		公称直径 $d=8$ mm、公差为 m6、公称长度 $l=30$ mm、材料为钢、不经淬火、不经表面处理的圆柱销： 销 GB/T 119.1　8m6×30
圆锥销 （GB/T 117—2000）		公称直径 $d=10$ mm、公称长度 $l=50$ mm、材料为 35 钢、热处理硬度（28～38）HRC、表面氧化处理的 A 型圆锥销： 销　GB/T 117　10×50 （公称直径指小端直径）
开口销 （GB/T 91—2000）		公称规格为 5 mm、公称长度 $l=40$ mm、材料为 Q215 或 Q235、不经表面处理的开口销： 销 GB/T 91　5×40
内螺纹圆柱销 淬硬钢和马氏体不锈钢 （GB/T 120.2—2000）		公称直径 $d=6$ mm、公差为 m6、公称长度 $l=30$ mm、材料为钢、普通淬火（A 型）、表面氧化处理的内螺纹圆柱销的标记： 销　GB/T 120.2　6×30

2.销连接的画法

图 2-6-19 所示为圆柱销、圆锥销连接的画法。在连接图中,当剖切平面通过销孔轴线时,销按不剖绘制。

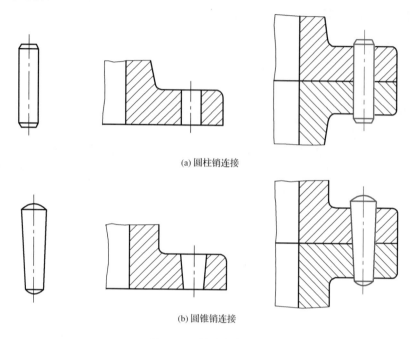

(a) 圆柱销连接

(b) 圆锥销连接

图 2-6-19　销连接的画法

二、滚动轴承

轴承是用来支承轴的,分为滑动轴承和滚动轴承两大类。滚动轴承由于摩擦阻力小、结构紧凑等优点,在机器中被广泛使用。

1.滚动轴承的结构和分类

(1)结构

滚动轴承的种类很多,但结构相似,一般由外圈、内圈、滚动体和保持架组成,如图2-6-20所示。

(2)分类

滚动轴承按承受载荷的方向可分为三类:

①向心轴承:主要承受径向载荷,如深沟球轴承。

②推力轴承:仅能承受轴向载荷,如推力球轴承。

③向心推力轴承:能同时承受径向载荷和轴向载荷,如圆锥滚子轴承。

2.滚动轴承的代号

滚动轴承的代号由前置代号、基本代号、后置代号组成。

(1)基本代号(除滚针轴承外)

外形尺寸符合标准规定的滚动轴承,其基本代号由轴承类型代号、尺寸系列代号、内径系列代号组成。

①轴承类型代号:用数字或字母表示,见表 2-6-2。

(a) 滚动轴承的组成

外圈

内圈

滚动体

保持架

外圈

内圈

滚动体

保持架

(b) 滚动体的形状

图 2-6-20　滚动轴承的组成及滚动体的形状

表 2-6-2　　　　　　　　　　　　　轴承类型代号

代号	轴承类型	代号	轴承类型
0	双列角接触球轴承	7	角接触球轴承
1	调心球轴承	8	推力圆柱滚子轴承
2	调心滚子轴承和推力调心滚子轴承	N	圆柱滚子轴承
3	圆锥滚子轴承		（双列或多列用"NN"表示）
4	双列深沟球轴承	U	外球面球轴承
5	推力球轴承	QJ	四点接触球轴承
6	深沟球轴承		

②尺寸系列代号：由轴承的宽(高)度系列代号和直径系列代号组合而成，用两位阿拉伯数字表示。它的主要作用是区别内径相同而宽度和外径不同的轴承，具体代号需查阅相关标准。

③内径系列代号：表示轴承的公称内径，一般用两位阿拉伯数字表示。代号数字为00、01、02、03时，分别表示轴承内径 $d=10$、12、15、17(mm)；代号数字为04～96时，轴承内径为代号数字乘以5；轴承内径为1～9 mm、大于或等于500 mm以及22、28、32(mm)时，代号用公称内径的毫米数直接表示，但与尺寸系列之间用"/"隔开。

（2）前置、后置代号

前置、后置代号是轴承在结构形状、尺寸、公差、技术要求等有改变时，在其基本代号左、右添加的补充代号。前置代号置于基本代号左边,用数字表示;后置代号置于基本代号右边,用字母(或加数字)表示。

轴承代号一般印在轴承外圈的端面上,与本项目中的减速器箱座相配的滚动轴承代号为6210,其含义说明如下:

　　内径系列代号,$d=10×5=50$ mm
　　尺寸系列代号"(0)2","0"表示宽度系列代号,省略标注;"2"表示直径系列代号
　　类型代号,表示深沟球轴承

3. 滚动轴承的画法

滚动轴承应按 GB/T 4459.7—2017 中的规定绘制,即在装配图中,当不需要确切地表示滚动轴承的形状和结构时,可采用简化画法和规定画法来绘制。简化画法又可采用通用画法或特征画法来表示。滚动轴承的通用画法、特征画法、规定画法见表 2-6-3。轴承各部分尺寸见附表10～附表12。

表 2-6-3　　　　　　　　　　滚动轴承的通用画法、特征画法、规定画法

轴承名称	结构形式	通用画法	特征画法	规定画法
深沟球轴承	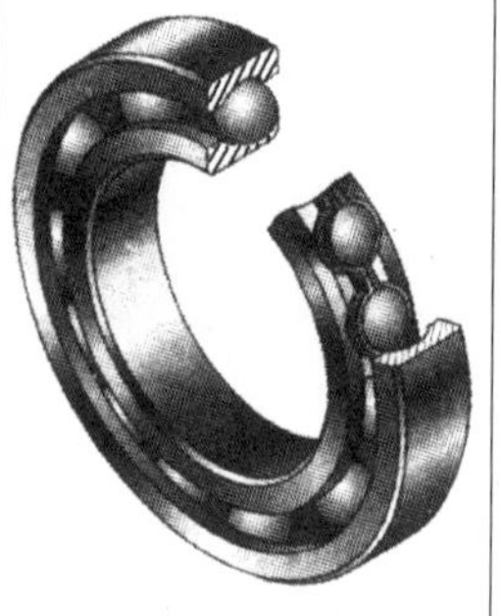	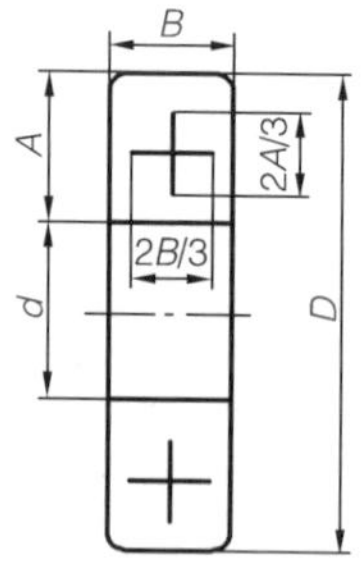	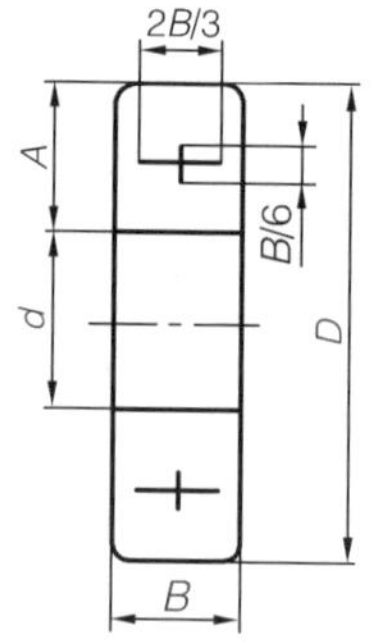	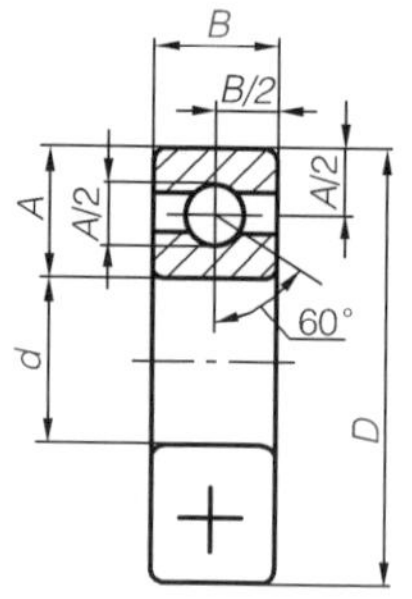
圆锥滚子轴承				
推力球轴承				

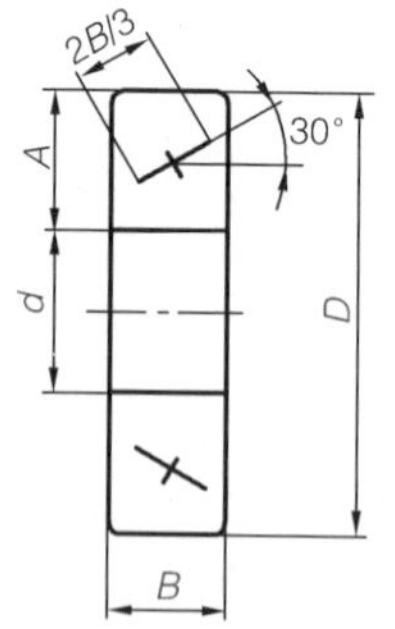

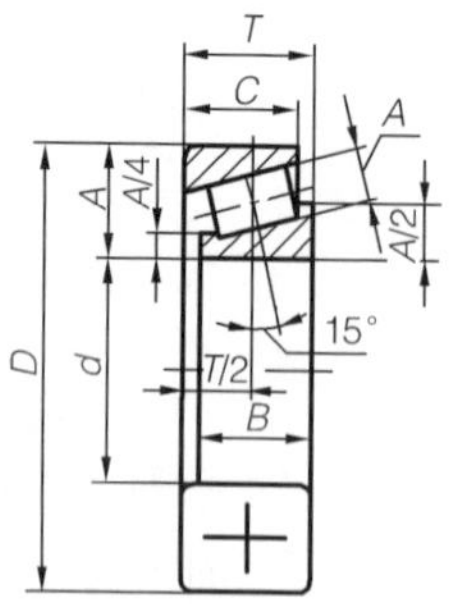

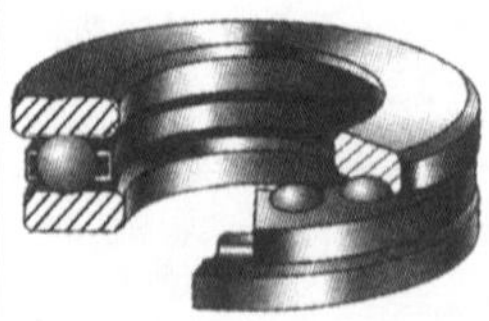

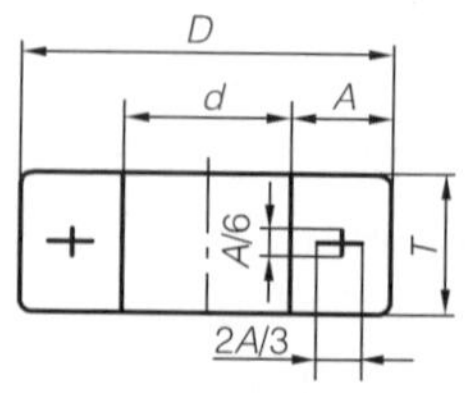

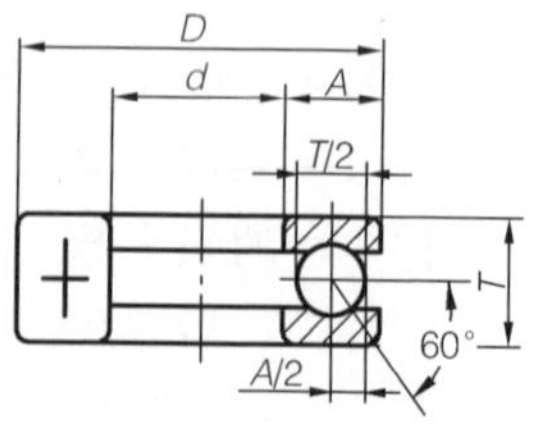

三、金属材料

金属材料的牌号、代号、应用以及相关说明见表 2-6-4 和表 2-6-5。

表 2-6-4　　　　　　　　　　　　　铁和钢

牌号		统一数字代号	应用举例	说明
灰铸铁 (GB/T 9439—2010)	HT150		中强度铸铁：底座、刀架、轴承座、端盖	"HT"表示灰铸铁，后面的数字表示最小抗拉强度(MPa)
	HT200		高强度铸铁：床身、机座、齿轮、凸轮、联轴器、机座、箱体、支架	
	HT350			
工程用铸钢 (GB/T 11352—2009)	ZG230～ZG450		各种形状的机件、齿轮、飞轮、重负荷机架	"ZG"表示铸钢，第一组数字表示屈服强度(MPa)最低值，第二组数字表示抗拉强度(MPa)最低值
	ZG310～ZG570			
碳素结构钢 (GB/T 700—2006)	Q215	U12152(A) U12155(B)	受力不大的螺钉、轴、凸轮、焊件等	"Q"表示钢的屈服点，数字为屈服强度值(MPa)，同一钢号下分品质等级，A、B、C、D 表示品质依次下降，例如 Q235A
	Q235	U12352(A) U12355(B) U12358(C) U12359(D)	螺栓、螺母、拉杆、钩、连杆、轴、焊件	
	Q275	U12752(A) U12755(B) U12758(C) U12759(D)	重要的螺钉、拉杆、钩、连杆、轴、销、齿轮	
优质碳素结构钢 (GB/T 699—2015)	30	U20302	曲轴、轴销、连杆、横梁	牌号中的数字表示钢中碳的质量分数，例如"45"表示碳的质量分数为 0.45%，数字依次增大，表示抗拉强度、硬度依次增加，延伸率依次降低。当锰的质量分数为 0.7%～1.2% 时，需注出"Mn"
	35	U20352	曲轴、摇杆、拉杆、键、销、螺栓	
	40	U20402	齿轮、齿条、凸轮、曲柄轴、链轮	
	45	U20452	齿轮轴、联轴器、衬套、活塞销、链轮	
	65Mn	U21652	大尺寸的各种扁、圆弹簧，如座板簧、弹簧发条	

牌号		统一数字代号	应用举例	说明
合金结构钢 (GB/T 3077—2015)	15Cr	A20152	渗碳零件、齿轮、小轴、离合器、活塞销、凸轮，芯部韧性较好的渗碳零件	符号前的数字表示碳的质量分数，符号后的数字表示所含元素的质量分数，当其小于1.5%时不注数字
	40Cr	A20402		
	20CrMnTi	A26202	工艺性好，汽车、拖拉机的重要齿轮，供渗碳处理	

表 2-6-5　　　　　　　　　　有色金属及其合金

牌号或代号		应用举例	说明
加工黄铜 (GB/T 5231—2022)	H62(代号)	散热器、垫圈、弹簧、螺钉等	"H"表示普通黄铜，数字表示铜的质量分数
铸造铜合金 (GB/T 1176—2013)	ZCuZn38Mn2Pb2	铸造黄铜：轴瓦、轴套及其他耐磨零件	"ZCu"表示铸造铜合金，合金中的其他主要元素用化学符号表示，符号后的数字表示该元素的质量分数
	ZCuSn5Pb5Zn5	铸造锡青铜：承受摩擦的零件，如轴承	
	ZCuAl10Fe3	铸造铝青铜：蜗轮、衬套和耐蚀性零件	
变形铝及铝合金 (GB/T 3190—2020)	1060 1050A 2A12 2A13	储槽、塔、热交换器、防污染及深冷设备；中等强度的零件，焊接性能好	铝及铝合金牌号用四位数字或字符表示，部分新旧牌号对照如下： 新　　　　旧 1060　　　L2 1050A　　　L3 2A12　　　LY12 2A13　　　LY13
铸造铝合金 (GB/T 1173—2013)	ZAlCu5Mn (代号 ZL201) ZAlMg10 (代号 ZL301)	砂型铸造，工作温度为175～300℃的零件，如内燃机缸头、活塞等；在大气或海水中工作、承受冲击载荷、外形不太复杂的零件，如舰船配件等	"ZAl"表示铸造铝合金，合金中的其他元素用化学符号表示，符号后的数字表示该元素的质量分数。代号中的数字表示合金系列代号和顺序号

项目七

减速器从动轴系的测绘及装配图的绘制

项目要求

　　对图 2-7-1 所示的减速器从动轴系进行测绘并绘制其装配图。通过完成该项目,理解装配图的作用、内容、规定画法及特殊画法;掌握绘制装配图的方法与步骤;理解从动轴系在减速器中的功能;熟悉从动轴系的装配关系、连接方式、拆卸及装配顺序;理解配合的概念、种类及其在装配图中的标注和识读。

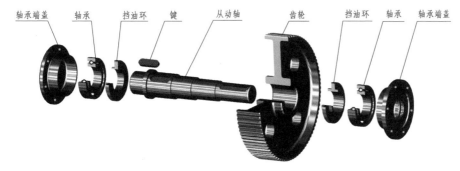

轴承端盖　轴承　挡油环　键　从动轴　齿轮　挡油环　轴承　轴承端盖

图 2-7-1　减速器从动轴系

学习导航

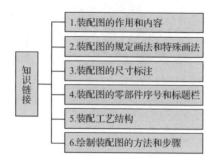

学习资料

一、装配图的作用和内容

在实际工作中,需要根据设计要求首先设计出机器或部件,表达机器或部件的工作原理及装配、连接关系的图样称为装配图,它是设计、制造、使用、维修产品的重要依据。

装配图应包括:

(1)一组视图:包括视图、剖视图、断面图等,用来表达机器或部件的工作原理、零件间的装配关系和连接方式以及主要零件的结构形状等。

(2)必要的尺寸:与机器或部件的性能、规格、装配和安装有关的尺寸。

(3)技术要求:用符号、代号或文字说明装配体在装配、安装、调试及使用等方面应达到的技术指标。

(4)标题栏、零件序号及明细栏:在装配图中,必须对每个零件进行编号,并在明细栏中依次列出零件的序号、名称、数量、材料等,在标题栏中写明装配体的名称、图号、绘图比例以及有关人员的签名等。

在绘制减速器从动轴系装配图之前,须对其工作原理、零件之间的装配关系以及主要零件的形状、零件与零件之间的相对位置、定位方式等做仔细分析。

二、装配图的规定画法和特殊画法

1. 假想画法

当需要表示与本部件有关但不属于本部件的相邻零部件或零件的运动范围、极限位置时,可用细双点画线在假想位置画出其轮廓,如图 2-7-2 所示的箱座。

2. 夸大画法

对于装配图中的间隙或零件中厚度小于 2 mm 的结构,可以不按实际尺寸画,允许在原来的尺寸上稍加夸大画出,如图 2-7-2 中轴承端盖孔与输出轴之间的间隙以及调整垫片的厚度均采用夸大画法画出,而实际尺寸在该零件的零件图上给出。

3. 简化画法

对于装配图中重复出现且有规律分布的零件组,如轴承端盖与箱座之间的螺钉连接,可仅详细画出一组或几组,其余只需用细点画线表示其位置即可。零件的某些工艺结构,如圆

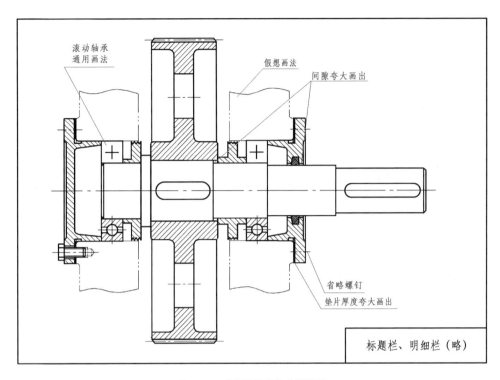

图 2-7-2　减速器从动轴系装配图

角、倒角、退刀槽等在装配图中允许省略不画。螺栓头部和螺母也允许按简化画法画出（将在项目八中介绍）。

4. 拆卸画法

当装配体上某些零件的位置和基本连接关系等在某个视图中已经表达清楚时，为了避免遮盖某些零件的投影，在其他视图上可假想将这些零件拆去不画，当需要说明时，可在视图上方注出"拆去×××"字样（将在项目八中介绍）。

 实施步骤

要完成此项目，首先要对减速器从动轴系进行分析，了解其组成、工作原理及用途；然后拆卸零件，为防止零件丢失、便于复位及绘制装配图，可边拆卸边绘制部件的装配示意图；接着画出所有专用件及常用件的零件草图；最后由零件草图及装配示意图绘制装配图。如果需要，还可拆画各零件的零件图。

一、了解、分析部件

如图 2-7-1 所示，减速器从动轴系由从动轴、齿轮、键、轴承、挡油环、轴承端盖等零件组成。其中从动轴、挡油环及轴承端盖为专用件；齿轮为常用件；键及轴承为标准件。

1. 普通型平键

齿轮与轴间用标记为"GB/T 1096　键　16×10×50"的键连接，起周向固定作用。

2.齿轮

齿轮装在左边键槽轴段处,且左边用轴环的右侧面定位和固定,右边用挡油环固定,从动齿轮在主动齿轮的带动下做旋转运动,起到改变运动方向、传递运动和动力的作用。

3.挡油环

两个挡油环起密封作用,防止轴承内的油脂流入箱内或箱内的稀油飞溅到轴承腔内。

4.滚动轴承

左、右两个轴承安装在减速器箱体和箱盖的轴承座孔中,用来支承轴。由于减速器工作时轴做旋转运动,而轴承端盖静止不动,因此为了避免相对运动零件表面之间的摩擦和磨损,轴的外表面和轴承端盖的内表面之间存在间隙,用毡圈进行密封。

二、拆卸零件及画装配示意图

选用常用拆卸工具,如扳手、螺丝刀、手钳、锤子等拆卸零件。

装配示意图是用具有代表性的符号或图线简明地表示出机器或部件的工作原理和传动关系、零件间的装配连接关系及零件的名称、数量等的图样。减速器从动轴系装配示意图如图 2-7-3 所示,图中符号及图线可参考相关国家标准。

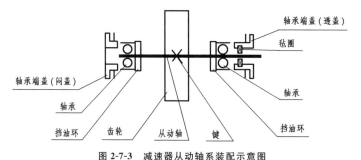

图 2-7-3　减速器从动轴系装配示意图

三、画零件草图

应用项目三、项目四中绘制零件草图的方法绘制从动轴、轴承端盖、齿轮、挡油环等零件的草图。轴承、键及毡圈等为标准件,可查表确定其标记,不用绘制其零件草图。

四、画装配图

1.视图表达

为了表达减速器从动轴系的工作原理、各零件之间的装配关系以及各零件的主要结构,将减速器从动轴系的轴线水平放置,并用通过轴线的剖切平面将轴系剖开,绘制全剖的主视图,以表达减速器从动轴系的结构特征。

2.确定比例、选择图幅

根据减速器从动轴系的大小和各零件的结构复杂程度,确定采用 1:1 的比例绘图。考虑图形大小、尺寸标注、标题栏、明细栏及技术要求所需的位置,确定采用横放的 A3 图幅。

3.绘制装配图

(1)绘制从动轴

国标关于装配图基本画法的规定:对于紧固件以及轴、连杆、球、键、销等实心零件,若按纵向剖切且剖切平面通过其对称平面或轴线,则这些零件均按不剖绘制。

根据此规定,绘制从动轴的图形如图 2-7-4 所示。

(2)绘制键及齿轮

齿轮的左侧面与轴肩对齐,键的图形与轴上键槽的图形重合,如图 2-7-5 所示。

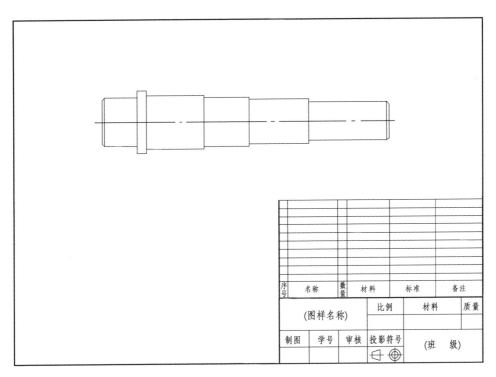

图 2-7-4　减速器从动轴系装配图绘制步骤(一)

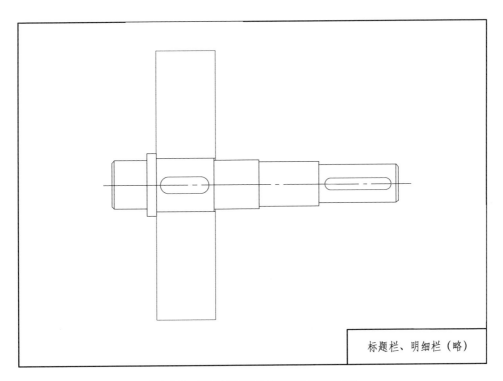

标题栏、明细栏（略）

图 2-7-5　减速器从动轴系装配图绘制步骤(二)

　　国标关于装配图基本画法的规定:两相邻零件的接触面或配合面只用一条轮廓线表示;对于未接触的两表面或非配合面(公称尺寸不同),用两条轮廓线表示。对于配合面,即使有很大的间隙,也只能画一条轮廓线;而对于非配合面,即使间隙很小,也必须画两条轮廓线。

　　根据此规定,齿轮孔与轴相互接触的表面画一条轮廓线,如图 2-7-6 所示。

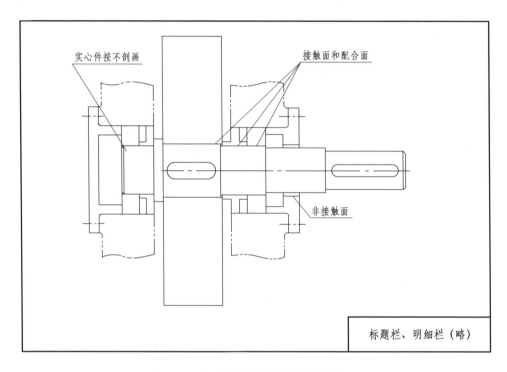

图 2-7-6　减速器从动轴系装配图绘制步骤(三)

　　(3)绘制挡油环、轴承及轴承端盖

　　按照装配顺序依次绘制挡油环、轴承及轴承端盖等零件,如图 2-7-6 所示。

　　(4)绘制箱座、调整垫片、密封圈及螺钉(用螺栓代替螺钉使用)

　　箱座、调整垫片、密封圈及螺钉的绘制如图 2-7-2 所示。

　　在绘制装配图时,还要考虑国标规定的装配图的特殊画法。

　　(5)检查、加深图形,绘制剖面线

　　绘制完底稿,要检查是否有多线和漏线的地方,图形有无错误,检查无误后加深图形。

　　国标关于装配图基本画法的规定:相邻的两个金属零件,其剖面线的倾斜方向应相反,或者方向一致而间隔不等,以示区别;同一零件在不同视图中的剖面线方向和间隔必须一致;剖面区域厚度小于 2 mm 的图形可用涂黑来代替剖面符号。

　　根据此规定绘制各个零件的剖面线,如图 2-7-2 所示。

4.标注尺寸

　　减速器从动轴系的尺寸标注如图 2-7-7 所示。

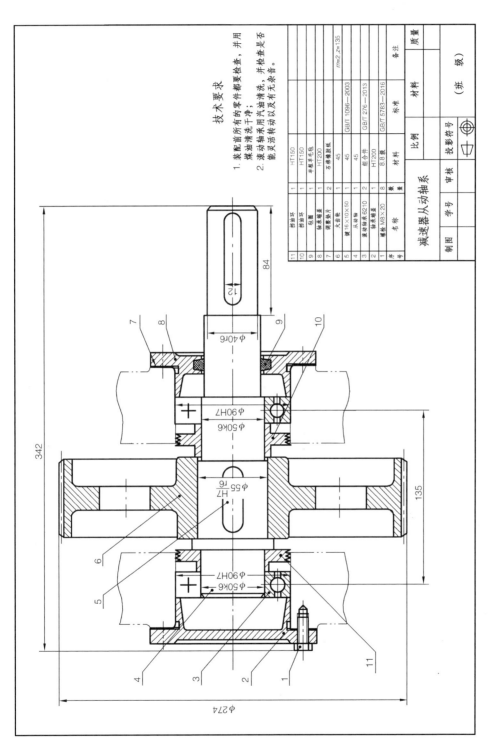

技术要求

1. 装配前所有的零件都要检查，并用减速油清洗干净；
2. 滚动轴承用汽油清洗，并检查灵活否能灵活转动以及有无杂音。

序号	名称	数量	材料	标准	备注
11	挡油环	1	HT150		
10	挡油环	1	HT150		
9	毡圈	1	半粗羊毛毡		
8	轴承端盖	1	HT200		
7	调整垫片	2	石棉橡胶纸		
6	大齿轮	1	45		$m=2, z=135$
5	键16×10×50	1	45	GB/T 1096—2003	
4	从动轴	1	45		
3	滚动轴承6210	2	组合件	GB/T 276—2013	
2	轴承端盖	1	HT200		
1	螺栓 M8×20	8	8.8级	GB/T 5783—2016	

减速器从动轴系		比例		投影符号		质量
制图	学号	审核				
				（班　　级）		

图 2-7-7　减速器从动轴系装配图

装配图与零件图的作用不同,对尺寸标注的要求也不同。装配图是设计和装配机器(或部件)时用的图样,因此不必把零件制造时所需要的全部尺寸都标注出来,只需标注出以下几类尺寸:

(1)规格(性能)尺寸

表示装配体的工作性能或产品规格的尺寸。这类尺寸是设计产品的依据,如图 2-7-7 中两个轴承的跨距尺寸 135。

(2)总体尺寸(外形尺寸)

表示装配体所占空间大小的尺寸,即总长、总宽和总高尺寸,可为包装、运输、安装、使用提供所需空间的大小。如图 2-7-7 中的总长尺寸 342 及总宽、总高尺寸$\phi274$。

(3)安装尺寸

表示零部件安装在机器上或机器安装在固定基座上所需要的对外安装时连接用的尺寸,如图 2-7-7 中外伸输出轴端与联轴器的配合长度尺寸 84 和直径尺寸$\phi40r6$。

(4)装配尺寸(配合尺寸)

表示机器(或部件)装配性能的尺寸,如配合尺寸和相对位置尺寸。在装配图上标注配合尺寸时,配合用相同的公称尺寸后跟孔、轴公差带表示。孔、轴公差带写成分数形式,分子为孔的公差带代号,分母为轴的公差带代号,如图 2-7-7 中轴与齿轮的配合尺寸$\phi55\dfrac{H7}{r6}$。当标注标准件、外购件与零件的配合关系时,可仅标注相配合零件的公差带代号,如图 2-7-7 中轴与轴承的配合尺寸$\phi50k6$,轴承与轴承座孔之间的配合尺寸$\phi90H7$。

(5)其他重要尺寸

除了上述尺寸外,有时还需要标注其他重要尺寸,如运动件的极限位置尺寸、零件间的主要定位尺寸、设计计算尺寸等。

5.编写零部件序号

为了便于看图、图样管理和组织生产,对减速器从动轴系零部件进行统一编号,零部件序号应按水平或竖直方向排列整齐,并按顺时针或逆时针方向顺次排列,如图 2-7-7 所示。当零部件序号在整个图上无法连续时,可只在每个水平或竖直方向顺次排列。

零部件序号的注写形式如图 2-7-8 所示。

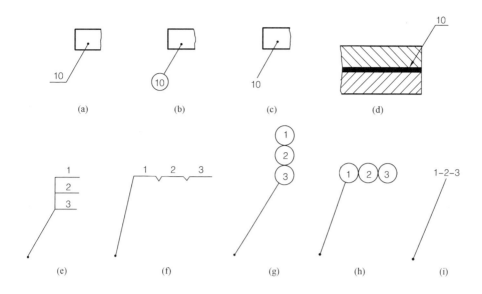

图 2-7-8　零部件序号的注写形式

6.填写标题栏、明细栏和技术要求

按国标中推荐使用的格式绘制标题栏和明细栏。明细栏中包括序号、代号、名称、数量、材料、质量（单件、总计）、备注等内容，如图 2-7-9 所示。明细栏通常画在标题栏上方，按自下而上的顺序填写，若位置不够，则可紧靠在标题栏的左边自下而上延续。技术要求写在标题栏和明细栏上方。

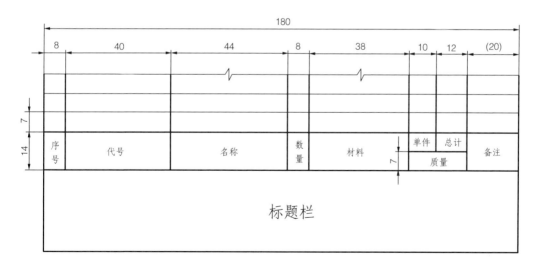

图 2-7-9　标题栏和明细栏

知识拓展

常见装配图结合面与配合面的合理工艺结构如图 2-7-10 所示。

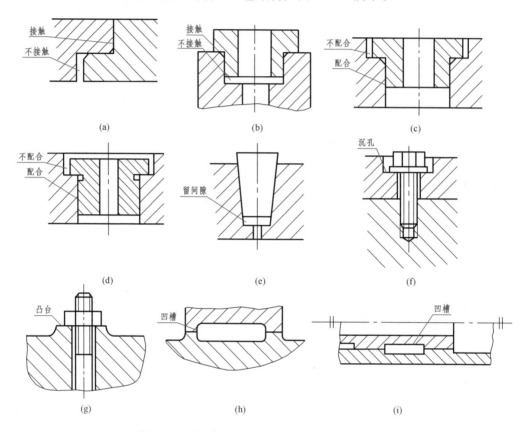

图 2-7-10   常见装配图结合面与配合面的合理工艺结构

项目八
识读一级标准直齿圆柱齿轮减速器装配图

 学习导航

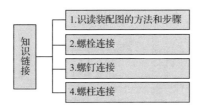

知识链接
1.识读装配图的方法和步骤
2.螺栓连接
3.螺钉连接
4.螺柱连接

 学习资料

一、读装配图的要求

在进行减速器部件的装配时,需要参照装配图中各零件之间的位置关系及装配技术要求来进行;在减速器的维护、维修过程中,也经常需要参照装配图对减速器进行拆卸。识读装配图就是根据装配图中的图形、尺寸、符号、文字等,搞清楚装配体的性能、工作原理、装配关系和各零件的主要结构、作用以及拆卸顺序等。

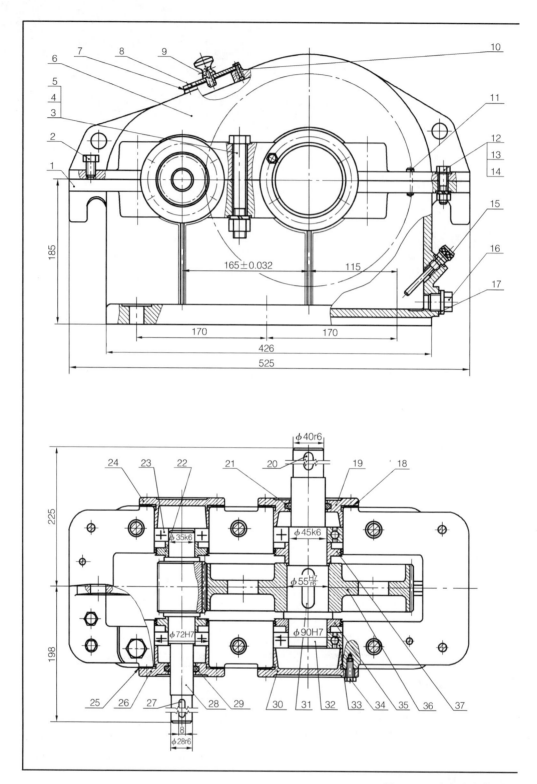

图 2-8-1　一级标准直齿圆柱

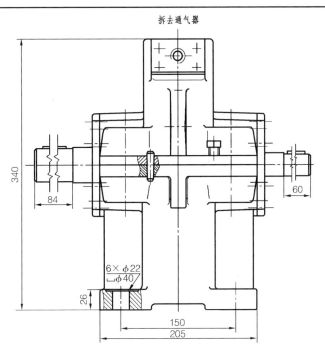

拆去通气器

技术要求

1. 装配前所有的零件都要检查并用煤油清洗干净，滚动轴承用汽油清洗，并检查其是否能灵活转动以及有无杂音；
2. 用铅丝检查啮合侧隙，应不小于 0.16 mm，铅丝直径不得大于最小侧隙的 4 倍；
3. 用涂色法检验斑点，齿高接触斑点数不少于 45%，齿长接触斑点数不少于 60%，必要时可研磨或刮削以改善接触情况；
4. 调整固定轴承时，留轴向间隙为 0.1~0.8 mm；
5. 箱内不允许有任何杂物，并涂黄丹油漆两遍；
6. 装配时，剖切平面不允许使用任何填料，可以涂密封油漆或水玻璃。试转时应检查剖切平面、各接触面及密封处，均不准泄油；
7. 箱座内装 50 号工业齿轮油至规定高度；
8. 减速器外面涂灰色油漆。
9. 出厂前按规定进行试运行。

技术参数表

功率	4 kW	高速轴转速	341 r/min	传动比	1：4.5

序号	名称	数量	材料	备注
37	挡油环	1	Q215	
36	从动齿轮	1	45	
35	挡油环	1	Q215	
34	螺栓 M8×20	24	8.8级	GB/T 5783—2016
33	滚动轴承 6210	2	组合件	GB/T 276—2013
32	从动轴	1	45	
31	键 16×10×50	1	45	GB/T 1096—2003
30	轴承端盖	1	HT200	
29	毡圈	1	半粗羊毛毡	JB/ZQ 4606—1997
28	齿轮轴	1	45	
27	键 8×7×50	1	45	GB/T 1096—2003
26	轴承端盖	1	HT200	
25	调整垫片	2	石棉橡胶纸	
24	轴承端盖	1	HT200	
23	滚动轴承 6207	2	组合件	GB/T 276—2013
22	挡油环	2	Q215	
21	毡圈	1	半粗羊毛毡	JB/ZQ 4606—1997
20	键 12×8×70	1	45	GB/T 1096—2003
19	轴承端盖	1	HT200	
18	调整垫片	2	石棉橡胶纸	
17	油圈	1	工业毛革	
16	油塞 M12×1.5	1	Q235A	JB/ZQ 4450—2006
15	油标尺	1	Q235A	
14	垫圈 10	4	65Mn	GB/T 93—1987
13	螺母 M10	4	8级	GB/T 6170—2015
12	螺栓 M10×40	4	8.8级	GB/T 5782—2016
11	销 8×35	2	35	GB/T 117—2000
10	螺栓 M4×20	4	8.8级	GB/T 5783—2016
9	通气器	1	Q235	
8	视孔盖	1	Q215	
7	垫片	1	石棉橡胶纸	
6	箱盖	1	HT200	
5	垫圈 16	6	65Mn	GB/T 93—1987
4	螺母 M16	6	8级	GB/T 6170—2015
3	螺栓 M16×120	6	8.8级	GB/T 5782—2016
2	螺栓 M12×30（起盖螺钉）	1	8.8级	GB/T 5783—2016
1	箱座	1	HT200	

一级标准直齿圆柱齿轮减速器	比例 1：1	材料	质量
制图	学号	审核	投影符号	（班　级）

齿轮减速器装配图

二、螺栓连接

螺栓一般用来连接两个厚度尺寸不大并能钻成通孔的零件。

1. 螺栓连接紧固件的图例及标记

（1）螺栓

螺栓由头部和杆身组成，常用的是六角头螺栓，如图 2-8-2 所示。螺栓的规格尺寸是螺纹大径（d）和公称长度（l），其规定标记为

名称　标准代号　螺纹规格×公称长度

如图 2-8-1 中的"螺栓　GB/T 5782　M16×120"和"螺栓　GB/T 5782　M10×40"。

六角头螺栓各部位尺寸见附表 13。

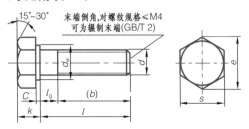

图 2-8-2　六角头螺栓

（2）螺母

螺母有六角螺母、方螺母和圆螺母等，常用的是六角螺母，如图 2-8-3 所示。螺母的规格尺寸是螺纹大径（D），其规定标记为

名称　标准代号　螺纹规格

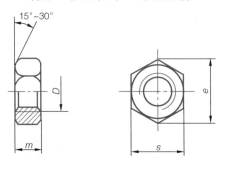

图 2-8-3　六角螺母

如图 2-8-1 中的"螺母　GB/T 6170　M16"和"螺母　GB/T 6170　M10"。

六角螺母各部位尺寸见附表 14。

（3）垫圈

常用的垫圈有平垫圈和弹簧垫圈两种。平垫圈有 A 级和 C 级标准系列，在 A 级标准系列平垫圈中，分带倒角和不带倒角两种结构，如图 2-8-4(a)所示。垫圈的规格尺寸为螺栓公称直径（d），其规定标记为

名称　标准代号　规格尺寸

如图 2-8-1 中的"垫圈　GB/T 93　16"和"垫圈　GB/T 93　10"。

垫圈各部位尺寸见附表 15 和附表 16。

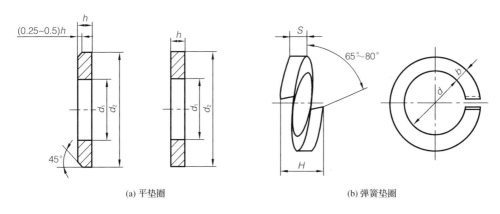

(a) 平垫圈　　　　　　　　　(b) 弹簧垫圈

图 2-8-4　垫圈

2. 螺栓连接紧固件的比例画法

螺栓连接紧固件的比例画法如图 2-8-5 所示。

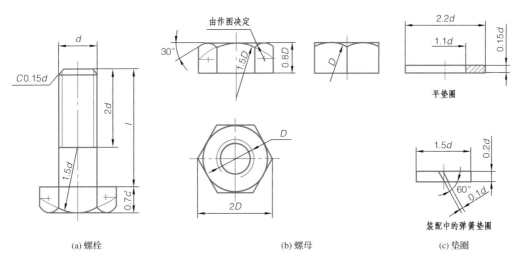

(a) 螺栓　　　　　　　　　(b) 螺母　　　　　　　　　(c) 垫圈

图 2-8-5　螺栓连接紧固件的比例画法

3. 螺栓及螺母的简化画法

国标规定,螺栓的头部和六角螺母可以用简化画法绘制,如图 2-8-6 所示。

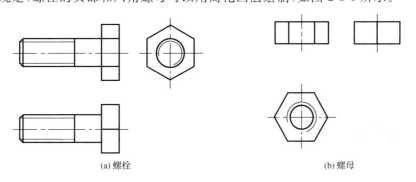

(a) 螺栓　　　　　　　　　　　　　(b) 螺母

图 2-8-6　螺栓、螺母的简化画法

4.减速器螺栓连接的图形画法

　　减速器箱座和箱盖之间用螺栓连接,其装配过程是将螺栓从上穿入箱座和箱盖的光孔,在下端加上垫圈,然后旋紧螺母,如图2-8-7所示。下面以图2-8-1中组件12、13、14为例,介绍减速器螺栓连接的图形画法。

　　箱座和箱盖的厚度均为15 mm,螺栓孔的直径为11 mm,孔上凹坑的直径为22 mm,根据使用要求,查附表13、附表14和附表16得螺栓、螺母和垫圈的标记为

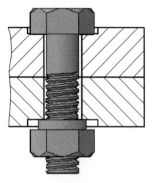

　　　　螺栓　GB/T 5782　M10×40

　　　　螺母　GB/T 6170　M10

　　　　垫圈　GB/T 93　10

图2-8-7　螺栓连接示意图

 提示

　　　螺栓长度＝箱座凸缘厚度＋箱盖凸缘厚度＋垫圈厚度＋螺母厚度＋(0.2～0.3)d,根据附表13取标准系列值。

　　绘图步骤如下:

　　(1)在装配图中绘制螺栓轴线,以确定螺栓连接的位置。

　　(2)绘制箱座、箱盖上螺栓孔及其凹坑的图形,如图2-8-8(a)所示。

　　(3)绘制螺栓、垫圈和螺母的图形,如图2-8-8(b)所示。

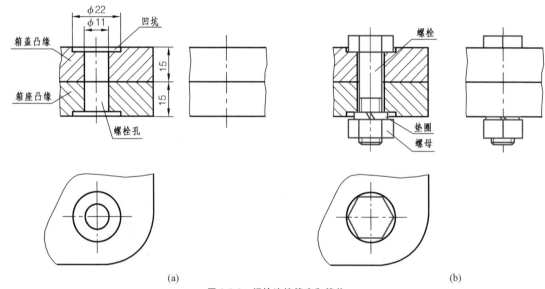

(a)　　　　　　　　　　　　　　　　　　(b)

图2-8-8　螺栓连接箱座和箱盖

 实施步骤

一、概括了解

　　首先看标题栏和明细栏,了解减速器的结构组成。该装配体是一级标准直齿圆柱齿轮

减速器,其用途是在减速的同时增加转矩。它共由37种零件组成,其中18种是标准件。由图2-8-1还能够了解到各种零件的名称、数量、材料以及标准件的规格;对应零件序号,通过对视图的浏览,了解装配图的表达情况及装配体的复杂程度;从绘图比例和外形尺寸了解部件的大小。

二、分析工作原理

该减速器的动力自齿轮轴28输入,通过一对齿轮的啮合传动,由从动轴32输出,进而达到改变转速(由341 r/min降至76 r/min)和运动方向的目的。

三、分析装配与连接关系

该减速器主要由箱体、箱盖、主动轴系和从动轴系等组成,如图2-8-9所示。

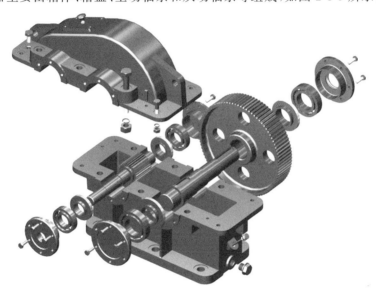

图 2-8-9　减速器轴测分解图

1. 主动轴系装配线

在主动轴系中,齿轮与轴成一体,为齿轮轴,其两端分别装有挡油环、轴承和轴承端盖。与轴承内圈配合的轴的公差带代号为 k6,为过渡配合;与轴承外圈配合的孔的公差带代号为 H7,为间隙配合。

2. 从动轴系装配线

从动轴与齿轮之间用键连接,采用 H7/r6 过盈配合,其两端分别装有挡油环、轴承和轴承端盖。与轴承内圈配合的轴的公差带代号为 k6,为过渡配合;与轴承外圈配合的孔的公差带代号为 H7,为间隙配合。

3. 箱座与箱盖的装配关系

箱座1与箱盖6之间用销11定位,用序号为3、4、5和12、13、14的两种螺栓连接,共10组。

4. 视孔盖与箱盖

视孔盖8与箱盖6之间用螺栓10连接。

四、分析表达方案

该减速器装配图由主视图、俯视图和左视图组成。

1.主视图

主视图反映减速器部件的工作位置及主要装配关系,表达减速器的主体结构特征及通气器、视孔盖、油标尺、起盖螺钉、油塞、定位销、轴承端盖及其连接螺钉的位置,还表达了箱座、箱盖及轴承端盖的外形结构;采用六处局部剖视图,表达箱座和箱盖的壁厚、轴承端盖两侧凸缘处、箱座与箱盖凸缘处的螺栓连接以及起盖螺钉、油塞、油标尺、视孔盖等的内部结构、连接方法等,还表达了箱座的外形及箱盖上吊耳的位置。

2.俯视图

俯视图采用沿箱座与箱盖结合面剖开的局部剖视图。

国标关于装配图特殊画法的规定:沿着零件结合面剖开,在零件结合面上不画剖面线,但被切部分(如图 2-8-1 中的螺栓、销、轴承端盖、挡油环等)必须画出剖面线。

俯视图主要表达了减速器的主、从动轴系各零件的主要结构形状、位置和装配关系(主、从动轴及一对啮合齿轮等)以及各螺栓和定位销的位置等。

3.左视图

左视图采用断裂画法(输入轴和输出轴)、局部剖视图(箱座与箱盖定位销连接的结构及减速器安装孔的结构)及拆卸画法(拆去通气器)来表达减速器的主体结构特征。

五、分析主要零件的结构及尺寸

为深入了解部件,还应进一步分析零件的主要结构形状及尺寸。

(1)利用剖面线的方向和间距来分析。国标规定,同一零件的剖面线在各个视图上的方向和间距应一致。

(2)利用规定画法来分析。如实心件在装配图中规定沿轴线剖开,不画剖面线,据此能很快地将实心轴、手柄、螺纹连接件、键、销等区分出来。

(3)利用零件序号,对照明细栏进行分析。

各主要零件的结构及尺寸读者可自行分析。

六、分析尺寸

(1)规格(性能)尺寸:两齿轮啮合的中心距 165 ± 0.032。

(2)总体尺寸(外形尺寸):减速器的总长、总宽和总高尺寸 525、423(198+225)、340。

(3)安装尺寸:减速器箱座上安装孔长度方向的定位尺寸 170、孔的前后中心距 150 以及孔的直径 $\phi22$。

(4)配合尺寸(装配尺寸):轴与齿轮之间的配合尺寸 $\phi55\dfrac{\text{H7}}{\text{r6}}$、轴与轴承之间的配合尺寸 $\phi45k6$ 和 $\phi35k6$ 以及轴承与轴承座孔之间的配合尺寸 $\phi90H7$ 和 $\phi72H7$。

(5)其他重要尺寸:减速器的中心高度 185、齿轮轴外伸输入端长度 60、从动轴外伸输出端长度 84 等。

七、分析技术要求

技术要求读者可自行分析。

知识拓展

螺纹连接是机械设备中应用较广泛的连接方式之一,常用螺纹紧固件(如螺栓、螺钉、螺母、垫圈等)如图 2-8-10 所示。

(a) 六角头螺栓　　　　　　　(b) 双头螺柱　　　　　　(c) 开槽圆柱头螺钉

(d) 开槽沉头螺钉　　　　　(e) 内六角圆柱头螺钉　　　　(f) 紧定螺钉

(g) 六角螺母　　　　　　(h) 六角开槽螺母　　　　　　(i) 圆螺母

(j) 平垫圈　　　　　　　(k) 弹簧垫圈　　　　　(l) 圆螺母用止动垫圈

图 2-8-10　常用螺纹紧固件

一、螺钉连接

螺钉一般用于受力不大而又不需要经常拆装的零件连接中,如减速器轴承端盖与箱座和箱盖之间的连接、视孔盖与箱盖之间的连接等。在螺钉连接中,一般将厚度尺寸较大的零件加工出螺孔,将厚度尺寸较小的零件加工出带沉孔(或埋头孔)的通孔。连接时,直接将螺钉穿过通孔拧入螺孔中。

常用的连接螺钉有内六角圆柱头螺钉、开槽盘头螺钉、开槽沉头螺钉、开槽圆柱头螺钉、紧定螺钉等。螺钉的比例画法如图 2-8-11 所示。

螺钉的规格尺寸是螺纹大径(d)和公称长度(l),其规定标记为

名称　标准代号　螺纹规格×公称长度

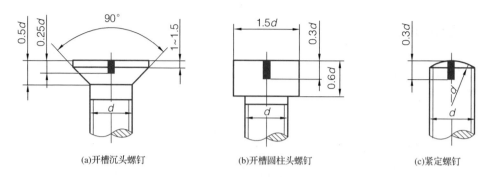

(a)开槽沉头螺钉　　　　　　(b)开槽圆柱头螺钉　　　　　　(c)紧定螺钉

图 2-8-11　螺钉的比例画法

根据使用需要,可以用螺栓代替螺钉使用,如图 2-8-1 中轴承端盖与箱座、箱盖之间的螺钉连接使用的是"螺栓　GB/T 5783　M8×20"。螺钉各部位尺寸见附表 17、附表 18。

本项目的减速器中轴承端盖的厚度为 10 mm,端盖通孔直径为 9 mm,箱座的轴承座孔的尺寸为 M8,深度为 14 mm,钻孔深度为 18 mm。

图 2-8-1 的俯视图中件 34 螺钉连接处的图形绘制方法与步骤如下:

(1)在装配图中绘制轴线,以确定螺钉连接的位置。

(2)绘制箱座、轴承端盖、调整垫片的图形,如图 2-8-12(a)所示。

(3)绘制螺钉的图形,如图 2-8-12(b)所示。

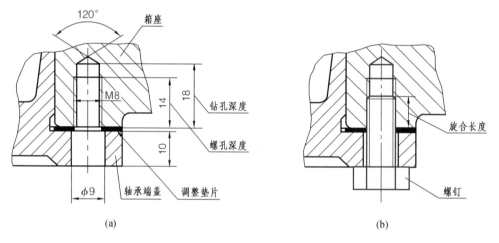

(a)　　　　　　　　　　　　　　　　(b)

图 2-8-12　螺钉连接箱座和轴承端盖

提示　内、外螺纹连接时,其旋合部分按外螺纹绘制,其余部分按各自的规定画法绘制,表示螺纹大、小径的粗、细实线应分别对齐。

二、螺柱连接

1. 双头螺柱的图例及标记

双头螺柱的两端均制有螺纹,旋入螺孔的一端称为旋入端(b_m),另一端称为紧固端(b)。双头螺柱的结构形式有 A 型、B 型两种,如图 2-8-13 所示。双头螺柱的规格尺寸是螺纹大径(d)和公称长度(l),其规定标记为

名称　　标准代号　类型 螺纹规格×公称长度

如"螺柱　GB/T 897　AM10×50"。

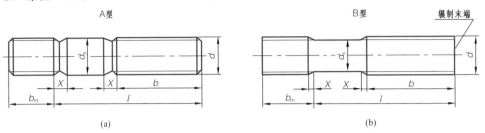

图 2-8-13　双头螺柱

双头螺柱各部位尺寸见附表 19。

2. 双头螺柱连接

　　双头螺柱连接多用于被连接零件之一的厚度尺寸较大,或因结构的限制而不适宜采用螺栓连接,或因拆卸频繁而不适宜采用螺钉连接的场合,如图 2-8-14 所示。连接时将螺柱的旋入端旋入厚度尺寸较大的零件的螺孔中,将另一端穿过另一零件的通孔,套上垫圈,用螺母拧紧即可。

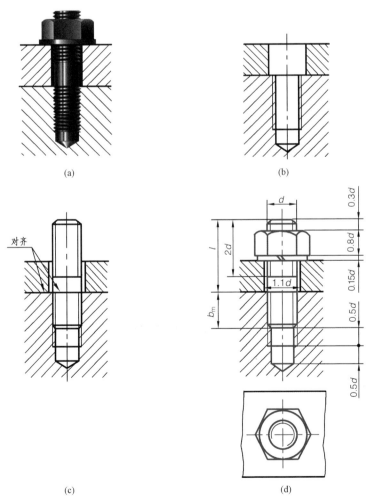

图 2-8-14　双头螺柱连接

项目九

识读柱塞泵装配图
并拆画泵体零件图

项目要求

　　识读图 2-9-1 所示的柱塞泵装配图并拆画 7 号件泵体的零件图。通过完成该项目,掌握识读装配图的方法及由装配图拆画零件图的步骤;了解弹簧的性能及规定画法。

学习导航

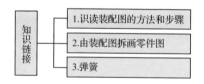

学习资料

　　柱塞泵中用的弹簧为圆柱螺旋压缩弹簧,如图 2-9-2 所示。

一、圆柱螺旋压缩弹簧各部分的名称及尺寸计算

1. 线径 d

线径是制造弹簧的钢丝直径。

2. 弹簧直径

弹簧外径 D_2:弹簧外圈直径。

弹簧内径 D_1:弹簧内圈直径,$D_1 = D_2 - 2d$。

弹簧中径 D:弹簧平均直径,$D = (D_2 + D_1)/2 = D_2 - d = D_1 + d$。

3. 节距 t

节距是相邻两有效圈对应两点间的轴向距离。

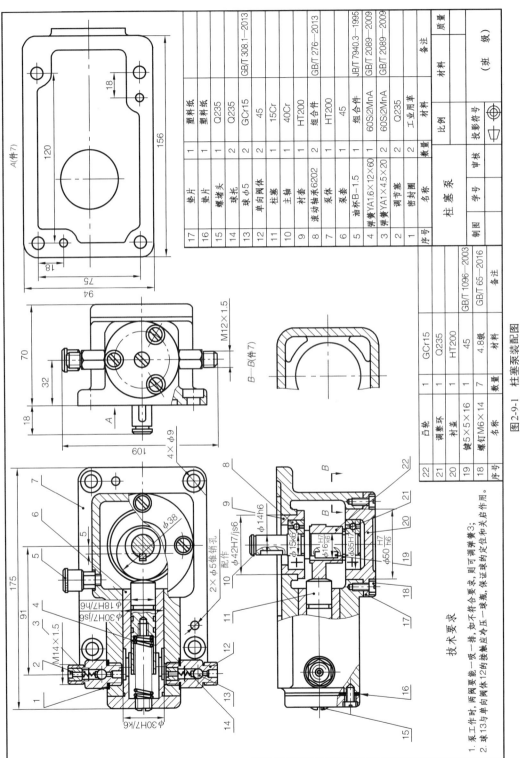

序号	名称	数量	材料	备注
22	凸轮	1	GC15	
21	调整环	1	Q235	
20	衬盖	1	HT200	
19	键5×5×16	1	45	GB/T 1096—2003
18	螺钉M6×14	7	4.8级	GB/T 65—2016

序号	名称	数量	材料	备注
17	垫片	1	塑料纸	
16	垫片	1	塑料纸	
15	螺堵头	1	Q235	
14	球托	2	Q235	
13	球φ5	2	GC15	GB/T 308.1—2013
12	单向阀体	2	45	
11	柱塞	1	15Cr	
10	主轴	1	40Cr	
9	衬套	2	HT200	GB/T 276—2013
8	滚动轴承6202	2	组合件	
7	泵体	1	HT200	
6	泵盖	1	45	
5	油杯B-1.5	1	组合件	JB/T 7940.3—1995
4	弹簧YA16×12×60	1	60Si2MnA	GB/T 2089—2009
3	弹簧YA1×4.5×20	2	60Si2MnA	GB/T 2089—2009
2	调节塞	2	Q235	
1	密封圈	2	工业用革	
序号	名称	数量	材料	备注
	柱塞泵			
制图		比例	质量	
审核		投影符号		（级）
			（班）	

技术要求

1. 泵工作时，两阀要能一致一样，如不符合要求，加可调弹簧3；
2. 球13与单向阀体12的接触应为压一致球，保证球的定位和关关启作用。

图2-9-1　柱塞泵装配图

4.支承圈数 n_z、有效圈数 n 和总圈数 n_1

支承圈数 n_z:为了使圆柱螺旋压缩弹簧工作时受力均匀,不致弯曲,在制造时两端的节距要逐渐缩小,并将端面磨平,这部分只起支承作用,称为支承圈。支承圈数 n_z 通常取 1.5、2、2.5。

有效圈数 n:弹簧除支承圈外,还有保证相等节距的圈,称为有效圈。

总圈数 n_1:支承圈数和有效圈数之和称为总圈数,即 $n_1 = n_z + n$。

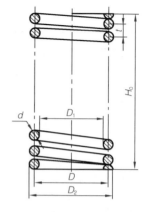

图 2-9-2   圆柱螺旋压缩弹簧的尺寸

5.自由高度(长度)H_0

自由高度(长度)是弹簧无负荷时的高度(长度),$H_0 = nt + (n_z - 0.5)d$。

6.展开长度 L

展开长度是制造时弹簧丝的长度,$L \approx \pi D n_1$。

7.旋向

旋向即弹簧的绕线方向,分左旋(LH)和右旋(RH)两种,没有专门规定时制成左旋或右旋均可。

二、圆柱螺旋压缩弹簧的规定画法

圆柱螺旋压缩弹簧可画成视图、剖视图或示意图,如图 2-9-3 所示。

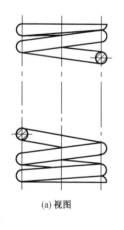

(a) 视图

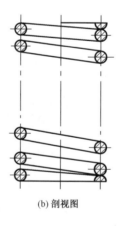

(b) 剖视图

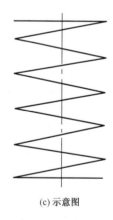

(c) 示意图

图 2-9-3   圆柱螺旋压缩弹簧的规定画法

圆柱螺旋压缩弹簧的绘制步骤如图 2-9-4 所示。国标规定:

(1)在平行于轴线的投影面上的视图中,圆柱螺旋压缩弹簧各圈的轮廓形状应画成直线。

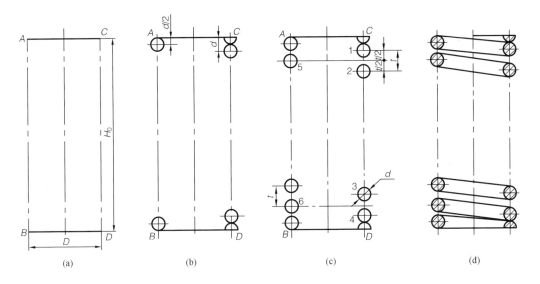

图 2-9-4　圆柱螺旋压缩弹簧的绘制步骤

（2）圆柱螺旋压缩弹簧均可画成右旋。

（3）不论支承圈数是多少以及末端贴紧情况如何，均可按支承圈数为 2.5 绘制。

（4）有效圈数在 4 圈以上的圆柱螺旋压缩弹簧，其中间部分可省略不画。

三、装配图中弹簧的画法

在装配图中，将弹簧看作实心物体，被弹簧挡住的结构一般不画，可见部分应画至弹簧外轮廓或弹簧中径线处。弹簧线径小于 2 mm 的圆形剖面可以涂黑或采用示意画法，如图 2-9-5 所示。

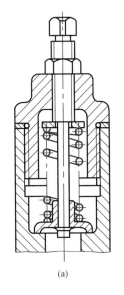

(a)

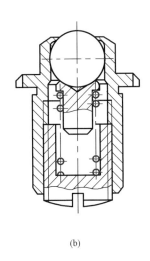

(b)

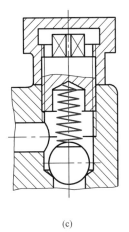

(c)

图 2-9-5　装配图中弹簧的画法

实施步骤

一、概括了解

如图 2-9-1 所示,从标题栏得知该部件是柱塞泵,它是液压系统中的一种供油装置,常用于机器的润滑系统中;从明细栏了解到该部件共有 22 种零件,其中有 7 种标准件,其余为非标准件。

二、分析工作原理

柱塞泵工作时,动力由主轴 10 传入,带动凸轮 22 旋转,柱塞 11 靠弹簧 4 的作用与凸轮保持接触。凸轮旋转时,柱塞做往复运动,使泵腔容积变化,从而产生吸油和压油过程,实现输送油流的工作。油流的方向通过由单向阀体 12、球 13 和球托 14 构成的单向阀来控制。

三、分析装配与连接关系

柱塞泵主要由泵体、主轴轴系、柱塞轴系等组成,如图 2-9-6 所示。

1. 连接与固定方式

泵体 7 与泵套 6、衬盖 20 之间用螺钉连接;主轴 10 与凸轮 22 之间用键连接;单向阀体 12、油杯 5 与泵体 7 之间用螺纹连接;主轴 10 的两端用轴承进行支承;泵体上的 4×ϕ9 孔为柱塞泵的安装孔。

2. 配合关系

主轴 10 与凸轮 22 之间为 ϕ16H7/k6 配合,是基孔制过渡配合;衬盖 20 与泵体 7 之间为 ϕ50H7/h6 配合,是基孔制间隙配合;衬套 9 与泵体 7 之间为 ϕ42H7/js6 配合,是基孔制过渡配合;泵套 6 与泵体 7 之间有两处配合,分别为 ϕ30H7/k6、ϕ30H7/js6,均为基孔制过渡配合;柱塞 11 与泵套 6 之间为 ϕ18H7/h6 配合,是基孔制间隙配合。

3. 拆卸顺序

柱塞泵的拆卸顺序:先松开泵套与泵体之间的三个固定螺钉,将泵套连同柱塞等一起拆下,然后将柱塞、弹簧、螺堵头分开;卸下衬盖与泵体之间的连接螺钉,然后将主轴连同其上的各个零件从泵体中拆出,再将各个零件分别拆下。

四、分析表达方案

柱塞泵装配图由主视图、俯视图、左视图、泵体 7 的 A 向局部视图以及 B—B 剖视图组成。

1. 主视图

主视图按工作位置放置,表达柱塞泵的主体结构特征,用通过柱塞轴线剖切得到的局部剖视图表达柱塞轴系装配线上各零件的结构形状、连接和配合关系以及凸轮、键、轴的连接关系和吸、排油用单向阀的位置。

2. 俯视图

俯视图采用通过主轴轴线的局部剖视图,表达主轴轴系装配线上各零件的结构形状以及连接和配合关系,避开柱塞轴系各零件的重复表达,保留外形。为表达泵套与泵体的连接关系,取小部分局部剖。

螺钉
衬盖
垫片
泵体
油杯
密封圈
调节塞
弹簧
球托
球
单向阀体
调整环
凸轮
主轴
键
滚动轴承
衬套
垫片
柱塞
泵套
螺堵头
弹簧
螺钉

图 2-9-6　柱塞泵结构图

3. 左视图

左视图表达外形,左下方局部剖表达安装孔的结构。

五、分析主要零件的结构及尺寸

经过前面的分析,大部分零件的结构形状已基本清楚,如凸轮、主轴、柱塞、泵套、衬盖等。对于少数复杂的零件,可根据不同方向或不同间隔的剖面线以及各视图之间的投影关系进行判别、区分,如泵体 7 等。

六、分析尺寸

(1)规格(性能)尺寸:柱塞的直径φ18 及凸轮偏心距 5。

(2)总体尺寸(外形尺寸):柱塞泵的总长 175 及除去主轴外伸端的宽度 70。

(3)安装尺寸:柱塞泵泵体上安装孔的直径φ9。

(4)配合尺寸(装配尺寸):在前文中已叙述。

(5)其他重要尺寸:柱塞泵单向阀的定位尺寸 91 及油杯的定位尺寸 32 等。

七、分析技术要求

略。

八、拆画泵体零件图

1. 读装配图

读懂装配图,了解设计意图。

2. 确定泵体的形状

根据装配图中的序号和剖面线的区别,按照投影关系分离出泵体零件的线框,确定泵体的形状,如图 2-9-7 所示。

3. 确定表达方案

泵体属于箱体类零件,根据其结构特点及其在部件中的作用,主视图按工作位置配置,选取适当的表达方案,如图 2-9-8 所示。

图 2-9-7 泵体立体图

4. 绘制零件图

在拆画零件图的过程中要注意以下几个问题:

(1)标准件是外购件,不需画出其零件图。

(2)选择零件的视图表达方案时,应根据零件的结构形状重新考虑最佳表达方案,而不能照抄装配图中零件的表达方法。

(3)装配图是表达装配关系和工作原理的,因此对于某些零件,特别是形状复杂的零件,往往表达不完全,这时需要根据零件的功能及结构知识加以补充完整。

(4)零件上的一些工艺结构,如圆角、沟槽、倒角等,在装配图上往往省略不画,但在零件图上一定要表达出来。

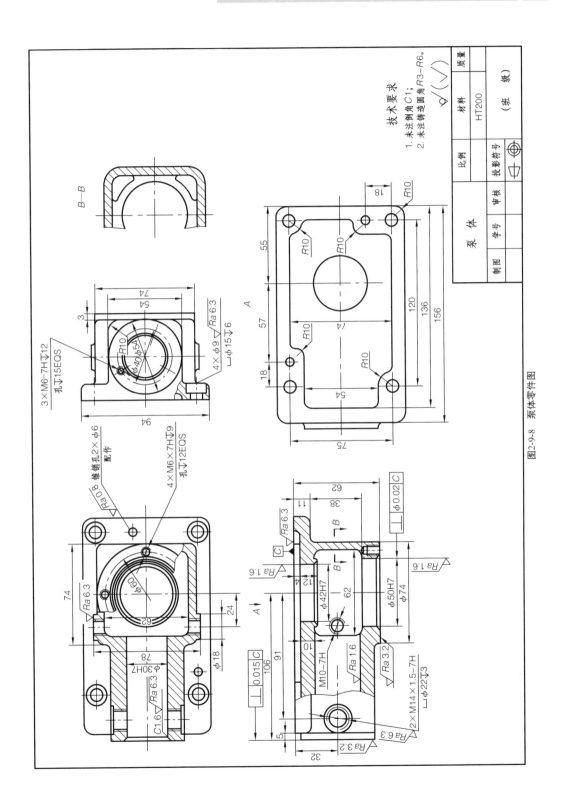

图2-9-8　泵体零件图

（5）装配图上已标注出的尺寸可直接移到零件图上，而缺少的尺寸可在装配图上按比例直接量取并加以圆整。对于某些重要的尺寸，如键槽、退刀槽、螺纹等标准尺寸，要按手册选取；齿轮的分度圆直径要通过计算确定。对于有装配关系的尺寸，要注意相互协调，不能矛盾。

（6）根据零件在部件中的作用、要求，参考有关资料和同类产品标注出零件的表面粗糙度、尺寸公差、几何公差及热处理要求等。

 知识拓展

弹簧在机械中可用来减振、夹紧、测力、储存能量等。弹簧的种类很多，如图 2-9-9、图 2-9-10 所示，常用的是圆柱螺旋弹簧。

(a)压缩弹簧　　　　　　　(b)拉伸弹簧　　　　　　　(c)扭转弹簧

图 2-9-9　圆柱螺旋弹簧

(a) 圆锥螺旋弹簧　　　　　　　　　　　(b) 碟形弹簧

(c) 板弹簧　　　　　　　　　　　(d) 平面涡卷弹簧

图 2-9-10　其他类型弹簧

参 考 文 献

［1］ 金大鹰.机械制图（机械类专业）［M］.5 版.北京：机械工业出版社,2020.

［2］ 刘援越,王永平.机械制图［M］.5 版.西安：西北工业大学出版社,2020.

［3］ 刘哲.AutoCAD 实例教程［M］.3 版.大连：大连理工大学出版社,2019.

［4］ 果连成.机械制图［M］.7 版.北京：中国劳动社会保障出版社,2018.

［5］ 吕天玉.公差配合与测量技术［M］.6 版.大连：大连理工大学出版社,2018.

［6］ 郑爱云.机械制图［M］.北京：机械工业出版社,2017.

［7］ 王槐德.机械制图新旧标准代换教程［M］.3 版.北京：中国标准出版社,2017.

［8］ 何铭新,钱可强,徐祖茂.机械制图［M］.7 版.北京：高等教育出版社,2016.

［9］ 李学京,刘炀.机械制图和技术制图国家标准实用问答［M］.北京：中国标准出版
社,2015.

附 录

平键键槽的剖面尺寸(摘自 GB/T 1095—2003)、
普通型平键(摘自 GB/T 1096—2003)

mm

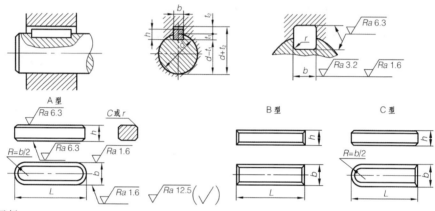

标记示例:

GB/T 1096 键 16×10×100(圆头普通型平键 A 型、b=16 mm、h=10 mm、L=100 mm)

GB/T 1096 键 B16×10×100(平头普通型平键 B 型、b=16 mm、h=10 mm、L=100 mm)

GB/T 1096 键 C16×10×100(单圆头普通型平键 C 型、b=16 mm、h=10 mm、L=100 mm)

轴	键	键槽											
		宽度 b						深度				半径 r	
公称直径 d	公称尺寸 $b×h$	公称尺寸	极限偏差					轴 t_1		毂 t_2			
			松连接		正常连接		紧密连接	公称尺寸	极限偏差	公称尺寸	极限偏差		
			轴 H9	毂 D10	轴 N9	毂 JS9	轴和毂 P9					min	max
6～8	2×2	2	+0.025 0	+0.060 +0.020	-0.004 -0.029	±0.012 5	-0.006 -0.031	1.2	+0.1 0	1	+0.1 0	0.08	0.16
>8～10	3×3	3						1.8		1.4			
>10～12	4×4	4	+0.030 0	+0.078 +0.030	0 -0.030	±0.015	-0.012 -0.042	2.5	+0.1 0	1.8	+0.1 0		
>12～17	5×5	5						3.0		2.3			
>17～22	6×6	6						3.5		2.8		0.16	0.25
>22～30	8×7	8	+0.036 0	+0.098 +0.040	0 -0.036	±0.018	-0.015 -0.051	4.0		3.3			
>30～38	10×8	10						5.0		3.3			
>38～44	12×8	12	+0.043 0	+0.120 +0.050	0 -0.043	±0.021 5	-0.018 -0.061	5.0	+0.2 0	3.3	+0.2 0		
>44～50	14×9	14						5.5		3.8		0.25	0.40
>50～58	16×10	16						6.0		4.3			
>58～65	18×11	18						7.0		4.4			
键的长度系列	6,8,10,12,14,16,18,20,22,25,28,32,36,40,45,50,56,63,70,80,90,100												

注:1. 国标中没有轴的公称直径 d,但为使用方便,此表加入了公称直径 d。

2. 在零件图中,轴槽深度一般用 $(d-t_1)$ 标注,轮毂孔槽深度用 $(d+t_2)$ 标注。

3. $(d-t_1)$ 和 $(d+t_2)$ 两组合尺寸的极限偏差按相应的 t_1 和 t_2 的极限偏差选取,其中 $(d-t_1)$ 的极限偏差应取负值。

4. 键尺寸的极限偏差:b 为 h8,h 为 h11,L 为 h14。

附表 2　　　　　　　　普通型半圆键（摘自 GB/T 1099.1—2003）　　　　　　　　mm

键尺寸 b×h×D	宽度 b		高度 h		直径 D		倒角或倒圆 s	
	公称尺寸	极限偏差	公称尺寸	极限偏差(h12)	公称尺寸	极限偏差(h12)	min	max
6×10×25	6	0 −0.025	10	0 −0.15	25	0 −0.210	0.25	0.40
8×11×28	8		11	0 −0.18	28		0.40	0.60
10×13×32	10		13		32	0 −0.250		

附表 3　　　　　　　　优先配合中轴的极限偏差数值（摘自 GB/T 1800.2—2020）

公称尺寸/mm		极限偏差数值/μm														
		c	d	f		g	h			k		n	p	r	s	u
大于	至	11	9	6	7	6	6	7	9	6	7	6	6	6	6	6
—	3	−60 −120	−20 −45	−6 −12	−6 −16	−2 −8	0 −6	0 −10	0 −25	+6 0	+10 0	+10 +4	+12 +6	+16 +10	+20 +14	+24 +18
3	6	−70 −145	−30 −60	−10 −18	−10 22	−4 −12	0 −8	0 −12	0 −30	+9 +1	+13 +1	+16 +8	+20 +12	+23 +15	+27 +19	+31 +23
6	10	−80 −170	−40 −76	−13 −22	−13 −28	−5 −14	0 −9	0 −15	0 −36	+10 +1	+16 +1	+19 +10	+24 +15	+28 +19	+32 +23	+37 +28
10	18	−95 −205	−50 −93	−16 −27	−16 −34	−6 −17	0 −11	0 −18	0 −43	+12 +1	+19 +1	+23 +12	+29 +18	+34 +23	+39 +28	+44 +33
18	24	−110 −240	−65 −117	−20 −33	−20 −41	−7 −20	0 −13	0 −21	0 −52	+15 +2	+23 +2	+28 +15	+35 +22	+41 +28	+48 +35	+54 +41
24	30															+61 +48
30	40	−120 −280	−80 −142	−25 −41	−25 −50	−9 −25	0 −16	0 −25	0 −62	+18 +2	+27 +2	+33 +17	+42 +26	+50 +34	+59 +43	+76 +60
40	50	−130 −290														+86 +70
50	65	−140 −330	−100 −174	−30 −49	−30 −60	−10 −29	0 −19	0 −30	0 −74	+21 +2	+32 +2	+39 +20	+51 +32	+60 +41	+72 +53	+106 +87
65	80	−150 −340												+62 +43	+78 +59	+121 +102
80	100	−170 −390	−120 −207	−36 −58	−36 −71	−12 −34	0 −22	0 −35	0 −87	+25 +3	+38 +3	+45 +23	+59 +37	+73 +51	+93 +71	+146 +124
100	120	−180 −400												+76 +54	+101 +79	+166 +144
120	140	−200 −450	−145 −245	−43 −68	−43 −83	−14 −39	0 −25	0 −40	0 −100	+28 +3	+43 +3	+52 +27	+68 +43	+88 +63	+117 +92	+195 +170
140	160	−210 −460												+90 +65	+125 +100	+215 +190
160	180	−230 −480												+93 +68	+133 +108	+235 +210
180	200	−240 −530	−170 −285	−50 −79	−50 −96	−15 −44	0 −29	0 −46	0 −115	+33 +4	+50 +4	+60 +31	+79 +50	+106 +77	+151 +122	+265 +236
200	225	−260 −550												+109 +80	+159 +130	+287 +258
225	250	−280 −570												+113 +84	+169 +140	+313 +284

附表 4　　　　　优先配合中孔的极限偏差数值(摘自 GB/T 1800.2—2020)

公称尺寸/ mm		极限偏差数值/μm												
		C	D	F	G	H			J	K	N	P	S	U
大于	至	11	9	8	7	7	8	9	7	7	7	7	7	7
—	3	+120 +60	+45 +20	+20 +6	+12 +2	+10 0	+14 0	+25 0	+4 −6	0 −10	−4 −14	−6 −16	−14 −24	−18 −28
3	6	+145 +70	+60 +30	+28 +10	+16 +4	+12 0	+18 0	+30 0	±6	+3 −9	−4 −16	−8 −20	−15 −27	−19 −31
6	10	+170 +80	+76 +40	+35 +13	+20 +5	+15 0	+22 0	+36 0	+8 −7	+5 −10	−4 −19	−9 −24	−17 −32	−22 −37
10	18	+205 +95	+93 +50	+43 +16	+24 +6	+18 0	+27 0	+43 0	+10 −8	+6 −12	−5 −23	−11 −29	−21 −39	−26 −44
18	24	+240 +110	+117 +65	+53 +20	+28 +7	+21 0	+33 0	+52 0	+12 −9	+6 −15	−7 −28	−14 −35	−27 −48	−33 −54
24	30													−40 −61
30	40	+280 +120	+142 +80	+64 +25	+34 +9	+25 0	+39 0	+62 0	+14 −11	+7 −18	−8 −33	−17 −42	−34 −59	−51 −76
40	50	+290 +130												−61 −86
50	65	+330 +140	+174 +100	+76 +30	+40 +10	+30 0	+46 0	+74 0	+18 −12	+9 −21	−9 −39	−21 −51	−42 −72	−76 −106
65	80	+340 +150											−48 −78	−91 −121
80	100	+390 +170	+207 +120	+90 +36	+47 +12	+35 0	+54 0	+87 0	+22 −13	+10 −25	−10 −45	−24 −59	−58 −93	−111 −146
100	120	+400 +180											−66 −101	−131 −166
120	140	+450 +200											−77 −117	−155 −195
140	160	+460 +210	+245 +145	+106 +43	+54 +14	+40 0	+63 0	+100 0	+26 −14	+12 −28	−12 −52	−28 −68	−85 −125	−175 −215
160	180	+480 +230											−93 −133	−195 −235
180	200	+530 +240											−105 −151	−219 −265
200	225	+550 +260	+285 +170	+122 +50	+61 +15	+46 0	+72 0	+115 0	+30 −16	+13 −33	−14 −60	−33 −79	−113 −159	−241 −287
225	250	+570 +280											−123 −169	−267 −313

附表 5　　　　普通螺纹旋合长度(摘自 GB/T 197—2018)　　　　　　　mm

基本大径 D、d		螺距 P	旋合长度			
			S	N		L
>	≤		≤	>	≤	>
5.6	11.2	0.75	2.4	2.4	7.1	7.1
		1	3	3	9	9
		1.25	4	4	12	12
		1.5	5	5	15	15
11.2	22.4	1	3.8	3.8	11	11
		1.25	4.5	4.5	13	13
		1.5	5.6	5.6	16	16
		1.75	6	6	18	18
		2	8	8	24	24
		2.5	10	10	30	30
22.4	45	1	4	4	12	12
		1.5	6.3	6.3	19	19
		2	8.5	8.5	25	25
		3	12	12	36	36
		3.5	15	15	45	45
		4	18	18	53	53
		4.5	21	21	63	63

附表 6　　　　普通螺纹直径与螺距(摘自 GB/T 196—2003)　　　　　　　mm

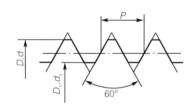

标记示例：

公称直径 24 mm、螺距 3 mm、公差带代号 6g 的右旋粗牙普通螺纹标记为

M24

公称直径 24 mm、螺距 1.5 mm、公差带代号 7H 的左旋细牙普通螺纹标记为

M24×1.5-7H-LH

内、外螺纹旋合标记为

M16-7H/6g

公称直径(大径) D、d		螺距 P		粗牙小径 D_1、d_1	公称直径(大径) D、d		螺距 P		粗牙小径 D_1、d_1
第一系列	第二系列	粗牙	细牙		第一系列	第二系列	粗牙	细牙	
3		0.5	0.35	2.459	16		2	1.5,1	13.835
4		0.7	0.5	3.242		18			15.294
5		0.8		4.134	20		2.5	2,1.5,1	17.294
6		1	0.75	4.917		22			19.294
8		1.25	1,0.75	6.647	24		3		20.752
10		1.5	1.25,1,0.75	8.376	30		3.5	(3),2,1.5,1	26.211
12		1.75	1.5,1.25,1	10.106	36		4	3,2,1.5	31.670
	14	2	1.5,1.25,1	11.835		39			34.670

注:应优先选用第一系列,括号内的尺寸尽可能不用。

附表 7　　　　　　　55°非密封管螺纹基本尺寸(摘自 GB/T 7307—2001)　　　　　　mm

尺寸代号	每25.4 mm内的牙数 n	螺距 P	牙高 h	圆弧半径 r ≈	公称直径 大径 $d=D$	公称直径 中径 $d_2=D_2$	公称直径 小径 $d_1=D_1$	尺寸代号	每25.4 mm内的牙数 n	螺距 P	牙高 h	圆弧半径 r ≈	公称直径 大径 $d=D$	公称直径 中径 $d_2=D_2$	公称直径 小径 $d_1=D_1$
1/16	28	0.907	0.581	0.125	7.723	7.142	6.561	$1\frac{1}{8}$	11	2.309	1.479	0.317	37.897	36.418	34.939
1/8	28	0.907	0.581	0.125	9.728	9.147	8.566	$1\frac{1}{4}$	11	2.309	1.479	0.317	41.910	40.431	38.952
1/4	19	1.337	0.856	0.184	13.157	12.301	11.445	$1\frac{1}{2}$	11	2.309	1.479	0.317	47.803	46.324	44.845
3/8	19	1.337	0.856	0.184	16.662	15.806	14.950	$1\frac{3}{4}$	11	2.309	1.479	0.317	53.746	52.267	50.788
1/2	14	1.814	1.162	0.249	20.955	19.793	18.631	2	11	2.309	1.479	0.317	59.614	58.135	56.656
5/8	14	1.814	1.162	0.249	22.911	21.749	20.587	$2\frac{1}{4}$	11	2.309	1.479	0.317	65.710	64.231	62.752
3/4	14	1.814	1.162	0.249	26.441	25.279	24.117	$2\frac{1}{2}$	11	2.309	1.479	0.317	75.184	73.705	72.226
7/8	14	1.814	1.162	0.249	30.201	29.039	27.877	$2\frac{3}{4}$	11	2.309	1.479	0.317	81.534	80.055	78.576
1	11	2.309	1.479	0.317	33.249	31.770	30.291	3	11	2.309	1.479	0.317	87.884	86.405	84.926

注:本标准适用于管接头、旋塞、阀门及其附件。

附表 8　　　　　　　梯形螺纹基本尺寸(摘自 GB/T 5796.3—2022)　　　　　　mm

公称直径 d 第一系列	公称直径 d 第二系列	公称直径 d 第三系列	螺距 P	中径 $d_2=D_2$	大径 D_4	小径 d_3	小径 D_1
10			1.5	9.250	10.300	8.200	8.500
10			2	9.000	10.500	7.500	8.000
	11		2	10.000	11.500	8.500	9.000
	11		3	9.000	11.500	7.500	8.000
12			2	11.000	12.500	9.500	10.000
12			3	10.500	12.500	8.500	9.000
	14		2	13.000	14.500	11.500	12.000
	14		3	12.500	14.500	10.500	11.000
16			2	15.000	16.500	13.500	14.000
16			4	14.000	16.500	11.500	12.000
	18		2	17.000	18.500	15.500	16.000
	18		4	16.000	18.500	13.500	14.000
20			2	19.000	20.500	17.500	18.000
20			4	18.000	20.500	15.500	16.000
	22		3	20.500	22.500	18.500	19.000
	22		5	19.500	22.500	16.500	17.000
	22		8	18.000	23.000	13.000	14.000
24			3	22.500	24.500	20.500	21.000
24			5	21.500	24.500	18.500	19.000
24			8	20.000	25.000	15.000	16.000

附表 9　　　圆柱销(摘自 GB/T 119.1－2000)、圆锥销(摘自 GB/T 117－2000)　　　mm

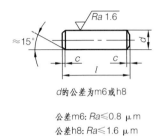

d的公差为m6或h8

公差m6: $Ra \leqslant 0.8\ \mu m$

公差h8: $Ra \leqslant 1.6\ \mu m$

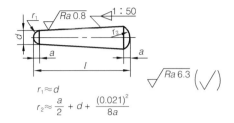

$r_1 \approx d$

$r_2 \approx \dfrac{a}{2} + d + \dfrac{(0.021)^2}{8a}$

标记示例：

公称直径 $d=6$ mm、公差为 m6、公称长度 $l=30$ mm、材料为钢、不经淬火、不经表面处理的圆柱销标记为

　　销　GB/T 119.1　6m6×30

公称直径 $d=6$ mm、公称长度 $l=30$ mm、材料为 35 钢、热处理硬度(28～38)HRC、表面氧化处理的 A 型圆锥销标记为

　　销　GB/T 117　6×30

公称直径 d		3	4	5	6	8	10	12	16	20	25
圆柱销	d(m6 或 h8)	3	4	5	6	8	10	12	16	20	25
	$c \approx$	0.5	0.63	0.8	1.2	1.6	2	2.5	3	3.5	4
	l(公称)	8～30	8～40	10～50	12～60	14～80	18～95	22～140	26～180	35～200	50～200
圆锥销	d(h10)	3	4	5	6	8	10	12	16	20	25
	$a \approx$	0.4	0.5	0.63	0.8	1	1.2	1.6	2	2.5	3
	l(公称)	12～45	14～55	18～60	22～90	22～120	26～160	32～180	40～200	45～200	50～200
l(公称)的系列		12～32(2 进位),35～100(5 进位),100～200(20 进位)									

附表 10　　　深沟球轴承各部分尺寸(摘自 GB/T 276—2013)

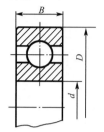

标记示例:

类型代号为 6、内径 d 为 60 mm、尺寸系列代号为 02 的深沟球轴承标记为

滚动轴承　6212　GB/T 276

轴承代号	尺寸/mm			轴承代号	尺寸/mm		
	d	D	B		d	D	B
尺寸系列代号 10				尺寸系列代号 03			
6000	10	26	8	6307	35	80	21
6001	12	28	8	6308	40	90	23
6002	15	32	9	6309	45	100	25
6003	17	35	10	6310	50	110	27
尺寸系列代号 02				尺寸系列代号 04			
6202	15	35	11	6408	40	110	27
6203	17	40	12	6409	45	120	29
6204	20	47	14	6410	50	130	31
6205	25	52	15	6411	55	140	33
6206	30	62	16	6412	60	150	35
6207	35	72	17	6413	65	160	37
6208	40	80	18	6414	70	180	42
6209	45	85	19	6415	75	190	45
6210	50	90	20	6416	80	200	48
6211	55	100	21	6417	85	210	52
6212	60	110	22	6418	90	225	54
6213	65	120	23	6419	95	240	55

注:原类型代号为"0"。

附表 11   **圆锥滚子轴承各部分尺寸(摘自 GB/T 297—2015)**

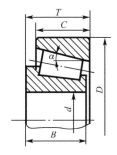

标记示例:

类型代号为 3、内径 d 为 35 mm、尺寸系列代号为 03 的圆锥滚子轴承标记为

滚动轴承　30307　GB/T 297

轴承代号	尺寸/mm					轴承代号	尺寸/mm				
	d	D	T	B	C		d	D	T	B	C
尺寸系列代号 02						尺寸系列代号 23					
30207	35	72	18.25	17	15	32309	45	100	38.25	36	30
30208	40	80	19.75	18	16	32310	50	110	42.25	40	33
30209	45	85	20.75	19	16	32311	55	120	45.5	43	35
30210	50	90	21.75	20	17	32312	60	130	48.5	46	37
30211	55	100	22.75	21	18	32313	65	140	51	48	39
30212	60	110	23.75	22	19	32314	70	150	54	51	42
尺寸系列代号 03						尺寸系列代号 30					
30307	35	80	22.75	21	18	33005	25	47	17	17	14
30308	40	90	25.25	23	20	33006	30	55	20	20	16
30309	45	100	27.25	25	22	33007	35	62	21	21	17
30310	50	110	29.25	27	23	尺寸系列代号 31					
30311	55	120	31.5	29	25	33108	40	75	26	26	20.5
30312	60	130	33.5	31	26	33109	45	80	26	26	20.5
30313	65	140	36	33	28	33110	50	85	26	26	20
30314	70	150	38	35	30	33111	55	95	30	30	23

注:原类型代号为"7"。

附表 12　　　　　　推力球轴承各部分尺寸(摘自 GB/T 301—2015)

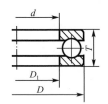

标记示例:

类型代号为 5、轴圈内径 d 为 40 mm、尺寸系列代号为 13 的推力球轴承标记为

滚动轴承　51308　GB/T 301

轴承代号	尺寸/mm				轴承代号	尺寸/mm			
	d	D_1	D	T		d	D_1	D	T
尺寸系列代号 11					尺寸系列代号 12				
51112	60	62	85	17	51214	70	72	105	27
51113	65	67	90	18	51215	75	77	110	27
51114	70	72	95	18	51216	80	82	115	28
尺寸系列代号 12					尺寸系列代号 13				
51204	20	22	40	14	51304	20	22	47	18
51205	25	27	47	15	51305	25	27	52	18
51206	30	32	52	16	51306	30	32	60	21
51207	35	37	62	18	51307	35	37	68	24
51208	40	42	68	19	51308	40	42	78	26
51209	45	47	73	20	尺寸系列代号 14				
51210	50	52	78	22	51405	25	27	60	24
51211	55	57	90	25	51406	30	32	70	28
51212	60	62	95	26	51407	35	37	80	32

注:原类型代号为"8"。

附表 13　　　　　　六角头螺栓　A、B级(摘自 GB/T 5782—2016)、

六角头螺栓　全螺纹　A、B级(摘自 GB/T 5783—2016)　　　　　　mm

GB/T 5782　　　　　　　　　　　　　　　　　GB/T 5783

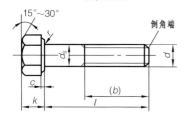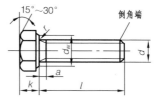

标记示例:　　　　　　　　　　　　　　　标记示例:

螺纹规格为 M12、公称长度 $l=80$ mm、性　　　螺纹规格为 M12、公称长度 $l=80$ mm、性

能等级为 8.8 级、表面氧化、A 级的六角头螺栓　　能等级为 8.8 级、表面氧化、全螺纹、A 级的六

标记为　　　　　　　　　　　　　　　角头螺栓标记为

螺栓　GB/T 5782　M12×80　　　　　　　螺栓　GB/T 5783　M12×80

螺纹规格 d			M3	M4	M5	M6	M8	M10	M12	(M14)	M16	(M18)	M20	(M22)	M24
b(参考)	$l\leqslant125$		12	14	16	18	22	26	30	34	38	42	46	50	54
	$125<l\leqslant200$		18	20	22	24	28	32	36	40	44	48	52	56	60
	$l>200$		31	33	35	37	41	45	49	53	57	61	65	69	73
a	max		1.5	2.1	2.4	3	4	4.5	5.3	6	6	7.5	7.5	7.5	9
c	max		0.4	0.4	0.5	0.5	0.6	0.6	0.6	0.6	0.8	0.8	0.8	0.8	0.8
	min		0.15	0.15	0.15	0.15	0.15	0.15	0.15	0.15	0.2	0.2	0.2	0.2	0.2
d_w	min	A	4.57	5.88	6.88	8.88	11.63	14.63	16.63	19.64	22.49	25.34	28.19	31.71	33.61
		B	4.45	5.74	6.74	8.74	11.47	14.47	16.47	19.15	22	24.85	27.7	31.35	33.25
e	min	A	6.01	7.66	8.79	11.05	14.38	17.77	20.03	23.36	26.75	30.14	33.53	37.72	39.98
		B	5.88	7.50	8.63	10.89	14.20	17.59	19.85	22.78	26.17	29.56	32.95	37.29	39.55
k	公称		2	2.8	3.5	4	5.3	6.4	7.5	8.8	10	11.5	12.5	14	15
r	min		0.1	0.2	0.2	0.25	0.4	0.4	0.6	0.6	0.6	0.6	0.8	0.8	0.8
s	公称		5.5	7	8	10	13	16	18	21	24	27	30	34	36
l 范围			20~30	25~40	25~50	30~60	35~80	40~100	45~120	60~140	55~160	60~180	65~200	70~200	80~240
l 范围(全螺纹)			6~30	8~40	10~50	12~60	16~80	20~100	25~120	30~140	30~150	35~180	40~150	45~200	50~150
l 系列			6,8,10,12,16,20~70(5 进位),80~160(10 进位),180~360(20 进位)												

技术条件	材料	力学性能等级	螺纹公差	产品等级			表面处理
	钢	8.8	6g	A 级用于 $d\leqslant24$ mm 或 $l\leqslant10d$ 或 $l\leqslant150$ mm B 级用于 $d>24$ 或 $l>10d$ 或 $l>150$ mm			氧化或 镀锌钝化

注:1. A、B 为产品等级,A 级最精确,C 级最不精确。C 级产品详见 GB/T 5780—2016、GB/T 5781—2016。

2. l 系列中,M14 中的 55、65,M18 和 M20 中的 65 以及全螺纹中的 55、65 等规格尽可能不采用。

3. 括号内为第二系列螺纹直径规格,尽可能不采用。

附表 14　　　　　　　1 型六角螺母　A、B 级(摘自 GB/T 6170－2015)、
　　　　　　　　　　六角薄螺母　A、B 级　倒角(摘自 GB/T 6172.1－2016)　　　　　mm

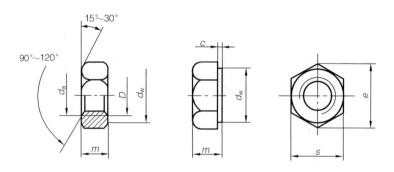

允许制造型式(GB/T 6170)

标记示例:
螺纹规格为 M12、性能等级为 8 级、不经表面处理、A 级的 1 型六角螺母标记为
螺母　GB/T 6170　M12
螺纹规格为 M12、性能等级为 04 级、不经表面处理、A 级的六角薄螺母标记为
螺母　GB/T 6172.1　M12

螺纹规格 D		M3	M4	M5	M6	M8	M10	M12	(M14)	M16	(M18)	M20	(M22)	M24
d_a	max	3.45	4.6	5.75	6.75	8.75	10.8	13	15.1	17.30	19.5	21.6	23.7	25.9
d_w	min	4.6	5.9	6.9	8.9	11.6	14.6	16.6	19.6	22.5	24.9	27.7	31.4	33.3
e	min	6.01	7.66	8.79	11.05	14.38	17.77	20.03	23.36	26.75	29.56	32.95	37.29	39.55
s	max	5.5	7	8	10	13	16	18	21	24	27	30	34	36
c	max	0.4	0.4	0.5	0.5	0.6	0.6	0.6	0.6	0.8	0.8	0.8	0.8	0.8
m (max)	1 型六角螺母	2.4	3.2	4.7	5.2	6.8	8.4	10.8	12.8	14.8	15.8	18	19.4	21.5
	六角薄螺母	1.8	2.2	2.7	3.2	4	5	6	7	8	9	10	11	12

技术条件	材料	性能等级		螺纹公差	表面处理	产品等级
	钢	1 型六角螺母 6、8、10 六角薄螺母 04、05		6H	不经处理或 镀锌钝化	A 级用于 $D{\leqslant}$M16 B 级用于 $D{>}$M16

注:尽可能不采用括号内的规格。

附表 15	垫圈各部分尺寸	mm

小垫圈　A 级	平垫圈　A 级	平垫圈　倒角型　A 级
(GB/T 848—2002)	(GB/T 97.1—2002)	(GB/T 97.2—2002)

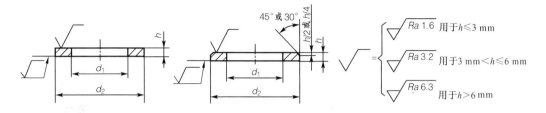

标记示例：

标准系列、公称规格 $d=8$ mm、由钢制造的硬度等级为 200HV 级、不经表面处理、产品等级为 A 级的平垫圈标记为

垫圈　GB/T 97.1　8

公称规格(螺纹大径 d)		3	4	5	6	8	10	12	(14)	16	20	24
内径 d_1		3.2	4.3	5.3	6.4	8.4	10.5	13	15	17	21	25
GB/T 848—2002	外径 d_2	6	8	9	11	15	18	20	24	28	34	39
	厚度 h	0.5	0.5	1	1.6	1.6	1.6	2	2.5	2.5	3	4
GB/T 97.1—2002	外径 d_2	7	9	10	12	16	20	24	28	30	37	44
GB/T 97.2—2002*	厚度 h	0.5	0.8	1	1.6	1.6	2	2.5	2.5	3	3	4

注：1. 硬度等级有 200HV、300HV 级。200HV 级表示材料钢的硬度，"HV"表示维氏硬度，"200"为硬度值。

2. 产品等级是由产品品质和公差大小决定的，A 级的公差较小。

3. "＊"适用于规格为 M5～M36 的标准六角螺栓、螺钉和螺母。

4. 尽可能不采用括号内的规格。

附表 16	标准型弹簧垫圈各部分尺寸(摘自 GB/T 93—1987)	mm

标记示例：

规格为 16 mm、材料为 65Mn、表面氧化的标准型弹簧垫圈标记为

垫圈　GB/T 93　16

规格 (螺纹大径)		4	5	6	8	10	12	16	20	24	30
d	max	4.4	5.4	6.68	8.68	10.9	12.9	16.9	21.04	25.5	31.5
	min	4.1	5.1	6.1	8.1	10.2	12.2	16.2	20.2	24.5	30.5
$S(b)$	公称	1.1	1.3	1.6	2.1	2.6	3.1	4.1	5	6	7.5
H	max	2.75	3.25	4	5.25	6.5	7.75	10.25	12.5	15	18.75
	min	2.2	2.6	3.2	4.2	5.2	6.2	8.2	10	12	15
$m\leqslant$		0.55	0.65	0.8	1.05	1.3	1.55	2.05	2.5	3	3.75

附表 17　　　内六角圆柱头螺钉各部分尺寸(摘自 GB/T 70.1—2008)　　　　　mm

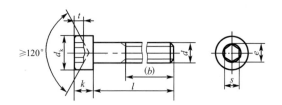

标记示例：

螺纹规格为 M5、公称长度 $l=20$ mm、性能等级为 8.8 级、表面氧化的 A 级内六角圆柱头螺钉标记为

螺钉　GB/T 70.1　M5×20

螺纹规格 d	M2.5	M3	M4	M5	M6	M8	M10	M12	M16	M20	M24	M30	M36
d_{kmax}	4.5	5.5	7	8.5	10	13	16	18	24	30	36	45	54
k_{max}	2.5	3	4	5	6	8	10	12	16	20	24	30	36
t_{min}	1.1	1.3	2	2.5	3	4	5	6	8	10	12	15.5	19
s	2	2.5	3	4	5	6	8	10	14	17	19	22	27
e	2.303	2.873	3.443	4.583	5.723	6.683	9.149	11.429	15.996	19.437	21.734	25.154	30.854
b(参考)	17	18	20	22	24	28	32	36	44	52	60	72	84
l	4~25	5~30	6~40	8~50	10~60	12~80	16~100	20~120	25~160	30~200	40~200	45~200	55~200

注:1.标准规定螺钉规格为 M1.6~M64。

　　2.公称长度 l(系列):2.5、3、4、5、6~16(2 进位),20~65(5 进位),70~160(10 进位),180~300(20 进位)。

　　3.材料为钢的螺钉性能等级有 8.8、10.9、12.9 级,其中 8.8 级为常用。

附表 18　　　　　　　　　开槽螺钉各部分尺寸　　　　　　　　　mm

开槽圆柱头螺钉(GB/T 65—2016)　　　开槽沉头螺钉(GB/T 68—2016)
开槽盘头螺钉(GB/T 67—2016)

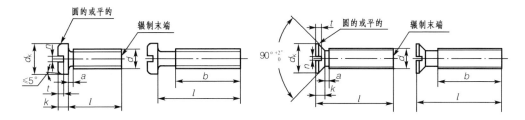

标记示例:

螺纹规格 $d=5$ mm、公称长度 $l=20$ mm、性能等级为 4.8 级、不经表面处理的 A 级开槽圆柱头螺钉标记为

螺钉　GB/T 65　M5×20

螺纹规格 d			M3	M4	M5	M6	M8	M10
a		max	1	1.4	1.6	2	2.5	3
b		min	25	38	38	38	38	38
n		公称	0.8	1.2	1.2	1.6	2	2.5
GB/T 68—2016	d_k	公称=max	5.5	8.4	9.3	11.3	15.8	18.3
	k	公称=max	1.65	2.7	2.7	3.3	4.65	5
	t	max	0.85	1.3	1.4	1.6	2.3	2.6
		min	0.6	1	1.1	1.2	1.8	2
	$\dfrac{l}{b}$		$\dfrac{5\sim30}{l-(k+a)}$	$\dfrac{6\sim40}{l-(k+a)}$	$\dfrac{8\sim45}{l-(k+a)}$ $\dfrac{50}{b}$	$\dfrac{8\sim45}{l-(k+a)}$ $\dfrac{50\sim60}{b}$	$\dfrac{10\sim45}{l-(k+a)}$ $\dfrac{50\sim80}{b}$	$\dfrac{12\sim45}{l-(k+a)}$ $\dfrac{50\sim80}{b}$

注:1.标准规定螺纹规格 $d=1.6\sim10$ mm。

2.公称长度 l(系列):2,2.5,3,4,5,6,8,10,12,(14),16,20,25,30,35,40,45,50,(55),60,(65),70,(75),80(mm)
(GB/T 65—2016 中的 l 无 2.5 mm,GB/T 68—2016 中的 l 无 2 mm),尽可能不采用括号内的数值。

3.当 l/b 中的 $b=l-a$ 或 $b=l-(k+a)$ 时,表示全螺纹。

4.无螺纹部分的杆径约等于螺纹中径或允许等于螺纹大径。

5.材料为钢的螺钉的性能等级有 4.8、5.8 级,其中 4.8 级为常用。

附表 19   双头螺柱各部分尺寸   mm

GB/T 897—1988($b_m=d$)
GB/T 898—1988($b_m=1.25d$)
GB/T 899—1988($b_m=1.5d$)
GB/T 900—1988($b_m=2d$)

A 型

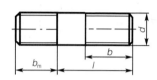

B 型(辗制)

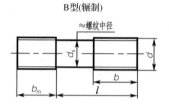

标记示例：

两端均为粗牙普通螺纹、$d=10$ mm、$l=50$ mm、性能等级为 4.8 级、不经表面处理、B 型、$b_m=d$ 的双头螺柱标记为

螺柱   GB/T 897   M10×50

若为 A 型，则标记为

螺柱   GB/T 897   AM10×50

螺纹规格 d		M3	M4	M5	M6	M8	M10	M12	M16	M20	M24
b_m (公称)	GB/T 897—1988		5	6	8	10	12	16	20	24	
	GB/T 898—1988		6	8	10	12	15	20	25	30	
	GB/T 899—1988	4.5	6	8	10	12	15	18	24	30	36
	GB/T 900—1988	6	8	10	12	16	20	24	32	40	48
$\dfrac{l}{b}$		$\dfrac{16\sim20}{6}$	$\dfrac{16\sim(22)}{8}$	$\dfrac{16\sim(22)}{10}$	$\dfrac{20\sim(22)}{10}$	$\dfrac{20\sim(22)}{12}$	$\dfrac{25\sim(28)}{14}$	$\dfrac{25\sim(30)}{16}$	$\dfrac{30\sim(38)}{20}$	$\dfrac{35\sim(40)}{25}$	$\dfrac{45\sim(50)}{30}$
		$\dfrac{(22)\sim40}{12}$	$\dfrac{25\sim40}{14}$	$\dfrac{25\sim50}{16}$	$\dfrac{25\sim30}{14}$	$\dfrac{25\sim30}{16}$	$\dfrac{30\sim(38)}{16}$	$\dfrac{(32)\sim40}{20}$	$\dfrac{40\sim(55)}{30}$	$\dfrac{45\sim(65)}{35}$	$\dfrac{(55)\sim(75)}{45}$
					$\dfrac{(32)\sim(75)}{18}$	$\dfrac{(32)\sim90}{22}$	$\dfrac{40\sim120}{26}$	$\dfrac{45\sim120}{30}$	$\dfrac{60\sim120}{38}$	$\dfrac{70\sim120}{46}$	$\dfrac{80\sim120}{54}$
							$\dfrac{130}{32}$	$\dfrac{130\sim180}{36}$	$\dfrac{130\sim200}{44}$	$\dfrac{130\sim200}{52}$	$\dfrac{130\sim200}{60}$

注：1. GB/T 897—1988 和 GB/T 898—1988 规定双头螺柱的螺纹规格 $d=5\sim48$ mm，公称长度 $l=16\sim300$ mm；GB/T 899—1988 和 GB/T 900—1988 规定双头螺柱的螺纹规格 $d=2\sim48$ mm，公称长度 $l=12\sim300$ mm。

2. 双头螺柱的公称长度 l(系列)：12,(14),16,(18),20,(22),25,(28),30,(32),35,(38),40,45,50,(55),60,(65),70,(75),80,(85),90,(95),100~260(10 进位),280,300(mm)，尽可能不采用括号内的数值。

3. 材料为钢的双头螺柱的性能等级有 4.8、5.8、6.8、8.8、10.9、12.9 级，其中 4.8 级为常用。